de Gruyter Lehrbuch
Nöbeling · Nichteuklidische Geometrien

Georg Nöbeling

Einführung in die nichteuklidischen Geometrien der Ebene

Walter de Gruyter · Berlin · New York 1976

Dr. phil. *Georg Nöbeling*,
o. Professor an der Universität Erlangen-Nürnberg und ord. Mitglied der Bayerischen Akademie der Wissenschaften

CIP-Kurztitelaufnahme der Deutschen Bibliothek

Nöbeling, Georg
Einführung in die nichteuklidischen Geometrien der Ebene
ISBN 3-11-002001-7

 Printed in Germany. Satz: Satz-Zentrum West, Dortmund; Druck: Color-Druck, Berlin; Bindearbeiten: Lüderitz & Bauer, Berlin.

Vorwort

In manchen Vorlesungen und Lehrbüchern wird die Geometrie als ein Teil der linearen Algebra oder der Analysis dargestellt. Das ist sehr elegant und wirkungsvoll, hat man dann doch den gesamten Apparat dieser Disziplinen zur Verfügung und braucht sich um die „Grundlagen der Geometrie“ nicht zu kümmern.
Was man auf diese Weise behandelt, ist jedoch nur ein Bild, ein Modell der Geometrie. Zur Rechtfertigung wird gesagt, daß man in der Mathematik nicht einzelne Objekte, sondern Strukturen untersuche, daß isomorphe Strukturen äquivalent seien und es deshalb genüge, eine Struktur an irgendeinem Modell zu studieren. Ob dies wirklich genügt, muß bezweifelt werden. Denn erstens geht dabei der auch heute noch interessante Aspekt der Herleitbarkeit der Geometrie aus geometrischen Axiomen völlig verloren. Zweitens macht man immer wieder die Beobachtung, daß die Studierenden auf diesem Wege keine Geometrie lernen; für sie sind „Gerade“, „Quadriken“, usw. bloße Namen für die Lösungsmannigfaltigkeiten linearer oder quadratischer Gleichungen; die geometrische Motivation und Interpretation von derartigen Begriffen und Sätzen darüber bleiben ihnen weitgehend unbekannt.

Von *Emmy Noether* wird der Ausspruch überliefert, daß sie einen mathematischen Sachverhalt erst dann wirklich verstehe, wenn er abstrakt formuliert sei. Auf die Geometrie angewandt, bedeutet das doch wohl, daß diese erst verstanden werden kann, wenn sie, von Modellen gelöst, auf geometrischen Axiomen aufgebaut wird. Daß man sich damit auch noch geschichtskonform verhält, ist zwar nicht entscheidend, aber doch sehr begrüßenswert.

Bis in die jüngste Vergangenheit verstand man unter nichteuklidischer Geometrie nur die hyperbolische Geometrie. Dies mag seinen Grund darin haben, daß das Axiomensystem von *Euklid-Hilbert* nur die euklidische oder die hyperbolische Geometrie liefert, je nachdem, welches Parallelenaxiom man verwendet. Neuerdings bezeichnet man meist auch die elliptische Geometrie als nichteuklidisch, weil man ihre enge Verwandtschaft mit der hyperbolischen Geometrie deutlicher zu sehen gelernt hat. Den gemeinsamen Teil der elliptischen, euklidischen und hyperbolischen Geometrie nennt man absolute Geometrie (entsprechend der älteren Bezeichnung des gemeinsamen Teils der euklidischen und hyperbolischen Geometrie als absoluter Geometrie).

Wir bauen in Kap. II diese absolute Geometrie auf und entwickeln sodann darüber hinausgehende, spezifische Teile der elliptischen und der hyperbolischen Geometrie in getrennten, unabhängig voneinander lesbaren Kap. III und IV–V. Auf manches Interessante, z. B. die Konstruktionen in der hyperbolischen Geometrie, mußte dabei verzichtet werden, um den Umfang des Buches in den gebotenen Grenzen zu halten.

Das Fundament, auf dem wir die absolute Geometrie errichten, ist ein Axiomensystem (Kap. I), das die drei absoluten Ebenen kennzeichnet: die elliptische, die euklidische und die hyperbolische Ebene. Um dieses Axiomensystem zu erhalten, haben wir das System von Euklid-Hilbert[1]) so umgeformt, daß es auch die elliptische Geometrie umfaßt. Die Axiome über die lineare Anordnung der Punkte in einer Geraden mußten aufgegeben werden, da die Punkte in einer elliptischen Geraden nicht linear, sondern zyklisch angeordnet sind. Stattdessen haben wir axiomatisch festgelegt, daß die Geraden in einem (eigentlichen) Büschel zyklisch angeordnet sind, wie dies in allen drei Ebenen der Fall ist. (Dies ist, wie uns scheint, der neue, wesentliche Gesichtspunkt unserer Axiomatik.) Dem weiteren Umstand, daß in der elliptischen Ebene ein Dreieck durch seine Ecken nicht eindeutig festgelegt ist, wurde dadurch Rechnung getragen, daß erstens ein Dreieck definiert wird als Streckentripel, das der Pasch-Bedingung genügt, und zweitens durch ein Axiom gefordert wird, daß je zwei Strecken mit einem gemeinsamen Endpunkt genau ein Dreieck aufspannen. Die Umformung schließlich der Kongruenzaxiome in eine Gestalt, in der sie auch für die elliptische Ebene gelten, war zwangsläufig. – Das auf diese Weise gewonnene absolute Axiomensystem kennzeichnet, zusammen mit je einem Parallelenaxiom, die elliptische, die euklidische und die hyperbolische Ebene.

Von der einschlägigen Literatur wurde ausgiebig Gebrauch gemacht, ohne im Text auf die jeweilige Quelle hinzuweisen[2]).

Herzlichen Dank schulde ich Herrn Kollegen K. Strambach für wertvolle Anregungen, Frau H. Dohrmann für die mühevolle Anfertigung des Manuskripts und Herrn Priv. Doz. Dr. H. G. Weidner für die sorgfältige Herstellung der Zeichnungen. Dem Verlag gebührt aufrichtiger Dank dafür, daß er dieses Buch herausbringt, und für das großzügige Eingehen auf die Wünsche des Verfassers.

Erlangen, im Herbst 1975 Georg Nöbeling

---

[1]) EUCLID: The thirteen books of EUCLID's Elements. Translated from the text of HEIBERG with introduction and commentary by Sir THOMAS L. HEALTCH, Cambridge 1926; 2nd ed. 1956.
HILBERT, D.: Grundlagen der Geometrie, 7. Aufl. Leizipg 1930, 8. Aufl. Stuttgart 1956; 11. Aufl. 1972.

[2]) Besonders zu nennen ist jedoch wenigstens an dieser Stelle: BACHMANN, F.: Aufbau der Geometrie aus dem Spiegelungsbegriff 2. Aufl. Berlin-Heidelberg-New York 1973, wo man auch ein ausführliches Literaturverzeichnis findet.

Inhalt

I. Grundlagen

Womit hat es die Geometrie zu tun? Es ist sicher nicht falsch zu antworten: Mit Figuren, vornehmlich mit Figuren, die aus Punkten und Geraden einer Ebene bestehen. Was sind nun aber Punkte und Geraden einer Ebene?

O. Perron[1] gibt folgende amüsant provozierende „Definition. Ein Punkt ist genau das, was der intelligente, aber harmlose, unverbildete Leser sich darunter vorstellt. Und die Definition für die Gerade lautet genau so. Noch einfacher ist die Definition der Ebene... Unsere Ebene ist einfach die Schultafel oder das Blatt Papier, worauf wir die Figuren zeichnen." Das sind natürlich keine Definitionen im strengen mathematischen Sinn. Vielmehr sind sie zu verstehen als Hinweis für den Leser, was er sich unter einem Punkt, einer Geraden, einer Ebene vorstellen kann.

Kommt man aber mit der Vorstellung von einer Ebene als einer Schultafel oder einem Blatt Papier und von einer Geraden als einer darauf mit einem Lineal gezogenen Linie aus? Wohl kaum. Bildet man nämlich eine Ebene eineindeutig auf eine gekrümmte Fläche ab, etwa durch eine Parallel- oder Zentralprojektion, so gehen zwar die Punkte der Ebene in die Punkte der Fläche über, aber die Geraden der Ebene i.a. in gekrümmte Linien der Fläche. Für die Punkte und diese Linien der Fläche gilt nun aber dieselbe Geometrie wie für die Punkte und Geraden der Ebene. So gesehen, muß man also diese Linien der Fläche ebenfalls als Gerade betrachten, obwohl sie „in Wirklichkeit" gekrümmt sind. Die Antwort auf die Frage, ob eine vorliegende Linie als eine Gerade zu betrachten ist oder nicht, hängt ab vom Zusammenhang, in dem die Frage gestellt ist. Wir werden in Kürze darauf zurückkommen. Nehmen wir nun einmal an, auf einer Fläche seien gewisse Linien als „Gerade" bezeichnet, ohne daß bekannt ist, ob diese „Geraden" aus den Geraden einer Ebene durch eine passend gewählte, eindeutige Abbildung der Ebene auf die Fläche gewonnen werden können. Man möchte nun nachweisen, daß für die Punkte und diese „Geraden" der Fläche die Sätze der euklidischen Geometrie der Ebene gelten. Nun braucht man glücklicherweise nicht sämtliche Sätze dieser Geometrie auf der Fläche erneut zu beweisen. Denn man kennt einige wenige Sätze der euklidischen Geometrie der Ebene, aus denen alle anderen automatisch, d.h. durch formal-lo-

[1] PERRON, O.: Nichteuklidische Elementargeometrie der Ebene. Stuttgart 1962.

gisches Schließen folgen (ohne Rücksicht darauf, was die Punkte, Geraden usw. „in Wirklichkeit" sind). Einer dieser wenigen Sätze lautet beispielsweise so:

Zu je zwei verschiedenen Punkten existiert genau eine Gerade, welche die beiden Punkte enthält. Es genügt also, nur die Gültigkeit dieser wenigen Sätze auf der Fläche zu beweisen; die übrigen gelten dann ebenfalls.

Aufgrund dieser Überlegungen empfiehlt es sich, beim Aufbau einer Geometrie folgendermaßen vorzugehen. Erstens führt man die Grund-Begriffe ein, und zwar sehr allgemein (z.B. die Ebene, die Punkte, die Geraden als abstrakte, völlig strukturlose Mengen). Zweitens gibt man die diese Grundbegriffe miteinander verknüpfenden Grund-Aussagen an; z.B.: Zu je zwei verschiedenen Punkten existiert genau eine Gerade, die die beiden Punkte enthält. Man bezeichnet diese Grundaussagen als Axiome. Die Grundbegriffe und Axiome gibt man sich also vor. Aus ihnen leitet man durch bloßes formal-logisches Schließen weitere Begriffe und Aussagen (Sätze) her. Das System der Grundbegriffe, Axiome und der Folgerungen daraus ist eine Geometrie.

Um dann in einer konkreten Situation die „Gültigkeit" dieser Geometrie nachzuweisen (also z.B. auf der vorhin betrachteten Fläche), hat man erstens anzugeben, was man jetzt unter den Grundbegriffen verstehen will, und dann zweitens die Axiome (und nur sie) als Sätze über diese konkretisierten Grundbegriffe zu beweisen. Ist das geschehen, so hat man ein Beispiel oder „Modell" der Geometrie. (Der große Vorteil bei diesem Vorgehen besteht darin, daß man für die Geometrie eine Vielzahl von Modellen angeben kann, statt sich von vornherein an ein einziges, z.B. die Schultafel, zu binden.)

Die soeben skizzierte „axiomatische Methode" wird de facto schon von Euklid verwendet. Denn er formuliert die Grundaussagen explizit als Axiome und leitet aus ihnen die Lehrsätze durch logisches Schließen her, ohne seine anschaulichen „Definitionen" der Grundbegriffe zu verwenden. (Daß dies an einigen Stellen nicht ganz geglückt ist, tut der großartigen Leistung von Euklid und seinen Vorgängern keinen Abbruch, die axiomatische Methode geschaffen zu haben.)

Auch Perron verfährt nicht anders. Seine Einführung der Grundbegriffe durch Schultafel-Definitionen hat lediglich didaktische Gründe.

Wir suchen den Forderungen der Didaktik in etwa gerecht zu werden, indem wir im § 3 dieses Kap. I Modelle für die elliptische, die euklidische und die hyperbolische Ebene angeben. Es wird dem Leser empfohlen, sich an diesen Modellen die Ausführungen der weiteren Kapitel selbst zu erläutern. Im übrigen illustrieren wir manches durch Schultafel-Figuren im Text.

§ 1. Die Axiome der absoluten Ebenen

(1.1) **Die Inzidenzaxiome.** Es liege eine nichtleere Menge $\mathfrak{E}$ vor. Wir nennen ihre Elemente *Punkte* und bezeichnen sie mit großen lateinischen Buchstaben. Gewisse nichtleere Teilmengen von $\mathfrak{E}$ seien *Gerade* genannt; wir bezeichnen sie mit kleinen lateinischen Buchstaben. Statt $P \in g$ (d.h. P ist Element von g) sagen wir auch „der Punkt P liegt auf der Geraden g" oder „g geht durch P".[2] Punkte $P, Q, \ldots$ heißen *kollinear*, wenn eine sie alle enthaltende Gerade existiert; Gerade $g, h, \ldots$ heißen kollinear, wenn ein Punkt existiert, der in ihnen allen enthalten ist. Zwischen den Punkten und Geraden mögen folgende zwei Beziehungen bestehen.

Axiom I.1. *Zu je zwei verschiedenen Punkten existiert genau eine sie enthaltende Gerade.*
Wir nennen diese Gerade die Verbindungsgerade der beiden Punkte P und Q; wir bezeichnen sie mit PQ.

Axiom I.2. *Es existieren mindestens drei nicht kollineare Punkte.*

Zwei verschiedene Gerade g und h haben nach dem Axiom I.1 höchstens einen Punkt gemein. Existiert er, so heißt er der Schnittpunkt von g und h; wir bezeichnen ihn mit gh. Existiert er nicht, so heißen g und h *parallel*, in Zeichen $g \parallel h$.

(1.2) **Die Büschelaxiome.** Für jeden Punkt P nennen wir die Menge aller Geraden h durch P das (Geraden-) Büschel $*P$.[3] Für jedes Büschel $*P$ liege eine Bijektion $\Phi_P: *P \to S$ von $*P$ auf den Kreis S der xy-Ebene $\mathbb{R}^2$ mit der Gleichung $(2x)^2 + (2y)^2 = 1$ vor.[4]

Für jede Gerade g, die dem Büschel $*P$ nicht angehört, definieren wir eine Abbildung $\Psi_P: g \to S$ folgendermaßen: Ist A ein Punkt von g und h die durch A gehende Gerade des Büschels $*P$, so sei $\Psi_P(A) := \Phi_P(h)$. Aus der Injektivität von Φ_P und dem Axiom I.1 folgt, daß Ψ_P injektiv ist. Es gelte nun:

Axiom II.1. *Für jeden Punkt P und jede Gerade g, die dem Büschel $*P$ nicht angehört, ist die Menge $\Psi_P(g)$ zusammenhängend und offen in S.*[5]

[2] Auch sonst verwenden wir wohlbekannte Redewendungen aus dem Elementarunterricht in Geometrie.

[3] Später (S. 51) werden wir ein solches Büschel $*P$ ein Büschel erster Art nennen.

[4] Wir könnten an dieser Stelle für S auch jeden anderen Kreis der xy-Ebene nehmen (oder sogar in $*P$ eine zyklische Ordnung durch Axiome festlegen, statt durch eine Bijektion auf einen Kreis). Später wird es sich jedoch als angenehm erweisen, daß wir S von vornherein als Kreis vom Umfang π gewählt haben.

[5] Eine Menge $T \subset S$ ist zusammenhängend und offen in S, wenn einer der folgenden vier Fälle vorliegt: 1) $T = \emptyset$; 2) $T = S$; 3) $S \setminus T$ enthält genau einen Punkt (dann nennen wir S einen uneigentlichen offenen Kreisbogen); 4) T ist ein Kreisbogen, vermindert um seine beiden Endpunkte (dann nennen wir T einen eigentlichen, offenen Kreisbogen).

Axiom II.2. *Für je zwei Punkte P, Q und jede Gerade g, die keinem der Büschel $*P$ und $*Q$ angehört, gilt: trennen sich für vier verschiedene Punkte A, B, C, D von g die Paare $\{\Psi_P(A), \Psi_P(B)\}$ und $\{\Psi_P(C), \Psi_P(D)\}$ in S, so trennen sich in S auch die Paare $\{\Psi_Q(A), \Psi_Q(B)\}$ und $\{\Psi_Q(C), \Psi_Q(D)\}$.*[6]

Der Zweck der Abbildung Φ_P ist es, dem Büschel $*P$ eine (zyklische) Anordnung aufzuprägen. Durch Axiom II.1 wird dann jeder Geraden $g \notin *P$ eine zyklische oder lineare Anordnung gegeben; Axiom II.2 stellt sicher, daß diese Anordnung unabhängig ist von $*P$.

Bemerkung. Liegt neben dem System $\{\Phi_P\}_{P\in\mathfrak{E}}$ der Bijektionen Φ_P ein zweites System $\{\overline{\Phi}_P\}_{P\in\mathfrak{E}}$ von Bijektionen $\overline{\Phi}_P: *P \to S$ vor, so mögen die Systeme $\{\Phi_P\}$ und $\{\overline{\Phi}_P\}$ äquivalent heißen, wenn für jeden Punkt P die Bijektion $\overline{\Phi}_P \Phi_P^{-1}: S \to S$ ein Homöomorphismus ist[7]. Alles Folgende ist invariant gegenüber der Ersetzung des Systems $\{\Phi_P\}$ durch ein beliebiges dazu äquivalentes System $\{\overline{\Phi}_P\}$.

(1.3) **Die Struktur der Geraden.** Es sei g eine Gerade. Sind P und Q zwei verschiedene, nicht auf g liegende Punkte, so ordnen wir für jeden Punkt $G \in g$ dem Punkt $\Psi_P(G) \in \Psi_P(g)$ den Punkt $\Psi_Q(G) \in \Psi_Q(g)$ zu. Hierdurch ist eine bijektive Abbildung $\chi: \Psi_P(g) \to \Psi_Q(g)$ definiert. Das Axiom II.2 liefert mittels einer elementaren Überlegung, daß χ stetig, also ein Homöomorphismus ist. Hieraus folgt: ist $\Psi_P(g) = S$, so ist auch $\Psi_Q(g) = S$. – Wir definieren nun: die Gerade g heißt *geschlossen*, wenn für mindestens einen (und dann nach dem soeben Bewiesenen für jeden) nicht auf g liegenden Punkt P gilt $\Psi_P(g) = S$. Anderenfalls heiße g *nichtgeschlossen;* dies also genau dann, wenn für mindestens einen (und dann für jeden) nicht auf g liegenden Punkt P gilt $\Psi_P(g) \neq S$, also $\Psi_P(g)$ nach Axiom II.1 ein eigentlicher oder uneigentlicher offener Kreisbogen $\subset S$ ist.

(1.4) **Die Strecken.** Es seien g eine Gerade und A, B zwei verschiedene Punkte von g. Für einen beliebigen, nicht auf g liegenden Punkt P zerlegen die beiden Punkte $\Psi_P(A)$ und $\Psi_P(B)$ die Kreislinie S in zwei eigentliche, offene Kreisbogen t und $t^\times$.

Ist g geschlossen (also $\Psi_P(g) = S$), so gilt $t, t^\times \subset \Psi_P(g)$. Wir nennen dann jede der beiden Teilmengen $\Psi_P^{-1}(t)$ und $\Psi_P^{-1}(t^\times)$ von g eine *Strecke* mit den *Endpunkten* A und B. Wir bezeichnen diese beiden Strecken mit $|AB|$ und $|AB|^\times$. Es ist $|AB| = |BA|$ und $|AB|^\times = |BA|^\times$. Die geschlossene Gerade g wird also durch je zwei ihrer Punkte in zwei Strecken zerlegt; wir nennen sie zueinander *komplementär.*

[6] Sind Y_1, Y_2, Y_3, Y_4 vier verschiedene Punkte von S, so „trennen sich“ die Paare $\{Y_1, Y_2\}$ und $\{Y_3, Y_4\}$, wenn für keinen der vier Kreisbogen, in welche S durch die vier Punkte zerlegt wird, die beiden Endpunkte eines der beiden Paare bilden.

[7] Mit $\mu\lambda$ bezeichnen wir die Komposition $\mu \circ \lambda$ zweier Abbildungen $\lambda: L \to M$ und $\mu: M \to N$. – μ^{-1} ist die Umkehrabbildung einer bijektiven Abbildung $\mu: M \to N$.

Ist g nichtgeschlossen, so gilt (weil jetzt $\Psi_P(g)$ eine echte Teilmenge von S ist) entweder $t \subset \Psi_P(g)$ oder $t^\times \subset \Psi_P(g)$; es gelte etwa $t \subset \Psi_P(g)$. Wir nennen dann die Teilmenge $\Psi_P^{-1}(t)$ von g die Strecke mit den Endpunkten A und B. Wir bezeichnen sie mit $|AB|$ oder $|BA|$.
Da χ ein Homöomorphismus ist, ist die vorstehende Definition der Strecken von P unabhängig.
Für jede Gerade g existiert eine Bijektion $\psi_g: g \to S$ bzw. $\psi_g: g \to \mathbb{R}$, je nachdem g geschlossen oder nichtgeschlossen ist, derart, daß den Strecken in g die eigentlichen, offenen Kreisbogen in S bzw. die offenen Intervalle in $\mathbb{R}$ entsprechen.[8] Denn sei P ein nicht auf g liegender Punkt; ist g geschlossen, sei $\psi_g := \Psi_P$; ist g nichtgeschlossen, existiert ein Homöomorphismus $\psi: \Psi_P(g) \to \mathbb{R}$ und es sei dann $\psi_g := \psi\Psi_P$. – In diesem Sinne ist jede geschlossene bzw. nichtgeschlossene Gerade g eine Kopie des Kreises S bzw. der Zahlengeraden $\mathbb{R}$.

(1.5) **Die Winkel.** Es seien h und k zwei verschiedene Gerade eines Büschels $*P$. Durch die beiden Punkte $\Phi_P(h)$ und $\Phi_P(k)$ wird der Kreis S in zwei eigentliche, offene Kreisbogen t und $t^\times$ zerlegt. Wir nennen jede der beiden Teilmengen $\Phi_P^{-1}(t)$ und $\Phi_P^{-1}(t^\times)$ von $*P$ einen *Winkel* mit der *Spitze P* und den *Schenkeln h* und k. Wir bezeichnen sie mit $|hk|$ und $|hk|^\times$. (Gelegentlich, insbesondere bei Dreiecken, bezeichnen wir Winkel auch mit kleinen lateinischen Buchstaben.) Es ist $|hk| = |kh|$ und $|hk|^\times = |kh|^\times$. Wir nennen die Winkel $|hk|$ und $|hk|^\times$ *komplementär* zueinander und den einen den *Nebenwinkel* des anderen.
Es seien A ein Punkt $\neq P$ von h und B ein Punkt $\neq P$ von k. Es sei g die Gerade AB. Wegen $\Phi_P(h) = \Psi_P(A)$ und $\Phi_P(k) = \Psi_P(B)$ gilt dann (nach eventueller Vertauschung der Zeichen $|hk|$ und $|hk|^\times$): ist g geschlossen, so ist die Strecke $|AB|$ die Menge der Schnittpunkte von g mit den Geraden des Winkels $|hk|$ und die Strecke $|AB|^\times$ die Menge der Schnittpunkte von g mit den Geraden des Winkels $|hk|^\times$; ist hingegen g nichtgeschlossen, so ist die Strecke $|AB|$ die Menge der Schnittpunkte von g mit den Geraden des Winkels $|hk|$ und es existiert mindestens eine Gerade des Winkels $|hk|^\times$, welche g nicht schneidet.
Für jedes Büschel $*P$ ist $\Phi_P: *P \to S$ eine Bijektion, bei welcher den Winkeln in $*P$ die eigentlichen, offenen Kreisbogen in S entsprechen. In diesem Sinne ist jedes Büschel $*P$ eine Kopie des Kreises S.

(1.6) **Das Dreiecksaxiom.** Ein ungeordnetes Streckentripel $\{|BC|, |CA|, |AB|\}$ mit nicht kollinearen A, B, C heiße ein *Dreieck*, in Zeichen $\triangle ABC$, wenn jede Gerade, die durch keinen der drei Punkte A, B, C geht, von den drei Strecken $|BC|, |CA|, |AB|$ keine oder genau zwei schneidet (Konvexität des Dreiecks). Die Punkte A, B, C heißen die *Ecken* des Dreiecks, die Strecken $|BC|, |CA|$,

[8] Wählen wir das System aller Strecken in g als Basis einer Topologie von g, so ist ψ_g ein Homöomorphismus von g auf S bzw. $\mathbb{R}$.

$|AB|$ seine *Seiten*. Den aus den Verbindungsgeraden von A mit den Punkten von $|BC|$ bestehenden Winkel nennen wir den Dreieckswinkel α bei A; seine Spitze ist A, seine Schenkel sind die Geraden CA und AB. Analog für die Winkel β und γ bei B und C.

Die Existenz von Dreiecken sei geregelt durch folgendes

Axiom III. *Zu je zwei Strecken $|CA|$ und $|AB|$ mit nicht kollinearen A, B, C existiert genau eine Strecke $|BC|$ derart, daß das Tripel $\{|BC|, |CA|, |AB|\}$ ein Dreieck ist.*

Wir sagen, daß die Strecken $|CA|$ und $|AB|$ die Strecke $|BC|$ und das Dreieck $\{|BC|, |CA|, |AB|\}$ aufspannen. Mit dieser Redeweise können wir das Axiom III auch so formulieren: Je zwei nicht kollineare Strecken mit einem gemeinsamen Endpunkt spannen genau ein Dreieck auf.[9]

(1.7) **Die Kongruenzaxiome.**

a) In der Menge aller Strecken sei eine zweistellige Äquivalenzrelation *kongruent* definiert, in Zeichen $\equiv$. Diese Relation genüge den folgenden vier Axiomen.

Axiom IV.1. *Es seien $|A_0B_0|$ und $|A_1B_1|$ Strecken einer Geraden g und $|A'_0B'_0|$ und $|A'_1B'_1|$ Strecken einer Geraden g'. Dann gilt:*

$$\text{ist } \left\{\begin{matrix} |A_0B_0| \subset |A_1B_1| \\ \equiv \qquad \equiv \\ |A'_0B'_0| \supset |A'_1B'_1| \end{matrix}\right\}, \text{ so ist } \left\{\begin{matrix} |A_0B_0| = |A_1B_1| \\ \\ |A'_0B'_0| = |A'_1B'_1| \end{matrix}\right\}.$$

Aus $|A_0B_0| = |A_1B_1|$, $|A_0B_0| \equiv |A'_0B'_0|$, $|A_1B_1| \equiv |A'_1B'_1|$ folgt $|A'_0B'_0| \equiv$ $\equiv |A'_1B'_1|$. Das Axiom IV.1 liefert umgekehrt die Möglichkeit, unter Umständen aus der Kongruenz von Strecken auf ihre Gleichheit zu schließen. Beispielsweise: aus $|A_0B_0| \equiv |A_1B_1|$, $|A_0B_0| \subset |A_1B_1|$ folgt $|A_0B_0| = |A_1B_1|$.

Axiom IV.2. *Es seien $|AB|, |BC|, |AC|$ Strecken einer Geraden g und $|A'B'|$, $|B'C'|$, $|A'C'|$ Strecken einer Geraden g'. Es sei*

$$B \in |AC|,\ |AB| \subset |AC|,\ |BC| \subset |AC|,^{10}$$
$$B' \in |A'C'|,\ |A'B'| \subset |A'C'|,\ |B'C'| \subset |A'C'|,$$
$$|AB| \equiv |A'B'|.$$

Dann ist $|BC| \equiv |B'C'|$, wenn und nur wenn $|AC| \equiv |A'C'|$ ist.

Dieses Axiom sichert die Verträglichkeit der Kongruenz mit der „Addition" und der „Subtraktion" von Strecken.

[9] Man könnte versucht sein zu vermuten, daß das Axiom III aus den Axiomen I–II folgt. Dies ist nicht der Fall.

[10] Also $|AB|$ und $|BC|$ die beiden Teilstrecken, in welche $|AC|$ durch B „zerlegt" wird.

Axiom IV.3. *Ist $|A'B'|$ eine Strecke einer Geraden g' und A ein Punkt einer Geraden g, so existieren genau zwei Strecken $|AB_1| \subset g$ und $|AB_2| \subset g$ mit $|AB_1| \equiv \equiv |A'B'| \equiv |AB_2|$.*

Man kann also $|A'B'|$ auf g von A aus „nach beiden Richtungen hin abtragen". Dies bedeutet folgendes. Da g eine Kopie von S bzw. $\mathbb{R}$ ist, zerfällt die Menge aller Strecken $|AC| \subset g$ mit festem A in zwei Klassen bzgl. folgender Äquivalenzrelation: $|AC'|$ und $|AC''|$ äquivalent, wenn $|AC'| \cap |AC''|$ eine Strecke $|AC|$ ist (dann ist $|AC| = |AC'|$ oder $= |AC''|$). Die beiden Klassen sind die beiden „Richtungen". Von den beiden Strecken $|AB_1|$ und $|AB_2|$ des Axioms IV.3 liegt wegen des Axioms IV.1 die eine in der einen Klasse, die andere in der anderen. – Es existieren Strecken $|C_1C_2| \subset g$ mit $A \in |C_1C_2|$, $C_1 \in |AB_1|$, $C_2 \in |AB_2|$ und $|AB_1| \cap |AB_2| \cap |C_1C_2| = \emptyset$ (ist g nichtgeschlossen, so ist sogar $|AB_1| \cap |AB_2| = \emptyset$).

Axiom IV.4 (Archimedes). *Ist $|AB|$ eine Strecke einer Geraden g und $|A'B'|$ eine Strecke einer Geraden g', so gibt es eine natürliche Zahl n derart, daß höchstens n paarweise fremde, zu $|A'B'|$ kongruente Strecken $\subset |AB|$ existieren.*

b) In der Menge aller Winkel sei eine zweistellige Äquivalenzrelation *kongruent* definiert, in Zeichen $\equiv$. Diese Relation genüge den folgenden vier Axiomen.

Axiom V.1. *Es seien $|g_0h_0|$ und $|g_1h_1|$ Winkel eines Büschels $*P$ und $|g_0'h_0'|$ und $|g_1'h_1'|$ Winkel eines Büschels $*P'$. Dann gilt:*

$$\text{ist} \begin{Bmatrix} |g_0h_0| \subset |g_1h_1| \\ ||| \qquad ||| \\ |g_0'h_0'| \supset |g_1'h_1'| \end{Bmatrix}, \text{ so ist } \begin{Bmatrix} |g_0h_0| = |g_1h_1| \\ \\ |g_0'h_0'| = |g_1'h_1'| \end{Bmatrix}.$$

Axiom V.2. *Es seien $|gh|$, $|hk|$, $|gk|$ Winkel eines Büschels $*P$ und $|g'h'|$, $|h'k'|$, $|g'k'|$ Winkel eines Büschels $*P'$. Es sei*

$$h \in |gk|,\ |gh| \subset |gk|,\ |hk| \subset |gk|,$$
$$h' \in |g'k'|,\ |g'h'| \subset |g'k'|,\ |h'k'| \subset |g'k'|,$$
$$|gh| \equiv |g'h'|.$$

Dann ist $|hk| \equiv |h'k'|$, wenn und nur wenn $|gk| \equiv |g'k'|$ ist.

Axiom V.3. *Ist $|g'h'|$ ein Winkel eines Büschels $*P'$ und g eine Gerade eines Büschels $*P$, so existieren genau zwei Winkel $|gh_1| \subset *P$ und $|gh_2| \subset *P$ mit $|gh_1| \equiv |g'h'| \equiv |gh_2|$.*

Zu den Axiomen V.1-3 gelten analoge Bemerkungen wie zu den Axiomen IV.1-3.

Axiom V.4 (Archimedes). *Ist $|gh|$ ein Winkel eines Büschels $*P$ und $|g'h'|$ ein Winkel eines Büschels $*P'$, so gibt es eine natürliche Zahl n derart, daß höchstens n paarweise fremde, zu $|g'h'|$ kongruente Winkel $\subset |gh|$ existieren.*

c) Die Streckenkongruenz sei mit der Winkelkongruenz verknüpft durch folgendes

Axiom VI. *Wenn für zwei Dreiecke* $\triangle ABC$ *und* $\triangle A'B'C'$

gilt $|CA| \equiv |C'A'|$, $|AB| \equiv |A'B'|$ *und* $\alpha \equiv \alpha'$, *so gilt auch* $\beta \equiv \beta'$.[11]

(1.8) Sind die in (1.1)–(1.7) formulierten Voraussetzungen erfüllt, so nennen wir $\mathfrak{E}$ eine *absolute Ebene* und die aus diesen Voraussetzungen folgende *Geometrie absolut*.

Wir betrachten im folgenden nur absolute Ebenen.

§ 2. Die drei Parallelenaxiome

(2.1) In (1.1) haben wir offengelassen, ob es in der Ebene $\mathfrak{E}$ Parallele gibt oder nicht. In (1.2) haben wir ebenso offengelassen, ob die Geraden in $\mathfrak{E}$ geschlossen sind oder nicht. Diese beiden Fragen hängen eng miteinander zusammen. Es gilt nämlich der

Satz. *Die folgenden vier Aussagen sind äquivalent:* (1) *für mindestens eine Gerade* g *und mindestens einen Punkt* $P \notin g$ *existiert keine Parallele zu* g *durch* P; (2) *es existieren keine Parallelen;* (3) *mindestens eine Gerade ist geschlossen;* (4) *jede Gerade ist geschlossen.*

Beweis. (1) $\Rightarrow$ (3). Die Gerade g ist geschlossen. Denn anderenfalls ist $S \setminus \Psi_P(g) \neq \emptyset$. Dann existiert im Büschel $*P$ eine Gerade h mit $\Phi_P(h) \in S \setminus \Psi_P(g)$. Diese Gerade h schneidet g nicht. – (3) $\Rightarrow$ (4). Angenommen, es existieren eine geschlossene Gerade g und eine nichtgeschlossene Gerade g'. Wir wählen in g zwei verschiedene Punkte A und B. Sie sind die Endpunkte zweier Strecken $|AB|$ und $|AB|^{\times}$. Nun sei B' ein Punkt von g'. Da g' nichtgeschlossen ist, existieren in g' nach Axiom IV.3 zwei fremde Strecken $|A'B'| \equiv |AB|$ und $|A_0'B'| \equiv |AB|^{\times}$. Nach Axiom IV.3 existiert weiter in g eine Strecke $|AA_0| \equiv |A'A_0'|$ („in der Richtung von $|AB|$", d.h.) derart, daß $|AB| \subset |AA_0|$ oder $|AA_0| \subset |AB|$ gilt. Aus Axiom

[11] Bei der Aufstellung des obigen Axiomensystems haben wir uns um das Gebot der Sparsamkeit nicht gekümmert, wonach so wenig und so einfache Grundbegriffe und Axiome wie möglich verwendet und die letzteren voneinander unabhängig sein sollen. Wir werden auch nicht die Reichweite der einzelnen Axiomgruppen untersuchen. Denn es ist weniger unsere Absicht, einen Beitrag zur Theorie der Grundlagen der Geometrie zu liefern. Vielmehr wollen wir die beiden klassischen nichteuklidischen Geometrien zügig nebeneinander aufbauen und dabei einerseits das ihnen Gemeinsame und die Analogien zueinander, anderseits aber auch die Unterschiede zwischen ihnen herausarbeiten.

IV.1 folgt nun, daß $|AB| \subset |AA_0|$ und sogar, daß $B \in |AA_0|$ gilt. Dann wird $|AA_0|$ durch B zerlegt in die Strecke $|AB|$ und eine Strecke $|BA_0| \subset |AB|^\times$, für welche wegen Axiom IV.2 gilt $|BA_0| \equiv |B'A_0'| \equiv |AB|^\times$. Nach Axiom IV.1 ist also $|BA_0| = |AB|^\times$ und folglich $A_0 = A$, im Widerspruch dazu, daß die Endpunkte einer Strecke verschieden sind. – (4) $\Rightarrow$ (2). Angenommen, es existieren zwei parallele Gerade g und h. Es sei P ein Punkt von h. Dann ist $\Phi_P(h) \in S \backslash \Psi_P(g)$, also $\Psi_P(g) \neq S$, also g nichtgeschlossen, im Widerspruch zu (4). – (2) $\Rightarrow$ (1). Trivial.

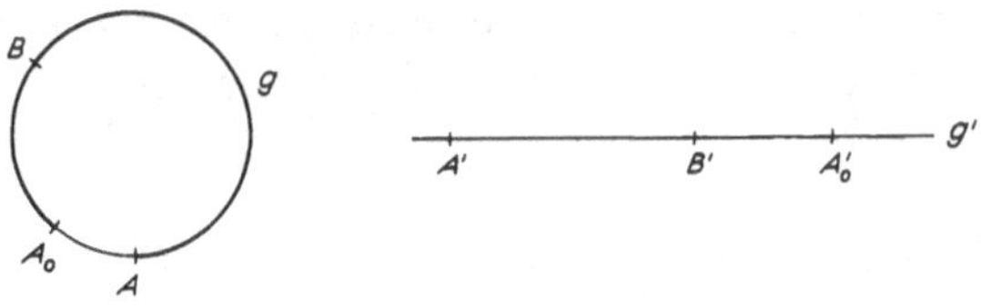

Wir nennen die (absolute) Ebene $\mathfrak{E}$ *elliptisch*, wenn in ihr gilt:

Axiom VII$_1$ (Elliptisches Parallelenaxiom). *Es existieren keine Parallelen.*
Nach obigem Satz ist dies äquivalent damit, daß jede Gerade geschlossen ist.

(2.2) Ist die Ebene $\mathfrak{E}$ nichtelliptisch, so ist nach obigem Satz jede Gerade nichtgeschlossen. Außerdem gibt es Parallelen. Wir nennen nun die Ebene $\mathfrak{E}$ *euklidisch*, wenn in ihr gilt:

Axiom VII$_2$ (Euklidisches Parallelenaxiom). *Für jede Gerade g und jeden nicht auf g liegenden Punkt P existiert genau eine Parallele zu g durch P.*

Wir nennen $\mathfrak{E}$ *hyperbolisch*, wenn in ihr gilt:

Axiom VII$_3$ (Hyperbolisches Parallelenaxiom). *Für jede Gerade g und jeden nicht auf g liegenden Punkt P existieren mindestens zwei Parallele zu g durch P.*

(2.3) Im Kap. IV werden wir beweisen, daß in jeder nichtelliptischen Ebene $\mathfrak{E}$ entweder das Axiom VII$_2$ oder das Axiom VII$_3$ gilt. Danach ist dann also jede (absolute) Ebene $\mathfrak{E}$ entweder elliptisch oder euklidisch oder hyperbolisch und die Frage, welcher dieser drei Fälle vorliegt, wird bereits durch ein einziges, beliebiges Paar $P \notin g$ entschieden: existieren keine bzw. genau eine bzw. mindestens zwei Parallele zu g durch P, so ist $\mathfrak{E}$ elliptisch bzw. euklidisch bzw. hyperbolisch.

(2.4) Ein markanter Unterschied zwischen einer elliptischen und einer nichtelliptischen Ebene $\mathfrak{E}$ ist der folgende.

Ist $\mathfrak{E}$ nichtelliptisch, sind also alle Geraden nichtgeschlossen, so gibt es zu je drei nicht kollinearen Punkten A, B, C, nur je eine Strecke $|BC|, |CA|, |AB|$ mit den Endpunkten B, C bzw. C, A bzw. A, B. Nach Axiom III ist also $\{|BC|, |CA|, |AB|\}$ das einzige Dreieck $\triangle ABC$ mit den Ecken A, B, C; es ist durch die Ecken A, B, C eindeutig bestimmt.
Ist $\mathfrak{E}$ hingegen elliptisch, so gibt es zu je drei nicht kollinearen Punkten A, B, C vier Dreiecke mit den Ecken A, B, C. Ist nämlich $\triangle_0 = \{|BC|, |CA|, |AB|\}$ ein nach Axiom III existierendes Dreieck mit den Ecken A, B, C, so sind $\triangle_1 = \{|BC|, |CA|^{\times}, |AB|^{\times}\}$; $\triangle_2 = \{|BC|^{\times}, |CA|, |AB|^{\times}\}$ und $\triangle_3 = \{|BC|^{\times}, |CA|^{\times}, |AB|\}$ ebenfalls Dreiecke mit den Ecken A, B, C; weitere gibt es nicht. Wir nennen $\triangle_1, \triangle_2, \triangle_3$ die *Nebendreiecke* von $\triangle_0$.

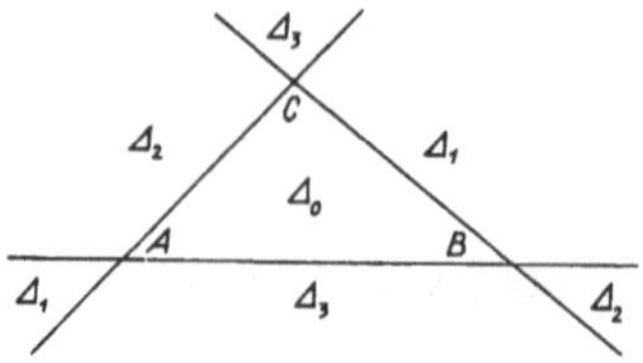

§ 3. Beispiele

(3.1) Es sei $\mathfrak{E}$ die xy-Ebene $\mathbb{R}^2$. Die Geraden g in $\mathfrak{E}$ seien wie üblich durch lineare Gleichungen definiert. Ist $P = (x_0, y_0)$ ein Punkt von $\mathfrak{E}$, so definieren wir die Abbildung $\Phi_P : *P \to S$ folgendermaßen: Ist $(x - x_0) \cos \varphi + (y - y_0) \sin \varphi = 0$ die Gleichung einer Geraden g durch P, so sei $\Phi_P(g) := (\frac{1}{2} \cos 2\varphi, \frac{1}{2} \sin 2\varphi) \in S$. Zwei Strecken in $\mathfrak{E}$ werden kongruent genannt, wenn die eine auf die andere abgebildet werden kann durch eine orthogonale, lineare Abbildung von $\mathfrak{E}$ auf sich. Analog für die Winkel. – Die hiermit definierte Ebene $\mathfrak{E}$ im Sinne von § 1 ist euklidisch.

(3.2) Im affinen Raum $\mathbb{R}^3$ sei $\mathfrak{F}$ entweder ein Ellipsoid oder ein zweischaliges Hyperboloid. Der Mittelpunkt von $\mathfrak{F}$ heiße M. Mit $\mathfrak{E}$ bezeichnen wir die Menge aller Paare $P = \{P_1, P_2\}$ antipodischer Punkte P_1, P_2 von $\mathfrak{F}$; wir schreiben $P = T(P_1) = T(P_2)$. Als die Geraden g in $\mathfrak{E}$ definieren wir die Bilder $T(k)$ der nichtleeren Durchschnitte k von $\mathfrak{F}$ mit den Ebenen E durch M; also $g := T(\mathfrak{F} \cap E)$. Für jeden Punkt $P = \{P_1, P_2\}$ definieren wir $\Phi_P : *P \to S$ folgendermaßen. Wir führen im $\mathbb{R}^3$ neue affine Koordinaten x, y, z so ein, daß die z-Achse durch P_1 und P_2 geht. Für jede Ebene E durch P_1 und P_2 hat der Schnitt von E mit der

xy-Ebene eine Gleichung $x \cos\varphi + y \sin\varphi = 0$. Für die Gerade $g = T(\mathfrak{F} \cap E)$ in $\mathfrak{E}$ sei dann $\Phi_P(g) := (\frac{1}{2}\cos 2\varphi, \frac{1}{2}\sin 2\varphi) \in \mathrm{S}$. Damit ist Φ_P definiert. Wir nennen schließlich zwei Strecken in $\mathfrak{E}$ (im Sinne von (1.4)) kongruent, wenn die eine auf die andere abgebildet werden kann durch eine affine, lineare Abbildung des $\mathbb{R}^3$ auf sich, welche $\mathfrak{E}$ auf sich abbildet. Analog für die Winkel. – Die hiermit definierte Ebene $\mathfrak{E}$ im Sinne von § 1 ist elliptisch, wenn die Fläche $\mathfrak{F}$ ein Ellipsoid ist. Sie ist hyperbolisch, wenn $\mathfrak{F}$ ein Hyperboloid ist.[12]

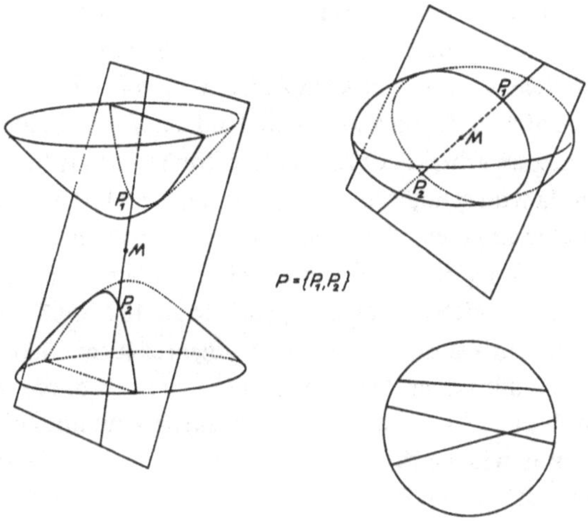

(3.3) Es sei $\mathfrak{E}$ die offene Einheitskreisscheibe $\{(x, y) : x^2 + y^2 < 1\}$ der xy-Ebene $\mathbb{R}^2$. Die Geraden g in $\mathfrak{E}$ seien die Sehnen von $\mathfrak{E}$ (ohne die Endpunkte). Für jeden Punkt P von $\mathfrak{E}$ definieren wir Φ_P wie in (3.1). Zwei Strecken in $\mathfrak{E}$ seien kongruent genannt, wenn die eine auf die andere abgebildet werden kann durch eine Abbildung $(x, y) \mapsto (x', y')$ mit

$$x' = \frac{a_{10} + a_{11}x + a_{12}y}{a_{00} + a_{01}x + a_{02}y}, \qquad y' = \frac{a_{20} + a_{21}x + a_{22}y}{a_{00} + a_{01}x + a_{02}y} \qquad (\det(a_{ij}) \neq 0)$$

von $\mathfrak{E}$ auf sich. Analog für die Winkel. – Die hiermit definierte Ebene $\mathfrak{E}$ ist hyperbolisch.[13]

[12] Vgl. Kap. III, § 15 und Kap. V, (12.3)
[13] Vgl. Kap. V, (12.1)

§ 4. Historisches[14]

Euklid (um 325 v. Chr.) hat in seinen berühmten „Elementen" die Grundlagen der damaligen Mathematik dargestellt.[15] Der darin enthaltene Aufbau der Geometrie erfolgt nach dem axiomatischen Verfahren. Eines der Axiome ist das heute als euklidisches Parallelenaxiom bezeichnete Postulat „V. Und wenn eine Gerade zwei andere Gerade trifft und mit ihnen auf derselben Seite innere Winkel bildet, die zusammen kleiner als zwei Rechte sind, sollen jene beiden Geraden, unbegrenzt verlängert, auf der Seite zusammentreffen, auf der die Winkel liegen, die kleiner als zwei Rechte sind." In dieser Formulierung ist das Parallelenaxiom viel komplizierter als die übrigen Axiome und ähnelt bewiesenen Sätzen. Darum wohl kam bald der Verdacht auf, das Parallelenaxiom wäre gar kein echtes Axiom, sondern könne als Satz bewiesen werden. Während zweier Jahrtausende haben sich zahlreiche Mathematiker verschiedener Nationalitäten um dieses Problem bemüht. Es war jedoch alles umsonst. Tröstlich ist nur, daß bei diesem Bemühen viele Erkenntnisse gewonnen wurden, die in der Folgezeit reiche Früchte trugen. Erst um 1820 n. Chr. kam die große Wende. Drei Mathematiker und ein Jurist (!) rangen sich, unabhängig voneinander, in jahrelanger, mühsamer Arbeit zu dem Gedanken durch, daß es neben der bis dahin in ihrer Alleingeltung unangezweifelten euklidischen Geometrie als ebenfalls logisch widerspruchsfreies System auch eine Geometrie geben könnte, in der das euklidische Parallelenaxiom nicht gilt: *C. F. Gausz, N. J. Lobatschewskij, J. Bolyai und F. K. Schweikart.* Dies sind die Entdecker der (heute so genannten) hyperbolischen Geometrie (letzterer ist allerdings bei ihrem Ausbau weniger weit gelangt). Veröffentlicht haben ihre Ergebnisse nur Lobatschewskij und Bolyai. Es hat Jahrzehnte gedauert, bis die neuen Entdeckungen von der Fachwelt verstanden und gewürdigt wurden; zu stark war sie auf die alten Vorstellungen und Meinungen fixiert. Bolyai ist am Unverständnis seiner Zeitgenossen zerbrochen.

Zu wirklichem Leben erweckt wurde die neue Geometrie durch Auffindung von Modellen durch *F. Klein, H. Poincaré* und *C. Weierstrasz.*

Weit weniger erregend und zur Nachdenklichkeit nötigend ist die Entdeckung der elliptischen Geometrie. Sie wurde von *B. Riemann* 1854 in seiner berühmt gewordenen Probevorlesung „Über die Hypothesen, welche der Geometrie zugrundeliegen" dargestellt. Trotz ihres engen Zusammenhanges mit der hyperbolischen Geometrie, der schon bald gefunden wurde, stand die elliptische Geometrie doch lange Zeit im Schatten „der" nichteuklidischen, nämlich der

[14] Vgl. hierzu etwa BALDUS, R., und F. LÖBELL: Nichteuklidische Geometrie (Hyperbolische Geometrie der Ebene). Berlin 1953.

[15] Vorwort, Fußnote.

hyperbolischen Geometrie. Sind in ihr doch gleich mehrere der Axiome der euklidischen Geometrie in ihrer traditionellen Fassung verletzt.
Erst in neuester Zeit stehen die beiden Geometrien gleichrangig nebeneinander, und beide führen heute den Namen „Nichteuklidische Geometrie".

II. Die absoluten Ebenen

§ 1. Winkel- und Dreiecksfläche. Teildreiecke

Es liege eine absolute Ebene $\mathfrak{E}$ vor, also eine Ebene, in der die Axiome I – VI gelten. Wir werden in diesem Kapitel zeigen, daß die wichtigsten Sätze der elementaren euklidischen Dreieckslehre, passend formuliert, in $\mathfrak{E}$ gelten. Die entscheidenden Begriffe, die diese Verallgemeinerung von der euklidischen auf die absolute Ebene möglich machen, sind die der Spiegelung und des Geradenbüschels.

(1.1) Es sei $\alpha = |hk|$ ein Winkel; seine Spitze heiße A. Als *Fläche des Winkels* α bezeichnen wir die Menge $Fl(\alpha)$ aller Punkte $P \neq A$, deren Verbindungsgerade mit A in α liegt. Es ist $\mathfrak{E} = Fl(\alpha) \cup (h \cup k) \cup Fl(\alpha^{\times})$ und diese drei Punktmengen sind fremd.
Ist g eine Gerade, die einen Punkt $B \neq A$ von k mit einem Punkt $C \neq A$ von h verbindet, so ist $g \cap Fl(\alpha)$ nach Kap. I, (1.5) eine Strecke $|BC|$ und jede Gerade aus α schneidet $|BC|$.
Weiter sei $\Delta = \Delta ABC = \{|BC|, |CA|, |AB|\}$ ein Dreieck. Zur Abkürzung[1] setzen wir $|BC| = :a$, $|CA| = :b$, $|AB| = :c$ und $BC = :g$, $CA = :h$, $AB = :k$. Die *Fläche des Dreiecks* Δ *ist die Menge* $Fl(\Delta) := Fl(\alpha) \cap Fl(\beta) \cap Fl(\gamma)$. Sie ist die Menge aller Punkte $P \neq A, B, C$, deren Verbindungsgerade mit A, B, C im Dreieckswinkel α bzw. β bzw. γ liegt.

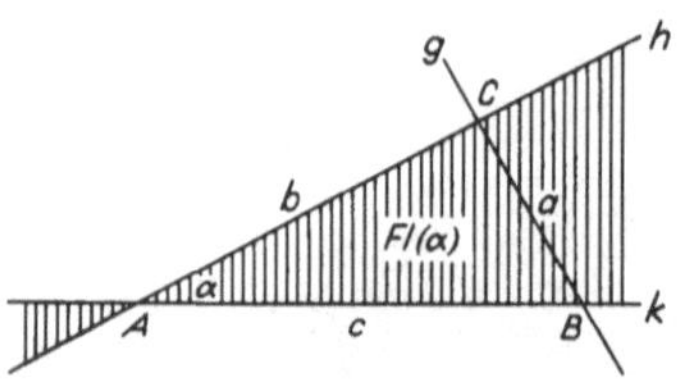

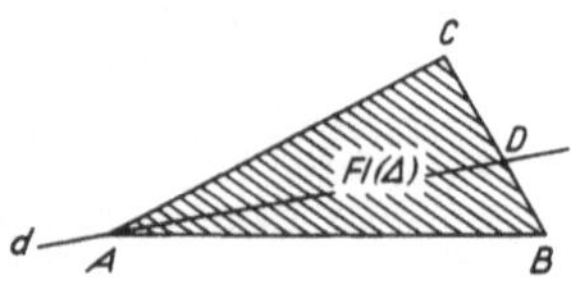

Nun sei d eine Gerade des Winkels $\alpha = |hk|$. Sie zerlegt ihn in zwei Teilwinkel $|hd|$ und $|dk|$. Der Schnittpunkt D von d und $|BC|$ zerlegt $|BC|$ in zwei Teilstrecken $|BD|$ und $|DC|$ (dabei ist $|BD|$ bzw. $|DC|$ die Menge der Schnitt-

[1] Diese Abkürzungen werden wir, neben den Buchstaben α, β, γ, für die Winkel $|hk|$, $|kg|$, $|gh|$ auch im folgenden als Standardbezeichnungen verwenden, wenn die Dreiecksecken mit A, B, C bezeichnet sind.

punkte von $|BC|$ mit den Geraden aus $|hd|$ bzw. $|dk|$). Nach Axiom III enthält d eine Strecke $|DA|$ derart, daß $\{|BD|, |DA|, |AB|\}$ ein Dreieck $\triangle ABD$ ist. Dann ist $\{|CD|, |DA|, |AC|\}$ ein Dreieck $\triangle ACD$. Der Winkel bei B von $\triangle ABD$ ist der Winkel β von $\triangle ABC$ (denn jede Gerade f des Winkels von $\triangle ABD$ bei B schneidet die Seite $|DA|$ von $\triangle ABD$, also auch die Seite $|CA|$ von $\triangle ACD$; also ist $f \in \beta$). Analog ist der Winkel bei C von $\triangle ACD$ der Winkel γ von $\triangle ABC$. Die Winkel bei A von $\triangle ABD$ und $\triangle ACD$ sind die Winkel $|dk|$ und $|hd|$. Die Winkel bei D von $\triangle ABD$ und $\triangle ACD$ sind Nebenwinkel voneinander (denn anderenfalls wären sie gleich; eine Gerade durch D, die in diesem gemeinsamen Winkel von $\triangle ABD$ und $\triangle ACD$ liegt, würde $|AB|$ und $|CA|$, also alle drei Seiten von $\triangle ABC$ schneiden). Da $|DA|$ eine Seite und β der gegenüberliegende Winkel von $\triangle ABD$ ist, ist $|DA| = d \cap Fl(\beta)$. Analog ist $|DA| = d \cap Fl(\gamma)$. Weil außerdem $|DA| \subset d \setminus \{A\} \subset Fl(\alpha)$ ist, folgt $|DA| = d \cap Fl(\triangle)$. – Wir bezeichnen die Dreiecke $\triangle ABD$ und $\triangle ACD$ als die *Teildreiecke*, in welche das Dreieck $\triangle ABC$ durch die Gerade d oder die Strecke $|DA|$ zerlegt wird. Allgemeiner nennen wir ein Dreieck $\triangle'$ ein Teildreieck von $\triangle$, wenn $Fl(\triangle') \subset Fl(\triangle)$ ist.

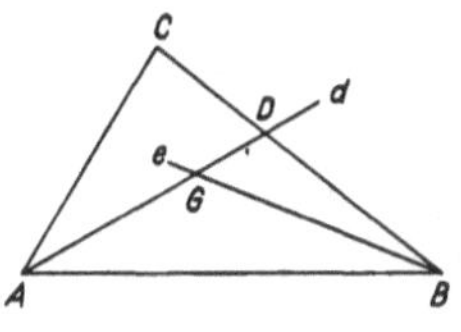

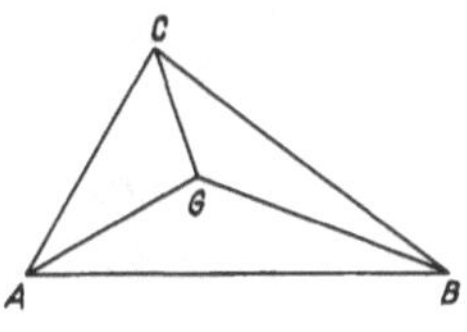

Bemerkung 1. Gegeben seien ein Punkt G von $Fl(\triangle)$ und die Strecken $|AG|$, $|BG|$, $|CG| \subset Fl(\triangle)$. Dann sind $\{|BG|, |GA|, |AB|\} = \triangle ABG$, $\{|CG|, |GB|, |BC|\} = \triangle BCG$ und $\{|AG|, |GC|, |CA|\} = \triangle CAG$ Dreiecke; ihre Winkel bei A, B, C sind $\subset \alpha$, bzw. $\subset \beta$, bzw. $\subset \gamma$.
Denn die Gerade $d := GA$ liefert ein Teildreieck $\triangle ABD$ von $\triangle ABC$ (mit dem Winkel $|dk| \subset \alpha$ bei A und dem Winkel β bei B). Die Gerade $e := GB$ liefert ein Teildreieck $\triangle ABG = \{|BG|, |GA|, |AB|\}$ von $\triangle ABD$ (mit dem Winkel $|dk| \subset \alpha$ bei A und dem Winkel $|ke| \subset \beta$ bei B). – Analog für die beiden anderen Dreiecke.

Bemerkung 2. Es ist $Fl(\triangle) = Fl(\alpha) \cap Fl(\beta)$. Denn sei G ein Punkt von $Fl(\alpha) \cap Fl(\beta)$. Dann ist $d := GA$ eine Gerade aus α und $e := GB$ eine Gerade aus β. Da e die Strecke $|DA| = d \cap Fl(\triangle)$ schneidet, ist $G \in Fl(\triangle)$. – Analog ist $Fl(\triangle) = Fl(\beta) \cap Fl(\gamma)$ und $Fl(\triangle) = Fl(\gamma) \cap Fl(\alpha)$.

(1.2) Wir wenden (1.1) sogleich an, um einen Hilfssatz zu beweisen, der als eine Ergänzung zum Axiom III betrachtet werden kann.

Hilfssatz. Es sei $|CA|$ eine Strecke, h die sie enthaltende Gerade; weiter sei g eine Gerade $\neq h$ durch C; schließlich sei γ einer der beiden Winkel mit den Schenkeln g und h. Dann existiert zu jeder Strecke $|B'C'|$ eine kongruente Strecke $|BC| \subset g$ derart, daß das durch $|BC|$ und $|CA|$ aufgespannte Dreieck $\triangle ABC = \{|BC|, |CA|, |AB|\}$ bei C den Winkel γ hat. Jeder Winkel ist also ein Dreieckswinkel.

Beweis. Es sei $|DE|$ eine Strecke mit $C \in |DE| \subset g$ und $|AD|$ eine Strecke mit den Endpunkten A und D. Das durch $|DE|$ und $|AD|$ aufgespannte Dreieck $\triangle ADE = \{|DE|, |EA|, |AD|\}$ wird durch h in zwei Teildreiecke $\triangle ADC$ und $\triangle AEC$ zerlegt. Nach (1.1) hat das eine, etwa $\triangle ADC$ bei C den Winkel γ, das andere also $\triangle AEC$ den Winkel γ^*. Nach Axiom IV.3 existiert eine zu $|B'C'|$ kongruente Strecke $|BC|$ mit $|BC| \subset |DC|$ oder $|DC| \subset |BC|$. Das durch $|BC|$ und $|CA|$ aufgespannte Dreieck $\triangle ABC = \{|BC|, |CA|, |AB|\}$ ist $= \triangle ADC$ oder $\triangle ABC$ ist ein Teildreieck von $\triangle ADC$ oder $\triangle ADC$ ist ein Teildreieck von $\triangle ABC$. In allen drei Fällen haben also nach (1.1) beide Dreiecke bei C denselben Winkel. Also hat $\triangle ABC$ bei C den Winkel γ.

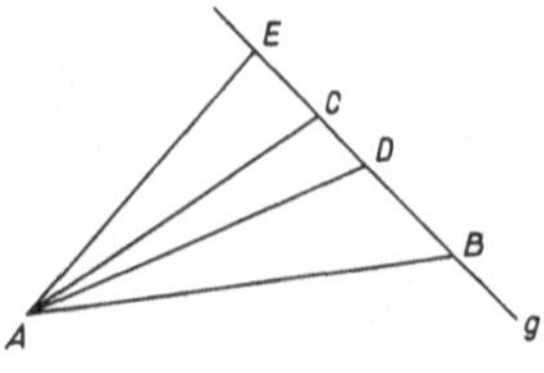

(1.3) **Satz.** *Die Nebenwinkel kongruenter Winkel sind kongruent.*

Beweis. Es seien $\alpha = |hk|$ und $\alpha' = |h'k'|$ zwei kongruente Winkel. Ihre Spitzen seien A und A'. Wir wählen zwei Strecken $|AB| \subset k$ und $|A'B'| \subset k'$ mit $|AB| \equiv |A'B'|$. Nach (1.2) existieren dann Dreiecke $\triangle ABC = \{|BC|, |CA|, |AB|\}$ und $\triangle A'B'C' = \{|B'C'|, |C'A'|, |A'B'|\}$ mit $C \in h$, $C' \in h'$, $|CA| \equiv |C'A'|$, deren Winkel bei A und A' die Winkel α und α' sind. Aus Axiom VI folgt für die Dreieckswinkel bei B und B' bzw. C und C', daß $\beta \equiv \beta'$, bzw. $\gamma \equiv \gamma'$ ist. – Für die Dreiecke $\triangle ABC$ und $\triangle A'B'C'$ mit $|CA| \equiv |C'A'|$, $|AB| \equiv |A'B'|$ und $\alpha \equiv \alpha'$ beweisen wir folgende Zwischenbehauptung: $|BC| \equiv |B'C'|$. Nach Axiom IV.3 existiert in der Geraden BC eine Strecke $|BC''|$ derart, daß $|BC''| \equiv |B'C'|$ und $|BC''| \subset |BC|$ oder $|BC| \subset |BC''|$ ist. Angenommen, es wäre $C \neq C''$. Das durch $|BC''|$ und $|AB|$ aufgespannte Dreieck $\triangle ABC''$ ist ein Teildreieck von $\triangle ABC$ oder $\triangle ABC$ ist ein Teildreieck von $\triangle ABC''$. Da beide Dreiecke bei B gleiche, also kongruente Winkel haben, sind nach Axiom VI auch ihre Winkel bei A kongruent und daher, weil einer im anderen enthalten ist, gleich nach Axiom V.1, im Widerspruch zur Annahme $C \neq C''$. Aus $C = C''$ folgt $|BC| \equiv |B'C'|$. – Nun wählen wir zwei Strecken $|DB| \subset k$ und $|D'B'| \subset k'$ mit $|DB| \equiv |D'B'|$, $|BA| \subset |BD| \neq |BA|$ und $|B'A'| \subset |B'D'| \neq |B'A'|$. Das Dreieck $\triangle ABC$ ist ein Teildreieck des von $|DB|$ und $|BC|$ aufgespannten Dreiecks $\triangle DBC$; das Dreieck $\triangle A'B'C'$ ist ein Teildreieck des von $|D'B'|$ und $|B'C'|$ aufgespannten Dreiecks $\triangle D'B'C'$. Die Winkel bei D und D' dieser beiden Dreiecke seien δ und δ'. Aus $|DB| \equiv |D'B'|$, $|BC| \equiv |B'C'|$, $\beta \equiv \beta'$ folgt $\delta \equiv \delta'$ (nach Axiom VI) und $|CD| \equiv |C'D'|$ (analog wie soeben $|BC| \equiv |B'C'|$). Für die Teildreiecke $\triangle ADC$ und $\triangle A'D'C'$ von $\triangle BDC$ und $\triangle B'D'C'$ ist $|AD| \equiv |A'D'|$ (nach Axiom IV.2), $|DC| \equiv |D'C'|$ und $\delta \equiv \delta'$; nach Axiom VI sind also ihre Winkel bei A und A' kongruent; dies sind aber die Nebenwinkel von α und α'.

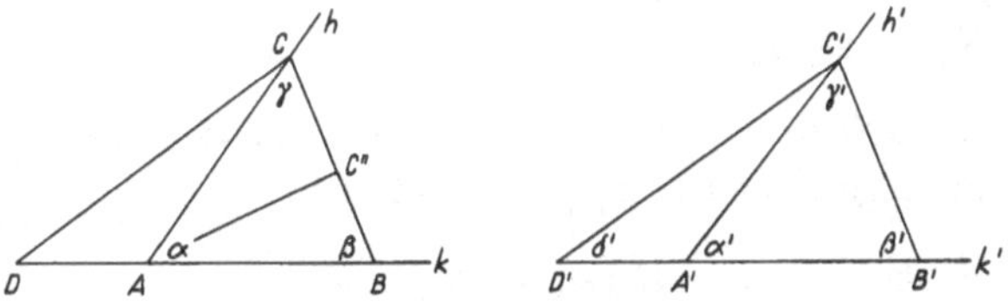

§ 2. Strecken- und Winkelhalbierung. Orthogonalität

(2.1) *Hilfssatz.* Es seien $|GK|$ und $|G'K'|$ zwei kongruente Strecken. Dann existiert zu jedem Punkt $X \in |GK|$ genau ein Punkt $X' \in |G'K'|$ derart, daß die beiden Strecken $|GX| \subset |GK|$ und $|G'X'| \subset |G'K'|$ kongruent sind.

Beweis. Existenz. Nach Axiom IV.3 existiert in der Geraden $G'K'$ eine zu $|GX|$ kongruente Strecke $|G'K'|$ mit $|G'X'| \subset |GK'|$ oder $|G'K'| \subset |G'X'|$. Wäre $X' \notin |G'K'|$, so wäre $|G'K'| \subset |G'X'|$, also $|GX| = |GK|$, im Widerspruch zu $X \in |GK|$. – Eindeutigkeit. Sind X'_1 und X'_2 Punkte der verlangten Art, so ist $|G'X'_1| \subset |G'X'_2|$ oder $|G'X'_2| \subset |G'X'_1|$, nach Axiom IV.1 also $|G'X'_1| = |G'X'_2|$, daher $X'_1 = X'_2$.

Ein Punkt H einer Strecke $|GK|$ heiße *Halbierungs-* oder *Mittelpunkt* von $|GK|$, wenn für die beiden Strecken $|GH| \subset |GK|$ und $|HK| \subset |GK|$ gilt $|GH| \equiv |HK|$.

Satz 1. *Jede Strecke $|GK|$ besitzt genau einen Halbierungspunkt.*

Beweis. Existenz. Da die Gerade GK eine Kopie von S oder $\mathbb{R}$ ist, ist in der Strecke $|GK|$ eine lineare Ordnung definiert; wir bezeichnen sie mit $<$. Nach dem Hilfssatz existiert zu jedem Punkt $X \in |GK|$ genau ein Punkt $X' \in |GK|$ derart, daß für die beiden Strecken $|GX| \subset |GK|$ und $|X'K| \subset |GK|$ gilt $|GX| \equiv |X'K|$. Für $X_1, X_2 \in |GK|$ gilt: aus $X_1 < X_2$ folgt $X'_1 > X'_2$. Also existiert ein Punkt $X_0 \in |GK|$ mit $X_0 = X'_0$. Er ist ein Halbierungspunkt von $|GK|$. – Eindeutigkeit. Es sei auch $X_1 \in |GK|$ ein Halbierungspunkt von $|GK|$. Es sei etwa $X_0 \leqq X_1$. Dann ist $|GX_0| \subset |GX_1|$ und $|X_0K| \supset |X_1K|$. Nach Axiom IV.1 folgt $|GX_0| = |GX_1|$, also $X_0 = X_1$.

Satz 2. *Die Hälften kongruenter Strecken sind kongruent.*
Beweis. Es seien H_1 und H_2 die Halbierungspunkte zweier kongruenter Strecken $|G_1K_1|$ und $|G_2K_2|$. Nach dem Hilfssatz existiert ein Punkt $H'_2 \in |G_2K_2|$ derart, daß für die Strecke $|G_2H'_2| \subset |G_2K_2|$ gilt $|G_1H_1| \equiv |G_2H'_2|$, Für die Strecke $|H'_2K_2| \subset |G_2K_2|$ gilt dann $|H_1K_1| \equiv |H'_2K_2|$ nach Axiom IV.2. Es folgt $|G_2H'_2| \equiv |G_1H_1| \equiv |H_1K_1| \equiv |H'K_2|$. Also ist $H'_2 = H_2$ und $|G_2H_2| \equiv$ $\equiv |G_1H_1| \equiv |H_1K_1| \equiv |H_2K_2|$.

Eine Gerade h eines Winkels $|gk|$ heißt *Halbierende* von $|gk|$, wenn für die beiden Winkel $|gh| \subset |gk|$ und $|hk| \subset |gk|$ gilt $|gh| \equiv |hk|$.

Satz 3. *Jeder Winkel $|gk|$ besitzt genau eine Halbierende.*

Satz 4. *Die Hälften kongruenter Winkel sind kongruent.*

Beweise analog wie für Satz 1 und 2. (Man führe sie als Aufgabe aus).

(2.2) Ein Winkel $|gk|$ heißt ein *rechter Winkel* oder kurz ein *Rechter*, wenn er zu seinem komplementären Winkel $|gk|^{\times}$ kongruent ist (dieser ist dann ebenfalls ein Rechter). Die Schenkel g und k heißen dann *orthogonal;* man sagt auch, der eine sei ein *Lot* auf den anderen, in Zeichen $g \perp k$; der Schnittpunkt $Q := gk$ heißt der Fußpunkt des Lotes. Ist P ein Punkt von k, so heißt Q die (Orthogonal-) *Projektion* von P in g.
Aus (1.3) folgt, daß jeder zu einem Rechten kongruente Winkel ebenfalls ein Rechter ist. Umgekehrt gilt:

Satz 1. *Je zwei rechte Winkel sind kongruent.*
Beweis. Es seien $|gk|$ und $|g'k'|$ zwei rechte Winkel. Die Spitze von $|gk|$ heiße A. Nach Axiom V.3 existiert ein zu $|g'k'|$ kongruenter Winkel $|gk_0|$ mit der Spitze A derart, daß $|gk| \subset |gk_0|$ oder $|gk_0| \subset |gk|$ ist. Dann ist nach (1.3) der Nebenwinkel von $|g'k'|$ kongruent zum Nebenwinkel von $|gk_0|$. Also ist auch $|gk_0|$ ein rechter Winkel. Aus Axiom V.1 folgt nun $|gk| = |gk_0|$.

Satz 2. *Die Halbierenden zweier komplementärer Winkel sind orthogonal.*
Beweis. Es seien $|gk|$ und $|gk|^{\times}$ zwei komplementäre Winkel, h und h' ihre Halbierenden. $|gk|$ wird durch h in zwei kongruente Winkel $|gh|$ und $|hk|$ zerlegt,

$|gk|^{\times}$ durch h' in zwei kongruente Winkel $|gh'|$ und $|h'k|$. Aus $|gh| \equiv |hk|$ und $|gh'| \equiv |h'k|$ folgt nach Axiom V.2, daß der die Gerade g enthaltende Winkel $|hh'|$ kongruent ist zu dem die Gerade k enthaltenden Winkel $|hh'|^{\times}$.

Satz 3. *Es sei g eine Gerade und P ein Punkt. Dann existiert mindestens ein Lot auf g durch P. Liegt P auf g, so ist das Lot eindeutig bestimmt.*

Beweis. Fall I: P liegt auf g. – Existenz. Es sei k eine Gerade $\neq g$ durch P und $|gk|$ einer der beiden Winkel mit den Schenkeln g und k. Nach Axiom V.3 existiert ein Winkel $|gk'|$ mit der Spitze P derart, daß $|gk| \equiv |gk'| \neq |gk|$ ist. Wenn $k = k'$ ist, ist diese Gerade ein Lot auf g durch P. Ist $k \neq k'$, so sei $|kk'|$ der die Gerade g enthaltende Winkel mit den Schenkeln k und k'. Die Gerade g ist nach Axiom V.2 die Halbierende von $|kk'|$. Weiter sei g' die Halbierende des Winkels $|kk'|^{\times}$. Nach Satz 1 ist g' orthogonal zu g. – Die Eindeutigkeit des Lotes auf g durch P folgt aus Axiom V.1. – Fall II: P liegt nicht auf g. Es sei $|GP|$ eine Strecke mit $G \in g$ und p die Gerade GP. Ist P orthogonal zu g, sind wir fertig. Anderenfalls sei $|gp|$ einer der beiden Winkel mit den Schenkeln g und p. Nach Axiom V.3 existiert ein Winkel $|gq|$ mit der Spitze G derart, daß $|gp| \equiv |gq| \neq |gp|$ ist. Da p nicht orthogonal ist zu g, ist $p \neq q$. Einer der beiden Winkel mit den Schenkeln p und q enthält g als Halbierende. Er heiße $|pq|$. Nach dem Hilfssatz in (1.2) existiert eine zu $|GP|$ kongruente Strecke $|GQ|$ derart, daß das durch $|PG|$ und $|GQ|$ aufgespannte Dreieck $\triangle PGQ$ bei G den Winkel $|pq|$ hat. Die Halbierende g von $|pq|$ zerlegt $\triangle PGQ$ in zwei Teildreiecke $\triangle PHG$ und $\triangle QHG$. Die Anwendung des Axioms VI auf diese Teildreiecke ergibt die Kongruenz ihrer Winkel bei H. Also ist die Gerade PQ orthogonal zu g.

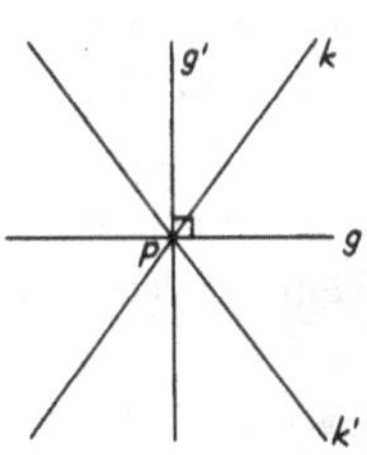

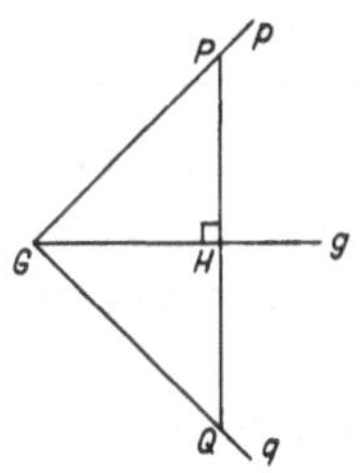

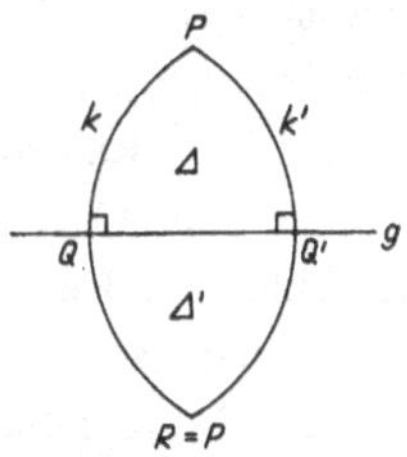

(2.3) Wir untersuchen nun, wann das Lot von $P \notin g$ auf g eindeutig bestimmt ist. Angenommen, es existieren zwei verschiedene Lote k, k' von P auf g. Ihre Fußpunkte seien Q, Q'. Wir wählen ein Dreieck $\triangle PQQ' = \{|QQ'|, |Q'P|, |PQ|\}$ mit den Ecken P, Q, Q'. Nach Axiom IV.3 enthält k eine Strecke $|RQ|$ mit $|PQ| \equiv |RQ| \neq |PQ|$. Die Strecken $|QQ'|$ und $|RQ|$ spannen ein Dreieck $\triangle' = \triangle RQQ' = \{|QQ'|, |Q'R|, |RQ|\}$ auf. Nach Axiom VI hat auch $\triangle'$ bei Q'

einen rechten Winkel. Also sind P, Q', R kollinear, folglich $R \in k'$. Aus $P, R \in k, k'$ und $k \neq k'$ folgt $P=R$ (und $|RQ|=|PQ|^{\times}$, also $|PQ| \equiv |PQ|^{\times}$). Also ist k geschlossen und daher die Ebene $\mathfrak{E}$ elliptisch. Damit haben wir folgendes erstes Ergebnis: Ist die Ebene $\mathfrak{E}$ nichtelliptisch und g eine beliebige Gerade, so ist für jeden Punkt $P \notin g$ das Lot von P auf g eindeutig bestimmt.

Jetzt sei die Ebene $\mathfrak{E}$ elliptisch. Wir betrachten eine beliebige Gerade g. Wir wählen ein beliebiges Lot k auf g; sein Fußpunkt heiße Q. Jedes weitere Lot k' auf g, und solche gibt es natürlich, schneidet k in einem Punkt P, für den $|PQ| \equiv |PQ|^{\times}$ ist, wie soeben gezeigt wurde. Nun folgt aber aus Axiom IV.1, daß es auf k höchstens einen einzigen Punkt P mit $|PQ| \equiv |PQ|^{\times}$ gibt. Alle Lote $k' \neq k$ auf g schneiden also das Lot k in demselben Punkt P. Umgekehrt sei k'' eine beliebige Gerade $\neq k$ durch P und Q' ihr Schnittpunkt mit g; das Lot k' in Q' auf g geht ebenfalls durch P; also ist $k''=k'$. Damit haben wir folgendes zweites Ergebnis: Ist $\mathfrak{E}$ elliptisch, so existiert zu jeder Geraden g genau ein Punkt $P \in g$, durch den es mehrere Lote auf g gibt; jede Gerade k durch P ist ein Lot auf g; ist Q der Fußpunkt von k, so ist $|PQ| \equiv |PQ|^{\times}$.

$\mathfrak{E}$ sei weiterhin elliptisch. Der soeben definierte Punkt P (Schnittpunkt aller Lote auf g) heißt der *Pol* der Geraden g und die Gerade g die *Polare* von P. Jede Gerade g in $\mathfrak{E}$ hat also einen (eindeutig definierten) Pol. Umgekehrt sei P ein beliebiger Punkt. Wir behaupten, daß P eine eindeutig bestimmte Polare hat. Eindeutigkeit: Sind g_1 und g_2 Polaren von P, so sei $Q=g_1 g_2$; dann ist $g_1 \perp PQ \perp g_2$, nach Satz 3 also $g_1=g_2$. Existenz: Es sei g' eine Gerade durch P und P' der Pol von g'; dann sind alle Geraden durch P' orthogonal zu g', insbesondere also die Gerade $g'':=PP'$ und das Lot g auf g'' in P' (es sei $P'':=gg'$); da g orthogonal ist zu den beiden verschiedenen Geraden g' und g'' durch P, ist g Polare von P. – Übrigens ist auch g' Polare von P' und g'' Polare von P''. Jedes der vier Dreiecke mit den Ecken P, P', P'' ist also ein *Polardreieck*; so heißt jedes Dreieck $\triangle P_0 P_1 P_2$, bei welchem für jedes $j=0, 1, 2$ die Ecke P_j der Pol der gegenüber liegenden Geraden $P_i P_k$ ist. Ein Dreieck ist genau dann ein Polardreieck, wenn jeder der drei Dreieckswinkel ein Rechter ist, und ebenso, wenn jede Seite zu ihrem Komplement kongruent ist.

Zwei Punkte P, Q der elliptischen Ebene $\mathfrak{E}$ heißen *polar*, wenn die Polare von P durch Q (und dann auch die Polare von Q durch P) geht. Dies ist nach dem Vorangehenden genau dann der Fall, wenn $|PQ| \equiv |PQ|^{\times}$ ist. – Es seien $|PQ|$ und $|P'Q'|$ zwei Strecken; die Punkte P und Q seien polar. Dann gilt: die Punkte P' und Q' sind ebenfalls polar genau dann, wenn $|PQ| \equiv |P'Q'|$ ist. Beweis. Sei $|PQ| \equiv |P'Q'|$. Es sei h das Lot auf PQ durch P (also h die Polare von Q) und h' das Lot auf $P'Q'$ durch P'. Wir wählen zwei kongruente Strecken $|RP| \subset h$ und $|R'P'| \subset h'$. Nach Axiom VI ist der Winkel des Dreiecks $\{|QR|, |RP|, |PQ|\}$ bei R kongruent zum Winkel des Dreiecks $\{|Q'R'|, |R'P'|, |P'Q'|\}$ bei R'.

Da der erstere ein Rechter ist, ist auch der letztere ein Rechter und folglich h' die Polare von Q'. Mithin sind P' und Q' polar. – Umgekehrt seien P' und Q' polar. Dann sei $|P'Q''|$ eine zu $|PQ|$ kongruente Strecke der Geraden $P'Q'$ mit $|P'Q''| \subset |P'Q'|$ oder $|P'Q'| \subset |P'Q''|$. Nach dem soeben Bewiesenen sind P' und Q'' polar. Es folgt $Q''=Q'$ und damit $|PQ| \equiv |P'Q'|$.

Aufgaben.
Man beweise:
1. Die Polare g eines Punktes P ist die Menge aller zu P polaren Punkte Q.
2. Der Pol P einer Geraden g ist der zu allen Punkten Q von g polare Punkt.

§ 3. Streckenlänge und Winkelmaß Natürliche Parametrisierung

(3.1) Es sei $|AB|$ eine Strecke. Wir setzen $A=A_1$ und $B=B_1$. Für ein $n \in \mathbb{N}$ sei eine Strecke $|A_n B_n|$ bereits definiert. Dann definieren wir die Strecke $|A_{n+1} B_{n+1}|$ folgendermaßen: bezeichnet M_n den Mittelpunkt von $|A_n B_n|$, so sei entweder $A_{n+1} := A_n$ und $B_{n+1} := M_n$ oder es sei $A_{n+1} := M_n$ und $B_{n+1} := B_n$; nun sei $|A_{n+1} B_{n+1}|$ die Teilstrecke von $|A_n B_n|$ mit den Endpunkten A_{n+1} und B_{n+1} (kurz: $|A_{n+1} B_{n+1}|$ sei eine der beiden Hälften von $|A_n B_n|$). Für die Folge der so definierten Strecken $|A_n B_n|$ $(n=1, 2, \ldots)$ behaupten wir den

Satz. *Es gibt genau einen Punkt X derart, daß für jedes n gilt:*

$$X=A_n \text{ oder } X \in |A_n B_n| \text{ oder } X=B_n.$$

(Ist $X=A_n$, so ist $X=A_m$ für alle $m \geqq n$; ist $X=B_n$, so ist $X=B_m$ für alle $m \geqq n$.)
Beweis. Die Existenz mindestens eines derartigen Punktes X folgt daraus, daß die Gerade AB eine Kopie von S bzw. von $\mathbb{R}$ ist. Angenommen, es gäbe außer X noch einen zweiten derartigen Punkt Y. Für die zu $|A_1 B_1|$ nicht fremde Strecke $|XY|$ mit den Endpunkten X und Y gilt dann $|XY| \subset |A_n B_n|$ für alle n. In der von $|A_{n+1} B_{n+1}|$ verschiedenen Hälfte von $|A_n B_n|$ existiert zufolge der Axiome IV.1–3 eine Teilstrecke $|X_n Y_n| \equiv |XY|$. Die unendlich vielen Teilstrecken $|X_n Y_n|$ von $|A_1 B_1|$ sind paarweise fremd und $\equiv |XY|$. Dies ist ein Widerspruch zu Axiom IV.4.

(3.2) Wir wählen eine feste Strecke $|OE|$ als „Meßstrecke" und eine positive Zahl l_0 als „Maßeinheit"; ist die Ebene $\mathfrak{E}$ elliptisch, so wählen wir O und E als polare Punkte und $l_0=\pi/2$. Wir setzen $E=E_0$. Für eine ganze Zahl $m \geqq 0$ sei bereits eine Strecke $|OE_m|$ definiert. Dann sei E_{m+1} der Mittelpunkt von $|OE_m|$ und $|OE_{m+1}|$ die Strecke $\subset |OE_m|$ mit den Endpunkten O und E_{m+1}. Damit ist also für jedes $m=0, 1, 2, \ldots$ die Strecke $|OE_m| \subset |OE|$ definiert. Aus

(3.1) folgt (0): $\bigcap_m |OE| = \emptyset$. – Nun sei $|AB|$ eine beliebige Strecke. Nach Axiom IV.4 gibt es für jedes ganze $m \geqq 0$ ein größtes ganzes $n_m \geqq 0$ derart, daß n_m fremde Strecken $|A_i B_i|$ $(i=1, \ldots, n_m)$ mit $|OE_m| \equiv |A_i B_i| \subset |AB|$ existieren. Für mindestens ein m ist $n_m \geqq 1$. Denn ist nicht schon $n_0 \geqq 1$, so existiert nach Axiom IV.3 ein Punkt $C \in |OE_0|$ derart, daß für die Strecke $|OC| \subset |OE_0|$ gilt $|OC| \equiv |AB|$; wegen (0) ist $E_m \in |OC|$ für mindestens ein m; für dieses m existiert nach Axiom IV.3 ein Punkt $B_1 \in |AB|$ derart, daß für die Strecke $|AB_1| \subset |AB|$ gilt $|AB_1| \equiv |OE_m|$; für dieses m ist also $n_m \geqq 1$. Aus den Axiomen IV.1 – 3 folgt durch elementare Schlüsse (die „Addition" von Strecken ist kommutativ), daß die Strecken $|A_i B_i|$ so gewählt werden können, daß $A = A_1$ und $B_i = A_{i+1}$ ist für $i = 1, \ldots, n_m - 1$. Hiernach ist $n_{m+1} = 2n_m$ oder $n_{m+1} = 2n_m + 1$, also $0 \leqq n_{m+1}/2^{m+1} - n_m/2^m \leqq 1/2^m$. Daher ist die Folge $(n_m/2^m)_{m=0,1,\ldots}$ konvergent gegen eine reelle Zahl $l > 0$. Wir definieren nun als die *Länge der Strecke* $|AB|$ die Zahl

$$(1) \qquad l(|AB|) := l_0 \cdot l\,.$$

Dann gilt

$$(2) \qquad 0 < l(|AB|) < +\infty;$$

$$(3) \qquad l(|OE|) = l_0;$$

(4) $\begin{cases} \text{ist } C \in |AB|, \text{ so ist für die Teilstrecken } |AC| \text{ und } |CB| \text{ vom } |AB|: \\ l(|AC|) + l(|CB|) = l(|AB|); \end{cases}$

(5) $|AB| \equiv |CD|$ genau dann, wenn $l(|AB|) = l(|CD|)$ ist.

Schließlich behaupten wir noch:

(6) $\begin{cases} \text{für jedes } \lambda \text{ mit } 0 < \lambda < l(|AB|) \text{ existiert genau ein Punkt } X \in |AB| \\ \text{derart, daß für die Teilstrecke } |AX| \text{ von } |AB| \text{ ist } l(|AX|) = \lambda. \end{cases}$

Zum Beweis definieren wir in (3.1) folgermaßen: Ist $\lambda \leqq l(|AM_n|)$, so sei $A_{n+1} := A_n$ und $B_{n+1} := M_n$; ist hingegen $l(|AM_n|) < \lambda$, so sei $A_{n+1} := M_n$ und $B_{n+1} := B_n$. Dann ist $l(|AA_n|) \leqq \lambda \leqq l(|AB_n|)$ für jedes n. Für den Punkt X des Satzes in (3.1) gilt wegen (4) weiter $l(|AA_n|) \equiv l(|AX|) \equiv l(|AB_n|)$ für jedes n und folglich $|l(|AX|) - x| \leqq l(|AB_n|) - l(|AA_n|) = l(|A_n B_n|)$. Da nun aber $l(|A_{n+1} B_{n+1}|) = \frac{1}{2} l(|A_n B_n|)$ ist wegen (4), folgt $l(|AX|) = \lambda$. – Gäbe es noch einen von X verschiedenen Punkt $Y \in |AB|$ mit $l(|AY|) = \lambda$, so würde aus (4) folgen $l(|XY|) = 0$, im Widerspruch zu (2).

Ist $|O'E'|$ eine zweite, zu $|OE|$ kongruente „Meßstrecke" (ist $\mathfrak{E}$ elliptisch, so sind nach (2.3) mit O und E auch O' und E' polar), so ist $l(|O'E'|) = l(|OE|) = l_0$ nach (5) und (3). Bezeichnet l' die mittels $|O'E'|$ definierte Streckenlänge, so ist also $l'(|AB|) = l(|AB|)$ für jede Strecke $|AB|$.

Aufgabe.

Man führe die Beweise für (3) – (5) und für $l'(|AB|) = l(|AB|)$ durch.

(3.3) Nun sei g eine beliebige Gerade. Wir wählen in g eine Strecke $|A_g B_g| \equiv |OE|$. Durch (6) mit $|A_g B_g|$ statt $|AB|$ wird eine Bijektion des Intervalls $\{\lambda: 0<\lambda<l_0\}$ auf $|A_g B_g|$ induziert. Diese Bijektion läßt sich (auf genau eine Weise) fortsetzen zu einer Surjektion $\mathbb{R}\to g$ der reellen Zahlengeraden $\mathbb{R}$ auf g derart, daß gilt: a) Ist $\mathfrak{E}$ nichtelliptisch, so ist die Abbildung bijektiv; für je zwei Zahlen $\lambda, \lambda' \in \mathbb{R}$ mit $\lambda<\lambda'$ und ihre Bildpunkte $X, X' \in g$ ist $l(|XX'|)=(\lambda'-\lambda)\cdot l_0$;
b) ist $\mathfrak{E}$ elliptisch, so haben zwei Zahlen $\lambda, \lambda' \in \mathbb{R}$ genau dann denselben Bildpunkt in g, wenn $\lambda \equiv \lambda' \pmod{\pi}$ ist (denn mit O und E sind auch A_g und B_g polar; also gilt $|A_g B_g| \equiv |A_g B_g|^\times$ und folglich $l(|A_g B_g|)=\pi/2=l(|A_g B_g|^\times)$); jedes offene Intervall $\subset \mathbb{R}$ einer Länge $l \equiv 0$ bzw. $\equiv 0 \pmod{\pi}$ wird abgebildet auf eine Strecke $|XX'| \subset g$ mit $l(|XX'|) \equiv l \pmod{\pi}$ bzw. auf g. Wir nennen eine solche Abbildung $\mathbb{R}\to g$ eine *natürliche Parameterdarstellung* oder *Parametrisierung* von g.

Ist $\mathfrak{E}$ nichtelliptisch, so können wir die Existenz von Parameterdarstellungen jeder Geraden auch so formulieren:

Satz 1. *Ist $\mathfrak{E}$ nichtelliptisch, so ist jede Gerade g kongruent zur reellen Zahlengeraden $\mathbb{R}$.*[2]

Nun sei $\mathfrak{E}$ elliptisch, g eine Gerade und es liege eine natürliche Parameterdarstellung von g vor. Ordnen wir jedem Punkt von g mit dem (mod π bestimmten) Parameterwert λ den Punkt $(\frac{1}{2}\cos 2\lambda, \frac{1}{2}\sin 2\lambda)$ von $S=\{(x,y):(2x)^2+(2y)^2=1\}$ zu, so ist diese Bijektion $g\to S$ eine Kongruenz in folgendem Sinne: jede Strecke $\subset g$ ist abgebildet auf einen (eigentlichen, offenen) Kreisbogen $\subset S$ gleicher Länge. Wir formulieren dies in folgendem

Satz 2. *Ist $\mathfrak{E}$ elliptisch, so ist jede Gerade g kongruent zum Kreis S der Länge π.*[3]

(3.4) Analog zur Streckenlänge definieren wir folgendermaßen ein Winkelmaß. Es sei $|gh|$ ein Winkel. Mittels der Winkelhalbierenden definieren wir analog wie in (3.1) Winkel $|g_n h_n|$ und beweisen zunächst einen zum Satz in (3.1) analogen Satz. Sodann wählen wir einen festen rechten Winkel $|oe|$ als „Meßwinkel" und die Zahl $\pi/2$ als „Maßeinheit". Für jeden Winkel $|gh|$ definieren wir analog wie in (3.2) die ganzen Zahlen $n_m \geqq 0$. Die Folge $(n_m/2^m)_{m=0,1,\dots}$ konvergiert gegen eine reelle Zahl $w>0$. Wir definieren nun als *Maß des Winkels* $|gh|$ die Zahl

(1) $$w(|gh|) := \pi/2 \cdot w\,.$$

[2] Die Sätze 1 und 2 stellen eine Verschärfung der Feststellung in Kap. I, (1.4) dar: Jede nichtgeschlossene bzw. geschlossene Gerade ist eine kongruente Kopie von $\mathbb{R}$ bzw. S.

[3] Vgl. S. 11, Fußnote 4.

Dann gilt:

(2) $$0 < w(|gh|) < \infty,$$

(3) $$w(|oe|) = \pi/2;$$

(4) $\begin{cases} \text{ist } k \in |gh|, \text{ so ist für die Teilwinkel } |gk| \text{ und } |hk| \text{ von } |gh|: \\ w(|gk|) + w(|kh|) = w(|gh|); \end{cases}$

(5) $|gh| \equiv |kl|$ genau dann, wenn $w(|gh|) = w(|kl|)$ ist.

Aus (3) und (5) folgt: Ein Winkel ist genau dann ein Rechter, wenn sein Maß $= \pi/2$ ist.

Sei weiter k die Senkrechte zu g durch den Schnittpunkt von g und h. Ist $k = h$, so ist $w(|gh|) = \pi/2$. Sei nun $k \neq h$. Dann sei $|gk|$ derjenige der beiden rechten Winkel mit den Schenkeln g und k, für welche $|gh| \subset |gk|$ oder $|gk| \subset |gh|$ gilt. Ist $|gh| \subset |gk|$, so folgt aus (4): $w(|gh|) < w(|gk|) = \pi/2$. Ist $|gk| \subset |gh|$ so ergibt (4): $w(|gh|) = w(|gk|) + w(|kh|) = \pi/2 + w(|kh|)$. Nun ist $|kh| \subset |gk|^{\times}$, also $w(|kh|) < w(|gk|) = \pi/2$. Also ist $w(|gh|) < \pi$. Es ist also in jedem Fall

(2') $$0 < w(|gh|) < \pi.$$

Analog zu (6) in (3.2) beweist man schließlich:

(6) $\begin{cases} \text{für jedes } \lambda \text{ mit } 0 < \lambda < w(|gk|) \text{ existiert genau eine Gerade } k \in |gh| \\ \text{derart, daß für den Teilwinkel } |gk| \text{ von } |gh| \text{ ist } w(|gk|) = \lambda. \end{cases}$

(3.5) Durch Überlegungen, die analog sind zu denen aus (3.3), Fall b), erhalten wir eine Abbildung $\mathbb{R} \to *P$, für welche gilt: zwei Zahlen $\lambda, \lambda' \in \mathbb{R}$ haben genau dann dieselbe Bildgerade in $*P$, wenn $\lambda \equiv \lambda' \pmod{\pi}$ ist; jedes offene Intervall $\subset \mathbb{R}$ einer Länge $l \not\equiv 0$ bzw. $l \equiv 0 \pmod{\pi}$ wird abgebildet auf einen Winkel $|gg'| \subset *P$ mit $w(|gg'|) \equiv l \pmod{\pi}$ bzw. auf $*P$. Wir nennen eine solche Abbildung $\mathbb{R} \to *P$ eine *natürliche Parameterdarstellung* oder *Parametrisierung* von $*P$. Weiter erhalten wir, analog zu (3.3), Satz 2, den

Satz. *Jedes Büschel* $*P$ *ist kongruent zum Kreis* S *der Länge* π.

(3.6) Ist $\mathfrak{E}$ elliptisch, g eine Gerade und P der Pol von g, so sind die Längen der Strecken $\subset g$ und die Maße der Winkel $\subset *P$ eng miteinander verknüpft: Ist $|hk|$ ein Winkel $\subset *P$ und $|HK|$ die Strecke $\subset g$, bestehend aus den Schnittpunkten der Geraden $\in |hk|$ mit g, so ist $w(|hk|) = l(|HK|)$. Denn nach Axiom VI gilt: 1) die Verbindungsgerade des Mittelpunktes von $|HK|$ mit P halbiert $|hk|$; 2) ist $|HK| \equiv |HK|^{\times}$ (also $l(|HK|) = \pi/2$), so ist $|hk| \equiv |hk|^{\times}$ (also $w(|hk| = \pi/2)$. Daher folgt die Behauptung aus der Definition der Streckenlänge und des Winkelmaßes in (3.2) und (3.4).

(3.7) Es seien g eine Gerade. Sind Λ und Λ' zwei natürliche Parametrisierungen von g, so bedeute $\Lambda \sim \Lambda'$, daß eine Parallelverschiebung τ von $\mathbb{R}$ in sich derart existiert, daß $\Lambda = \Lambda'\tau$ ist. Die so definierte zweistellige Relation $\sim$ in der Menge aller natürlichen Parametrisierungen von g ist eine Äquivalenzrelation mit genau zwei Äquivalenzklassen. Wir nennen jede dieser Klassen (einen Durchlaufungssinn oder) eine *Orientierung* von g und bezeichnen die eine mit $\rightarrow$ und dann die andere mit $\leftarrow$. Jede von ihnen heiße entgegengesetzt zur anderen. Jedes der beiden Paare $(g, \rightarrow)$ und $(g, \leftarrow)$ heiße eine orientierte Gerade; wir bezeichnen sie mit $\vec{g}$ und $\overleftarrow{g}$.
Nun sei $*P$ ein Büschel. Ersetzen wir im vorstehenden Absatz überall g durch $*P$, so erhalten wir den Begriff (des Drehsinns oder) der *Orientierung* von $*P$ – es gibt deren zwei – und der orientierten Büschel $\overrightarrow{*P}$ und $\overleftarrow{*P}$.

§ 4. Kongruenzsätze 1–5 für Dreiecke

(4.1) Zwei Dreiecke $\triangle = \triangle ABC = \{|BC|, |CA|, |AB|\}$ und $\triangle' = \triangle A'B'C' = \{|B'C'|, |C'A'|, |A'B'|\}$ heißen *kongruent*, in Zeichen $\triangle \equiv \triangle'$, wenn für ihre Seiten und Winkel gilt

$$a \equiv a', \quad b \equiv b', \quad c \equiv c'; \quad \alpha \equiv \alpha', \quad \beta \equiv \beta' \quad \gamma \equiv \gamma'.$$

Kongruenzsatz 1. *Aus* $b \equiv b'$, $c \equiv c'$, $\alpha \equiv \alpha'$ *folgt* $\triangle \equiv \triangle'$.
Beweis. Nach Axiom VI ist $\beta \equiv \beta'$ und $\gamma \equiv \gamma'$. Daß auch $a \equiv a'$ folgt, wurde bereits im Beweis (Zwischenbehauptung) des Satzes in (1.3) bewiesen.

Kongruenzsatz 2. *Aus* $c \equiv c'$, $\alpha \equiv \alpha'$, $\beta \equiv \beta'$ *folgt* $\triangle \equiv \triangle'$.
Beweis. Wir wählen $\triangle ABC''$ wie im Beweis (Zwischenbehauptung) des Satzes in (1.3). Nach Kongruenzsatz 1 ist dann $\triangle ABC'' \equiv \triangle'$. Also ist der Winkel α kongruent zum Winkel von $\triangle ABC''$ bei A. Nach Axiom V.1 sind diese beiden Winkel folglich gleich. Daher ist $C = C''$.

Aufgabe.
Man beweise:
In der elliptischen Ebene sind je zwei Polardreiecke kongruent.

(4.2) Ein Dreieck $\triangle \equiv \triangle ABC$ heißt *gleichschenklig* mit der *Spitze* C, wenn $a \equiv b$ ist. Die Seite c heißt die *Basis* und die Winkel α und β die *Basiswinkel.*

Satz 1. *In einem gleichschenkligen Dreieck $\triangle ABC$ mit der Spitze C sind die Basiswinkel α und β kongruent. Sind umgekehrt in einem Dreieck $\triangle ABC$ die Winkel α und β kongruent, so ist das Dreieck gleichschenklig mit der Spitze C.*

Beweis. Ist $a \equiv b$, so ist $\triangle ABC \equiv \triangle BAC$ nach Kongruenzsatz 1; also ist $\alpha \equiv \beta$. Ist umgekehrt $\alpha \equiv \beta$, so ist $\triangle ABC \equiv \triangle BAC$ nach dem Kongruenzsatz 2; also ist $a \equiv b$.

Ist M der Mittelpunkt der Basis c des gleichschenkligen Dreiecks $\triangle ABC$, so gilt für die Teildreiecke $\triangle AMC$ und $\triangle BMC$:

Satz 2. *Die Dreiecke $\triangle AMC$ und $\triangle BMC$ sind kongruent (die Winkel bei M also Rechte).*
Beweis. Kongruenzsatz 1.

(4.3) **Kongruenzsatz 3.** *Aus $a \equiv a'$, $b \equiv b'$, $c \equiv c'$ folgt $\triangle \equiv \triangle'$.*
Beweis. Ist einer der Winkel von $\triangle$ kongruent zum entsprechenden Winkel von $\triangle'$, so liefert Kongruenzsatz 1 die Behauptung. Angenommen, keiner der Winkel von $\triangle$ wäre kongruent zum entsprechenden Winkel von $\triangle'$. Nach eventueller Umbenennung können wir dann annehmen, daß $w(\alpha) > w(\alpha')$ und $w(\beta) > w(\beta')$ ist. Es folgt die Existenz erstens eines Winkels $|dk|$ mit $\alpha' \equiv |dk| \subset \alpha$ und zweitens eines Winkels $|ke|$ mit $\beta' \equiv |ke| \subset \beta$. Die Geraden d und e schneiden sich in einem Punkt $G \in Fl(\triangle)$. Das Dreieck $\triangle ABG$ (vgl. Bemerkung 1 in (1.1)) hat bei A den Winkel $|dk| \equiv \alpha'$ und bei B den Winkel $|ke| \equiv \beta'$. Da außerdem $|AB| \equiv |A'B'|$ ist, so ist $\triangle ABG \equiv \triangle A'B'C'$ nach Kongruenzsatz 2. Also ist auch $|BG| \equiv |B'C'|$ und $|GA| \equiv |C'A'|$, folglich $|BG| \equiv |BC|$ und $|GA| \equiv |CA|$. Die beiden Dreiecke $\triangle CGB$ und $\triangle CGA$ sind daher gleichschenklig mit der Basis $|CG|$. Der Mittelpunkt M von $|CG|$ ist wegen Satz 2 in (4.2) folglich kollinear mit A und B, im Widerspruch zu $M \in |CG| \subset Fl(\triangle)$.

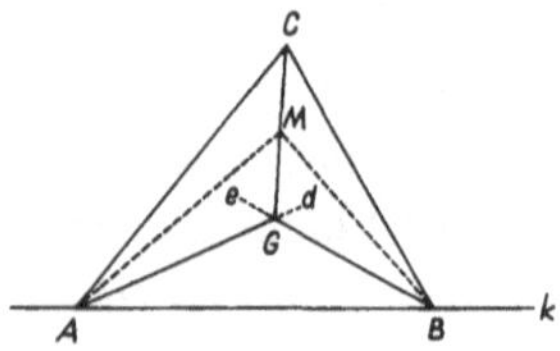

Kongruenzsatz 4. *Es sei $c \equiv c'$, $\gamma \equiv \gamma'$, $\alpha \equiv \alpha'$; falls $\mathfrak{E}$ elliptisch ist, sei außerdem $l(a) + l(a') \neq \pi$. Dann ist $\triangle \equiv \triangle'$.*
Beweis. Nach Kongruenzsatz 1 genügt es zu zeigen, daß $b \equiv b'$ ist. Angenommen, dies ist nicht der Fall, also etwa $l(b) > l(b')$. Zufolge Kongruenzsatz 1 können wir dann o.B.d.A. annehmen, daß $\triangle'$ ein Teildreieck von $\triangle$ ist: $A' = A$, $B' = B$, $C' \in |CA|$. Wir unterscheiden nun zwei Fälle. Fall I: $\mathfrak{E}$ ist nichtelliptisch. Dann ist nach (2.3) zunächst $w(\gamma) = w(\gamma') \neq \pi/2$. Nun sei M der Mittelpunkt der Strecke $|CC'|$, weiter l das Lot von M auf BC und L der Schnittpunkt von l mit BC. Auf

der Geraden BC' wählen wir den Punkt L' so, daß erstens $|CL| \equiv |C'L'|$ und zweitens der Winkel von $\triangle MC'L'$ bei C' der Winkel γ' oder sein Nebenwinkel ist, je nachdem ob der Winkel von $\triangle MCL$ bei C der Winkel γ oder sein Nebenwinkel ist. Dann ist $\triangle MCL \equiv \triangle MC'L'$ nach Kongruenzsatz 1. Folglich sind L, M, L' kollinear und der Winkel bei L' ist ebenfalls ein Rechter. Das Dreieck $\triangle LBL'$ hat also bei L und L' rechte Winkel, was nach (2.3) im Widerspruch dazu steht, daß $\mathfrak{E}$ nichtelliptisch ist. – Fall II: $\mathfrak{E}$ ist elliptisch. Wir betrachten das Teildreieck $\triangle'' = \{|BC'|, |C'C|, |CB|\}$ von $\triangle$ und das Nebendreieck $\triangle''' = \{|BC'|, |C'C|^{\times}, |CB|^{\times}\}$ von $\triangle''$. Das Dreieck $\triangle'''$ hat bei C und C' kongruente Winkel γ und γ'. Es ist also gleichschenklig. Folglich ist $l(|BC'|) = l(|CB|^{\times})$, also $l(a') = \pi - l(a)$, entgegen Voraussetzung.

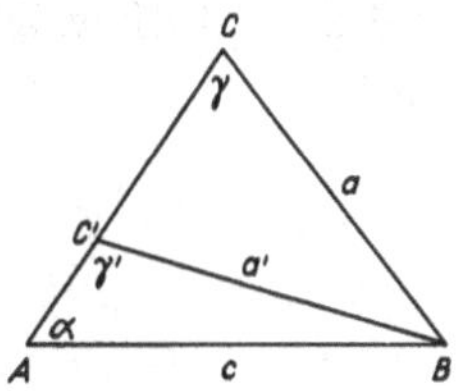

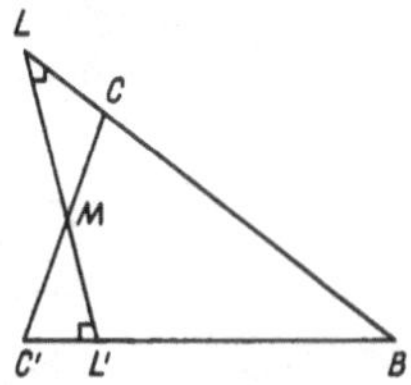

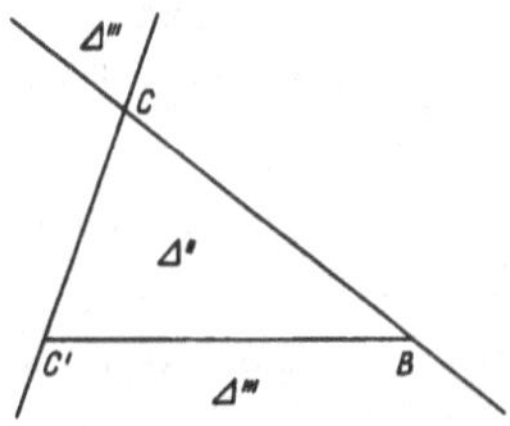

Kongruenzsatz 5. *Es sei $a \equiv a'$, $c \equiv c'$, $\gamma \equiv \gamma'$ und $w(\alpha) + w(\alpha') \neq \pi$.*[4] *Dann ist $\triangle \equiv \triangle'$.*
Beweis. Nach Kongruenzsatz 1 genügt es zu zeigen, daß $b \equiv b'$ ist. Angenommen, dies ist nicht der Fall, also etwa $l(b) > l(b')$. Zufolge Kongruenzsatz 1 können wir dann o.B.d.A. annehmen, daß $\triangle'$ ein Teildreieck von $\triangle$ ist: $A' \in |CA|$, $B' = B$, $C' = C$. Das Teildreieck $\triangle ABA'$ von $\triangle$ ist gleichschenklig wegen $c \equiv c'$. Daher sind die Winkel bei A und A' dieses Teildreiecks kongruent.[4] Also ist $w(\alpha) = \pi - w(\alpha')$, entgegen Voraussetzung.

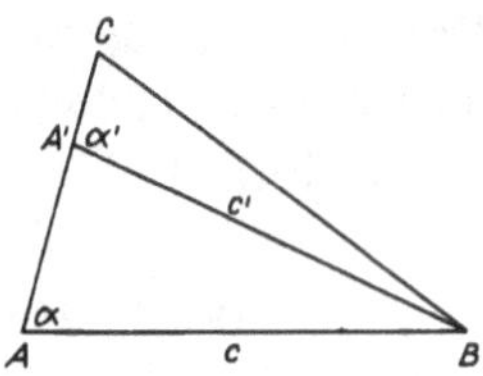

[4] Ist $\mathfrak{E}$ nichtelliptisch, kann man jetzt folgendermaßen weiterschließen. In keinem Dreieck hat mehr als ein Winkel ein Maß $\geqq \pi/2$, da es anderenfalls Dreiecke mit zwei rechten Winkeln gäbe, im Widerspruch zu (2.3). Folglich ist $w(\alpha) < \pi/2$ und daher $w(\alpha') > \pi/2 \geqq w(\gamma')$. Nach (5.3) folgt hieraus $l(a') > l(c')$, also $l(a) > l(c)$. Folglich können wir, wenn $\mathfrak{E}$ nichtelliptisch ist, die Voraussetzung $w(\alpha) + w(\alpha') \neq \pi$ ersetzen durch die Bedingung $l(a) \leqq l(c)$.

§ 5. Seitenlängen und Winkelmaße beim Dreieck

(5.1) **Satz 1.** *$\mathfrak{E}$ sei nichtelliptisch und $\triangle ABC$ ein Dreieck in $\mathfrak{E}$. Ist $w(\alpha) \geqq \pi/2$, so ist $w(\beta) < \pi/2$. Ist $w(\alpha) = \pi/2$, so ist $l(b) < l(a)$.*

In jedem Dreieck von $\mathfrak{E}$ sind also mindestens zwei Winkel spitz und in jedem rechtwinkligen Dreieck von $\mathfrak{E}$ ist jede Kathete kürzer als die Hypothenuse.

Beweis. Wäre $w(\beta) \geqq \pi/2$, so würde das Lot in B auf AB die Gerade CA in einem Punkt $C' \in |CA|$ oder in $C' = C$ schneiden, was nach (2.3) nicht möglich ist. – Wäre $l(b) \geqq l(a)$, so gäbe es eine zu $|CB|$ kongruente Strecke $|CA'| \subset |CA|$. Dann ist das Teildreieck $\triangle A'BC$ von $\triangle ABC$ gleichschenklig mit der Spitze C. Wegen $l(\beta) < \pi/2$ ist also der Winkel bei A' von $\triangle A'BC$ spitz. Folglich ist $A' \neq A$, also $A' \in |CA|$ und daher der Winkel bei A' des Teildreiecks $\triangle ABA'$ von $\triangle ABC$ stumpf. Das Lot in A' auf CA schneidet also $|AB|$ in einem Punkt B', abermals im Widerspruch zu (2.3).

Satz 2. *$\mathfrak{E}$ sei elliptisch und $\triangle ABC = \{|BC|, |CA|, |AB|\}$ ein Dreieck in $\mathfrak{E}$ mit $w(\alpha) = \pi/2$. Ist $l(b) < \pi/2$ bzw. $= \pi/2$, so ist $w(\beta) < \pi/2$ bzw. $= \pi/2$ und umgekehrt. Ist $l(b) = \pi/2$, so ist auch $l(a) = \pi/2$. Ist $l(b) < \pi/2$ und $l(c) < \pi/2$, so ist $l(b) < l(a) < \pi/2$.*

In der elliptischen Ebene $\mathfrak{E}$ sind also wenigstens bei einem „kleinen" rechtwinkligen Dreieck die beiden anderen Winkel spitz und beide Katheten kürzer als die Hypothenuse. „Klein" heißt dabei: beide Katheten sind kurz (d.h. ihre Längen sind $< \pi/2$); die Hypothenuse ist dann ebenfalls kurz.

Beweis. Das Lot in B auf AB schneidet CA im Pol C' von AB und die Strecke $|C'A|$ mit $|CA| \subset |C'A|$ oder $|C'A| \subset |CA|$ hat die Länge $\pi/2$. Hieraus folgen die erste und die zweite Behauptung. Nun sei $l(b) < \pi/2$ und $l(c) < \pi/2$. Für den Schnittpunkt H_1 der Polaren h von B mit der Geraden AB gilt $A \neq H_1 \notin c$ wegen $l(c) < \pi/2$. Für den Schnittpunkt H_2 von h mit CA gilt $C \neq H_2 \notin b$ wegen $CA \perp AB \perp h$ und $l(b) < \pi/2$. Also schneidet h die Strecke $|BC|$ nicht. Da h auch nicht durch C geht, folgt $l(a) < \pi/2$. Es ist $l(b) \neq l(a)$ wegen $w(\beta) \neq \pi/2 = w(\alpha)$ nach (4.2), Satz 1. Angenommen, es wäre $l(b) > l(a)$; dann sei C' der Punkt von b derart, daß für die Teilstrecke $|CC'|$ von b gilt $l(|CC'|) = l(a)$; nach (4.2), Satz 1 hat dann das Teildreieck $\triangle ABC'$ bei C' wegen $w(\beta) < \pi/2$ einen stumpfen Winkel; dies ist nach dem bereits Bewiesenen ein Widerspruch zu $w(c) < \pi/2$.

(5.2) **Satz.** *In jedem Dreieck $\triangle = \triangle ABC = \{|BC|, |CA|, |AB|\}$ gilt für die Seitenlängen die „Dreiecksungleichung" $l(a) < l(b) + l(c)$.*

Beweis. Fall I: $\mathfrak{E}$ ist nichtelliptisch. Ist der Winkel bei B oder bei C ein Rechter, so ist $l(a) < l(b)$ bzw. $l(a) < l(c)$ nach (5.1, Satz 1). Anderenfalls sei AD mit $D \in BC$ das Lot von A auf BC. Nach (5.1), Satz 1, angewandt auf $\triangle ABD$ und $\triangle ACD$

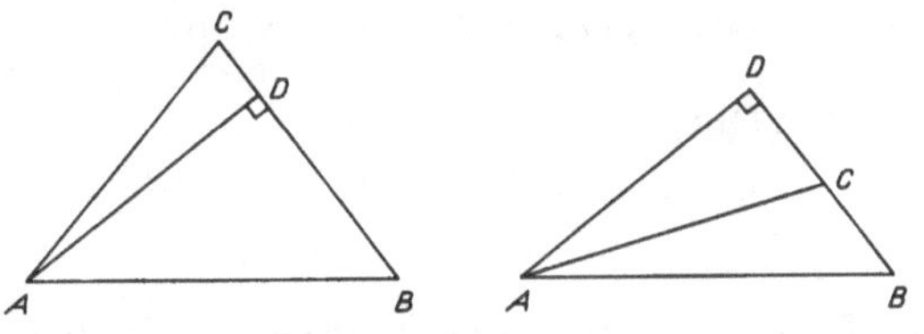

ist $l(|BD|)<l(|AB|)$ und $l(|CD|)<l(|AC|)$. Addition bzw. Subtraktion dieser Ungleichungen ergibt $l(a)<l(b)+l(c)$.

Fall II: $\mathfrak{E}$ ist elliptisch. Ist $l(|BC|)\leqq l(|CA|)$ oder $\leqq l(|AB|)$, so ist nichts zu beweisen. Es sei also $l(|BC|)>l(|CA'|)$ und $>l(|AB|)$. Indem wir nötigenfalls umbenennen, können wir voraussetzen: $l(|BC|)>l(|CA|)\geqq l(|AB|)$. Ist $l(|AB|)\geqq \pi/2$, so ist $l(|CA|)+l(|AB|)\geqq\pi>l(|BC|)$. Es ist also nur der Fall $l(|AB|)<\pi/2$ zu untersuchen. – Unterfall 1: $l(|CA|)<\pi/2$. Es sei p die Polare von A. Die Gerade $g=BC$ schneidet p in einem Punkt E; er ist $\neq B$, C und $\notin |BC|$. Das Lot auf g durch A ist die Polare von E und schneidet g in einem Punkt D. Ist $D=B$ oder $=C$, so ist $\triangle$ rechtwinklig bei D und $l(|BC|)<\pi/2$, also $l(|BC|)<l(|AB|)$ nach (5.1), Satz 2. Anderenfalls seien $|BD|$ und $|CD|$ die E nicht enthaltenden Strecken mit den Endpunkten B und D bzw. C und D; $|AD|$ die p nicht schneidende Strecke mit den Endpunkten A und D (die Längen dieser Strecken sind $<\pi/2$). Der Satz 2 in (5.1), angewandt auf die bei D rechtwinkligen Dreiecke $\triangle ABD=\{|BD|, |DA|, |AB|\}$ und $\triangle ACD=\{|CD|, |DA|, |AC|\}$ liefert $l(|BD|<l(|AB|)$ und $l(|CD|<l(|AC|)$. Addition bzw. Subtraktion liefert die Behauptung. – Unterfall 2: $l(|CA|)\geqq\pi/2$. Die Halbierende des Winkels von $\triangle$ bei C zerlegt das Dreieck $\triangle$ in zwei Teildreiecke $\triangle ADC$ und $\triangle BDC$. Wir wählen $A'\in|BC|$ so, daß für die Strecke $|CA'|\subset|CB|$ gilt $l(|CA'|)=l(|CA|)$. Die Gerade $A'D$ zerlegt $\triangle BDC$ in zwei Teildreiecke $\triangle BA'D$ und $\triangle CA'D$. Nach dem Kongruenzsatz 1 ist $\triangle CA'D\equiv\triangle CAD$. Also ist erstens $l(|A'D|)=l(|AD|)\leqq l(|AB|)<\pi/2$; zweitens ist $l(|DB|)<l(|AB|)<\pi/2$; drittens ist $l(|BA'|)=l(|BC|)-l(|CA|)>\pi/2$ (letzteres wegen $\pi>l(|BC|)>l(|CA|)>\pi/2$). Folglich liegt für $\triangle BA'D$ der Unterfall 1 vor. Daher ist $l(|BA'|)<l(|BD|)+l(|DA'|)=l(|BD|)+l(|DA|)=l(|BA|)$. Weil außerdem $l(|A'C|)=l(|CA|)$ ist, folgt $l(|BC|)=l(|BA|+l(|AC|)$.

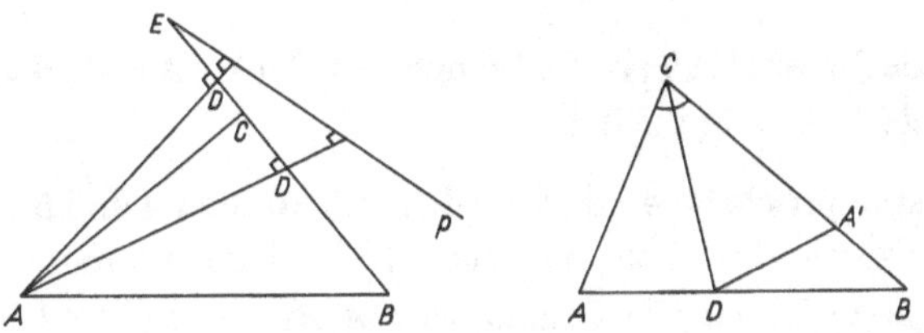

Der soeben bewiesene Satz ergänzt sich durch folgendes

Korollar. $|l(b)-l(c)|<l(a)$.
Beweis. Aus $l(b)<l(c)+l(a)$ und $l(c)<l(a)+l(b)$ folgt $l(b)-l(c)<l(a)$ und $l(c)-l(b)<l(a)$.

(5.3) **Satz.** *In jedem Dreieck liegt dem größeren Winkel die längere Seite gegenüber und umgekehrt.*
Beweis. Im Dreieck $\Delta=\Delta ABC=\{|BC|, |CA|, |AB|\}$ sei $w(\alpha)>w(\beta)$. Dann existiert ein Teildreieck $\Delta'=\Delta ABC'=\{|BC'|, |C'A|, |AB|\}$ von Δ mit $|BC'|\subset|BC|$, das bei A und B kongruente Winkel hat. Es folgt $l(|C'A|)=l(|BC'|)$. Nach (5.2), angewandt auf das Teildreieck $\Delta''=\Delta ACC'$ von Δ ist $l(|CC'|)>l(|AC|)-l(|C'A|)$. Dies ergibt $l(|BC|)>l(|AC|)$. – Umgekehrt sei $l(|BC|)>l(|AC|)$. Aus dem Bewiesenen folgt $w(\alpha)\geqq w(\gamma)$. Aus $w(\alpha)=w(\gamma)$ würde folgen $l(|BC|)=l(|AB|)$.

§ 6. Abstand zweier Punkte

Wir definieren nun den *Abstand* $d(A, B)$ zweier Punkte A und B. Wir unterscheiden zwei Fälle.

(6.1) Fall I: $\mathfrak{E}$ ist nichtelliptisch. Ist $A=B$, so sei $d(A, B):=0$. Ist $A\neq B$, so existiert nur eine Strecke $|AB|$ mit den Endpunkten A und B; dann sei $d(A, B):=l(|AB|)$. Es gilt:

$$0\leqq d(A, B)=d(B, A)<+\infty; \qquad d(A, B)=0 \Leftrightarrow A=B.$$

Weiter behaupten wir für je drei Punkte A, B, C:

$$d(A, B)\leqq d(A, C)+d(C, B).$$

Letzteres ist trivial, wenn A, B, C nicht verschieden sind. Sind sie verschieden und nicht kollinear, so gilt nach (5.2) sogar $d(A, B)<d(A, C)+d(C, B)$. Sind A, B, C verschieden, aber kollinear, so ist $d(A, B)<d(A, C)$, wenn $B\in|AC|$; $d(A, B)=d(A, C)+d(C, B)$, wenn $C\in|AB|$; $d(A, B)<d(B, C)$, wenn $A\in|BC|$ ist.
Bemerkung. Jede Strecke $|AB|$ ist die Menge aller Punkte $X\neq A, B$ der Ebene $\mathfrak{E}$ mit $d(A, B)=d(A, X)+d(X, B)$.

(6.2) Fall II: $\mathfrak{E}$ ist elliptisch. Ist $A=B$, so sei $d(A, B):=0$. Sind A und B verschieden, so existieren genau zwei Strecken $|AB|$ und $|AB|^*$ mit den Endpunkten A und B (dabei gilt $l(|AB|)+l(|AB|^*)=\pi$); dann sei $d(A, B):=\min(l(|AB|), l(|AB|^*))$.

Es gilt:

$0 \leqq d(A, B) = d(B, A) \leqq \pi/2$; $d(A, B) = 0 \Leftrightarrow A = B$; $d(A, B) = \pi/2 \Leftrightarrow A, B$ polar.

Weiter behaupten wir für je drei Punkte A, B, C:

$$d(A, B) \leqq d(A, C) + d(C, B).$$

Sind sie nicht kollinear, so sei $d(A, C) = l(|AC|)$ und $d(C, B) = l(|CB|)$; in dem durch $|AC|$ und $|CB|$ aufgespannten Dreieck $\{|AC|, |CB|, |BA|\}$ gilt $l(|BA| < d(A, C) + d(C, B)$ nach (5.2); wegen $d(A, B) \leqq l(|BA|)$ folgt die Behauptung. Liegen A, B, C in einer Geraden g, so folgt die Behauptung aus (3.3), Satz 2.

Bemerkung. 1. Ist $d(A, B) = d(A, C) + d(C, B)$, so sind A, B, C kollinear. 2. Jede Strecke $|AB|$ mit $l(|AB|) < \pi/2$ ist die Menge aller Punkte $X \neq A, B$ mit $d(A, B) = d(A, X) + d(X, B)$. Zu beweisen ist nur noch das letztere. Wegen $l(|AB| < \pi/2$ ist $d(A, B) = l(|AB|)$. Für jeden Punkt $X \in |AB|$ folgt $d(A, B) = d(A, X) + d(X, B)$. Ist umgekehrt X ein Punkt $\neq A, B$ mit $d(A, B) = d(A, X) + d(X, B)$, so sind A, B, X kollinear nach 1. Aus (3.3), Satz 2, folgt nun $X \in |AB|$.

Aufgaben.
Durch die Einführung des Abstandes d ist $\mathfrak{E}$ zu einem metrischen Raum geworden. Man beweise:

1. Jede Gerade in $\mathfrak{E}$ ist abgeschlossen und, falls $\mathfrak{E}$ elliptisch ist, kompakt.
2. Für jede Strecke $|AB|$ ist der Abschluß die Menge $|AB| \cup \{A, B\}$; er ist kompakt.
3. Die Kongruenz $\mathbb{R} \to g$ bzw. $S \to g$ in (3.3), Satz 1 bzw. 2 ist ein Homöomorphismus.

§ 7. Bewegungen. Spiegelungen

(7.1) Eine Abbildung $\varphi: \mathfrak{E} \to \mathfrak{E}$ heißt eine *Bewegung*, wenn für jede Strecke $|AB|$ das Bild $\varphi(|AB|)$ eine zu $|AB|$ kongruente Strecke $|\varphi(A)\varphi(B)|$ mit den Endpunkten $\varphi(A)$ und $\varphi(B)$ ist.

Einfache Eigenschaften einer solchen Abbildung sind die folgenden. Zunächst ist φ injektiv. – Weiter bildet φ jede Gerade g kongruent auf eine Gerade $\varphi(g) = g'$ ab. Denn es seien A_0, B_0 zwei feste Punkte von g, sowie g' die Verbindungsgerade ihrer Bilder $A_0' := \varphi(A_0)$ und $B_0' := \varphi(B_0)$. Zu jedem Punkt X von g existiert nun eine Strecke $|AB|$, welche die Punkte A_0, B_0 und X enthält. Hieraus folgt $\varphi(X) \in g'$. Da $X \in g$ beliebig war, gilt $\varphi(g) \subset g'$. Also bildet φ die Gerade g injektiv in die Gerade g' ab und zwar derart, daß das Bild jeder Strecke $\subset g$ eine kongruente Strecke $\subset g'$ ist. Da g und g' nach (3.3) kongruente Kopien von S oder $\mathbb{R}$ sind, folgt $\varphi(g) = g'$. – Nun sei $*P$ ein Büschel. Für jede Gerade

$g \in *P$ ist die Gerade $g' = \varphi(g)$ eine Gerade des Büchels $*P'$ mit $P' = \varphi(P)$. Für einen Winkel $|hk| \subset *P$ sei $|HK|$ mit $H \in h$, $K \in k$ eine Strecke, die aus allen Schnittpunkten der Geraden HK mit den Geraden $g \in |hk|$ besteht. Dann schneidet jede Gerade $g' = \varphi(g)$ mit $g \in |hk|$ die Bildstrecke $|H'K'|$ von $|HK|$ und umgekehrt ist jede die Strecke $|H'K'|$ schneidende Gerade $g' \in *P'$ das Bild $\varphi(g)$ einer Geraden $g \in |hk|$. Diese Geraden g' bilden also einen Winkel $|\varphi(h)\varphi(k)|$ mit den Schenkeln $\varphi(h)$ und $\varphi(k)$; wir bezeichnen ihn als den Bildwinkel $\varphi(|hk|)$ von $|hk|$. Die Abbildung φ bildet also $*P$ injektiv in $*P'$ ab und zwar derart, daß das Bild jedes Winkels $\subset *P$ ein Winkel $\subset *P$ ist. Weil $*P$ und $*P'$ nach (3.5) Kopien von S sind, folgt, daß φ das Büschel $*P$ bijektiv auf das Büschel $*P'$ abbildet. – Da jeder Punkt $Q' \neq P'$ auf einer Geraden $g' \in *P'$ liegt, ergibt sich weiter, daß φ eine Bijektion von $\mathfrak{E}$ auf sich ist. – Ist $\triangle = \triangle ABC = \{|BC|, |CA|, |AB|\}$ ein Dreieck, so ist $\{\varphi(|BC|), \varphi(|CA|), \varphi(|AB|)\}$ ein Dreieck $\triangle' = \triangle\, \varphi(A)\, \varphi(B)\, \varphi(C)$. Wir bezeichnen es als das Bilddreieck $\varphi(\triangle)$ von $\triangle$. Aus Kongruenzsatz 3 folgt $\triangle \equiv \varphi(\triangle)$. – Hieraus und aus (1.2) folgt schließlich, daß jeder Winkel $|hk|$ zu seinem Bildwinkel $\varphi(|hk|)$ kongruent ist.

Leichter als die Definition ist oft die folgende Kennzeichnung einer Bewegung zu handhaben.

Satz. *Eine Abbildung φ: $\mathfrak{E} \to \mathfrak{E}$ ist dann und nur dann eine Bewegung, wenn für je zwei Punkte A, B gilt $d(A, B) = d(\varphi(A), \varphi(B))$.*

Beweis. Das „nur dann" folgt unmittelbar aus der Abstandsdefinition und (3.2), (5). – Umgekehrt sei erstens $\mathfrak{E}$ nichtelliptisch. Es sei $|AB|$ eine beliebige Strecke. Für jeden Punkt $X \in |AB|$ gilt nach (6.1), Bemerkung: $d(\varphi(A), \varphi(B)) = d(A, B) = d(A, X) + d(X, B) = d(\varphi(A), \varphi(X)) + d(\varphi(X), \varphi(B))$ und daher $\varphi(X) \in |\varphi(A)\varphi(B)|$. Also gilt $\varphi(|AB|) \subset |\varphi(A)\varphi(B)|$. Aus (3.2) folgt nun $\varphi(|AB|) = |\varphi(A)\varphi(B)|$. Außerdem ist $l(|AB|) = d(A, B) = d(\varphi(A), \varphi(B)) = l(\varphi(A)\varphi(B)|)$. Also ist das Bild der Strecke $|AB|$ eine zu $|AB|$ kongruente Strecke. Zweitens sei $\mathfrak{E}$ elliptisch. Wieder sei $|AB|$ eine Strecke, aber zunächst mit $l(|AB|) < \pi/2$. Dann sei $|\varphi(A)\varphi(B)|$ die kürzere der beiden Strecken mit den Endpunkten $\varphi(A)$, $\varphi(B)$; ihre Länge ist $l(|\varphi(A)\varphi(B)|) = d(\varphi(A), \varphi(B)) < \pi/2$. Analog wie soeben folgt nun mittels (6.2), Bemerkung 2, daß $\varphi(|AB|) = |\varphi(A)\varphi(B)|$ und $l(|AB| = l(|\varphi(A)\varphi(B)|)$ ist. Wenn $l(|AB|) \geqq \pi/2$ ist, wählen wir zwei Strecken $|AB_0|$ und $|A_0B|$ mit $|AB| = |AB_0| \cup |A_0B|$, $l(|AB_0|) < \pi/2$, $l(|A_0B|) < \pi/2$. Außerdem sei $|A_0B_0| := |AB_0| \cap |A_0B|$. Nach dem bereits Bewiesenen ist $\varphi(|AB_0|)$ eine zu $|AB_0|$ kongruente Strecke $|\varphi(A)\varphi(B_0)|$; analog $\varphi(|A_0B|)$ und $\varphi(|A_0B_0|)$. Also ist wieder $\varphi(|AB|)$ eine zu $|AB|$ kongruente Strecke $|\varphi(A)\varphi(B)|$.

(7.2) Wichtige Beispiele von Bewegungen sind die Spiegelungen an Geraden und Punkten, die wir im folgenden definieren wollen.
Es sei g eine feste Gerade. Für jeden Punkt $X \in g$ definieren wir $\sigma_g(X)=X$. Nun sei X ein beliebiger Punkt $\notin g$. Es sei h ein Lot von X auf g und P sein Schnittpunkt mit g. Schließlich sei $|PX|$ eine Strecke $\subset h$ mit den Endpunkten P und X. Nach Axiom IV.3 existiert eine Strecke $|PX'| \subset h$ mit $|PX'| \neq |PX|$ und $|PX'| \equiv \equiv |PX|$. Der Punkt X' ist durch X eindeutig bestimmt. Wir setzen $\sigma_g(X)=X'$. Die hiermit definierte involutorische[5] Bijektion $\sigma_g: \mathfrak{E} \to \mathfrak{E}$ heißt die *Spiegelung an der Geraden* g oder kurz eine Geradenspiegelung. Sie bildet jeden Punkt von g und, falls $\mathfrak{E}$ elliptisch ist, auch den Pol von g auf sich ab; weitere Fixpunkte hat σ_g nicht.
Nun sei P ein fester Punkt. Zunächst setzen wir $\sigma_P(P)=P$. Weiter sei X ein beliebiger Punkt $\neq P$. Es sei h die Verbindungsgerade von X und P. Schließlich sei $|PX|$ eine Strecke $\subset h$ mit den Endpunkten P und X. Nach Axiom IV.3 existiert eine Strecke $|PX'| \subset h$ mit $|PX'| \neq |PX|$ und $|PX'| \equiv |PX|$. Der Punkt X' ist durch X eindeutig bestimmt. Wir setzen $\sigma_P(X)=X'$. Die hiermit definierte involutorische Bijektion $\sigma_P: \mathfrak{E} \to \mathfrak{E}$ heißt die *Spiegelung am Punkt P* oder kurz eine Punktspiegelung. Sie bildet den Punkt P und, falls $\mathfrak{E}$ elliptisch ist, jeden Punkt der Polaren von P auf sich ab; weitere Fixpunkte hat σ_P nicht.

Ist $\mathfrak{E}$ elliptisch, g eine beliebige Gerade und P ihr Pol, so ist $\sigma_g=\sigma_P$. Ist $\sigma_g=\sigma_P$, so ist $\mathfrak{E}$ elliptisch und P der Pol von g. Aus $\sigma_g=\sigma_h$ folgt $g=h$. Aus $\sigma_P=\sigma_Q$ folgt $P=Q$.

Wir behaupten, daß σ_g eine Bewegung ist. Es seien X, Y zwei verschiedene Punkte und X', Y' ihre Bilder. Nach (7.1) genügt es, zu zeigen, daß $d(X, Y)=d(X', Y')$ ist. – Es sei k die Verbindungsgerade von X und Y. – Ist $k=g$, so ist die Behauptung trivial. – Ist $k \perp g$, so folgt sie aus Axiom IV.2. – Nun sei nicht $k=g$ und nicht $k \perp g$; es habe aber k mit g einen Schnittpunkt S. Es sei etwa $X \neq S$. Nach Axiom V.3 existiert genau eine Gerade $k' \neq k$ durch S derart, daß der die Gerade g enthaltende Winkel $|kk'|$ durch g halbiert wird. Es sei $|SX| \subset k$ eine Strecke mit den Endpunkten S und X. Nach (1.2) existiert eine Strecke $|SX'_0| \subset k'$, kongruent zu $|SX|$, und eine Strecke $|XX'_0|$ derart, daß $\{|SX|, |XX'_0|, |X'_0S|\}$ ein Dreieck ist, dessen Winkel bei S der Winkel $|kk'|$ ist. Wegen $|SX| \equiv |SX'_0|$ ist dieses Dreieck gleichschenklig. Also halbiert die Halbierende g des Spitzenwinkels $|kk'|$ bei S auch die Basis $|XX'_0|$ und steht auf ihr senkrecht. Folglich ist $X'_0=X'$. Aus $|SX| \equiv |SX'|$ folgt $d(S, X)=d(S, X')$. Analog ist $d(S, Y)= =d(S, Y')$. Mittels Axiom IV.2 folgt $d(X, Y)=d(X', Y')$. – Schließlich habe k

[5] Eine Bijektion $\chi: M \to M$ einer Menge $M \neq \emptyset$ heißt involutorisch, wenn $\chi \neq id_M$ und $\chi\chi = id_M$ (m.a.W. $\chi^{-1}=\chi$) ist.

mit g keinen Punkt gemein. Dann ist $\mathfrak{E}$ nichtelliptisch. Die Verbindungsgerade von Y und Y' ist orthogonal zu g; ihr Schnittpunkt mit g heiße S. Nach dem soeben Bewiesenen, mit SX statt k, ist $\triangle XSX'$ gleichschenklig mit der Spitze S und der Spitzenwinkel wird durch g halbiert. Aus Kongruenzsatz 1 folgt $\triangle XSY \equiv \triangle X'SY'$. Also ist $|XY| \equiv |X'Y'|$ und daher $d(X, Y) = d(X', Y')$.

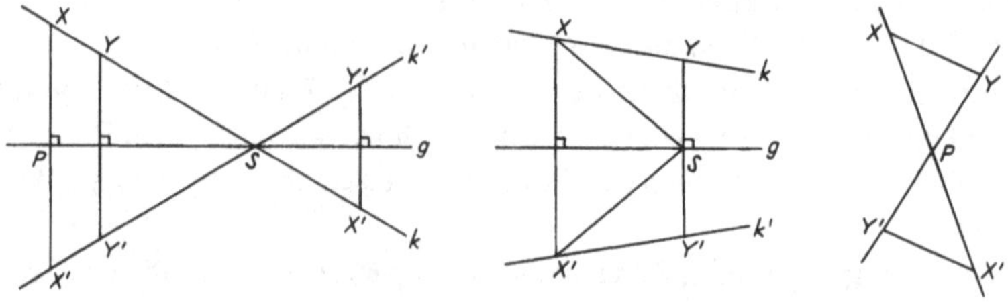

Ebenso ist σ_P eine Bewegung. Denn es seien wieder X und Y zwei verschiedene Punkte. Ist $X=P$ oder $Y=P$, so ist die Gleichung $d(X, Y)=d(X', Y')$ trivial. Geht die Verbindungsgerade von X und Y durch P, so folgt sie aus Axiom IV.2. Im allgemeinen Fall erhalten wir mittels (1.2) zwei Dreiecke $\triangle XPY$ und $\triangle X'PY'$, die bei P denselben Winkel haben. Nach Kongruenzsatz 1 sind die Seiten $|XY|$ und $|X'Y'|$ dieser beiden Dreiecke kongruent. Also ist $d(X, Y)= =d(X', Y')$.

(7.3) Wir benötigen folgenden Begriff für den Beweis des nächsten Satzes. Sind A und B zwei verschiedene Punkte und ist h eine Gerade mit $\sigma_h(A)=B$ (und folglich auch $A=\sigma_h(B)$), so heißt h *Mittellinie* des (ungeordneten) Paares $\{A, B\}$; dann schneidet h, falls $\mathfrak{E}$ nichtelliptisch ist, die Strecke, falls jedoch $\mathfrak{E}$ elliptisch ist, genau eine der beiden Strecken mit den Endpunkten A und B in deren Mittelpunkt; daher heißt h auch das *Mittellot* dieser Strecke. – Sind f, g, h Gerade mit $g \neq k$ und $\sigma_h(g)=k$ (und folglich auch $g=\sigma_h(k)$), so heißt h *Mittellinie* des (ungeordneten) Paares $\{g, k\}$. Die Gerade h ist Mittellinie von g und k, wenn und nur wenn $\sigma_g\sigma_h=\sigma_h\sigma_k$ ist. Denn es sei $\sigma_g\sigma_h=\sigma_h\sigma_k$. Dann ist $\sigma_h=\sigma_g\sigma_h\sigma_k$. Für jeden Punkt K' der Geraden $\sigma_h(k)$ ist also $K'=\sigma_g(K')$. Die Spiegelung σ_g bildet also die Gerade $\sigma_h(k)$ identisch auf sich ab. Folglich ist $g=\sigma_h(k)$. Umgekehrt sei $g=\sigma_h(k)$. Für jeden Punkt K von k liegt dann $K':=\sigma_h(K)$ auf g; also ist $\sigma_g(K')=K'$ und daher $\sigma_h\sigma_g(K')=K$. Andererseits ist auch $\sigma_k\sigma_h(K')=K$. Mithin bildet die Bewegung $\sigma_k\sigma_h\sigma_g\sigma_h$ die Gerade k identisch auf sich ab. Folglich ist $\sigma_k\sigma_h\sigma_g\sigma_h=\sigma_k$ oder $=id_{\mathfrak{E}}$. Aus ersterem würde folgen $\sigma_g=id_{\mathfrak{E}}$. Also ist $\sigma_g\sigma_h=\sigma_h\sigma_k$. – Aus $\sigma_g\sigma_k=\sigma_h\sigma_k$ folgt $g \neq h \neq k$.

Haben g und k einen Schnittpunkt, so sind die Halbierenden der beiden Winkel $|gk|$ und $|gk|^{\times}$ die beiden Mittellinien von g und k. Haben g und k ein gemeinsames Lot l und sind G und K die Schnittpunkte von l mit g und k, so sind, wenn $\mathfrak{E}$ elliptisch ist, die Mittellote der beiden Strecken $|GK|$ und $|GK|^{\times}$ die beiden

Mittellinien von g und k; ist $\mathfrak{E}$ hingegen nichtelliptisch, so ist das Mittellot der Strecke $|GK|$ die Mittellinie von g und k. Haben schließlich g und k weder einen Schnittpunkt, noch ein gemeinsames Lot (was nur vorkommen kann, wenn $\mathfrak{E}$ hyperbolisch ist), so werden wir in Kap. V, § 4 zeigen, daß g und k genau eine Mittellinie besitzen.

(7.4) **Satz.** *Es seien* $\triangle = \triangle ABC$ *und* $\triangle' = \triangle A'B'C'$ *zwei kongruente Dreiecke* $(a \equiv a', b \equiv b', c \equiv c')$. *Dann existiert genau eine Bewegung* φ *mit* $\varphi(a) = a'$, $\varphi(b) = b'$, $\varphi(c) = c'$.

Beweis. Existenz. Ist $A = A'$, so setzen wir $id_{\mathfrak{E}} = \varphi_1$; anderenfalls sei g_1 eine Mittellinie von $\{A, A'\}$ und φ_1 die Spiegelung σ_{g_1} an dieser Geraden; in beiden Fällen ist $\varphi_1(A) = A'$. Ist $\varphi_1(|AB|) = |A'B'|$, so setzen wir $id_{\mathfrak{E}} = \varphi_2$; anderenfalls unterscheiden wir zwei Fälle: 1) $\varphi_1(B) \in A'B'$; dann sei g_2 das Lot in A' auf $A'B'$ und φ_2 die Spiegelung σ_{g_2} an g_2; 2) $\varphi_1(B) \notin A'B'$; dann sei g_2 die Halbierende des Winkels bei A' des von $|A'B'|$ und $|\varphi_1(B)A'| := \varphi_1(|BA|)$ aufgespannten, gleichschenkligen Dreiecks mit der Spitze A' und φ_2 die Spiegelung σ_{g_2} an g_2; in jedem Fall bildet die Bewegung $\varphi_2\varphi_1$ den Punkt A auf den Punkt A', den Punkt B auf den Punkt B' und die Strecke $c = |AB|$ auf die Strecke $c' = |A'B'|$ ab. Ist schließlich $\varphi_1\varphi_2(b) = b'$, so setzen wir $id_{\mathfrak{E}} = \varphi_3$; anderenfalls sei g_3 die Gerade $A'B'$ und φ_3 die Spiegelung an g_3. Die Bewegung $\varphi := \varphi_3\varphi_2\varphi_1$ leistet nun das Verlangte. – Eindeutigkeit. Es genügt zu zeigen, daß jede Bewegung ψ mit $\psi(a) = a$, $\psi(b) = b$, $\psi(c) = c$ die Identität $id_{\mathfrak{E}}$ ist. Aus diesen Gleichungen folgt zunächst, daß jede der drei Geraden $g \supset a$, $h \supset b$, $k \supset c$ durch ψ identisch auf sich abgebildet wird. Nun sei X ein beliebiger Punkt, der auf keiner dieser drei Geraden liegt. Wir verbinden ihn durch zwei Gerade l_i $(i = 1, 2)$ mit zwei verschiedenen Punkten von $c = |AB|$. Dann hat jedes l_i mit mindestens einer der beiden Geraden g und h einen Punkt Z_i gemein. Wegen $\psi(Y_i) = Y_i$ und $\psi(Z_i) = Z_i$ folgt $\psi(l_i) = l_i$. Also ist $\psi(X) = X$.

Der soeben bewiesene Satz liefert folgende *Kennzeichnung der Geradenspiegelung:* Ist φ eine Bewegung $\neq id_{\mathfrak{E}}$, die eine Gerade g identisch auf sich abbildet, so ist $\varphi = \sigma_g$. Denn es sei C ein Punkt mit $\varphi(C) \neq C$; h ein Lot von G auf g; A sein Fußpunkt; B ein Punkt $\neq A$ von g. Ist nun $\triangle ABC$ ein Dreieck mit den Ecken A, B, C, so ist $\varphi(b) = \sigma_g(b)$, $\varphi(c) = \sigma_g(c)$ und folglich auch $\varphi(a) = \sigma_g(a)$.

Aufgaben.

Man beweise:

1. In einer nichtelliptischen Ebene $\mathfrak{E}$ seien (A, B, C) und (A', B', C') zwei Punktetripel mit $d(B, C) = d(B', C')$, $d(C, A) = d(C', A')$ und $d(A, B) = d(A', B')$; dann existiert genau eine Bewegung φ mit $\varphi(A) = A'$, $\varphi(B) = B'$ und $\varphi(C) = C'$. Man zeige durch ein Gegenbeispiel, daß diese Aussage in der elliptischen Ebene i.a. nicht richtig ist.
2. Eine Bewegung $\varphi \neq id_{\mathfrak{E}}$ ist genau dann eine Geradenspiegelung, wenn sie mindestens zwei Fixpunkte hat.

(7.5) **Satz.** *Die Spiegelungen an Geraden und Punkten sind die einzigen involutorischen Bewegungen.*

Beweis. Es sei φ eine involutorische Bewegung. Wegen $\varphi \neq id_{\mathfrak{E}}$ existiert ein Punkt H mit $\varphi(H) \neq H$. Es sei h die Verbindungsgerade von H und $\varphi(H)$. Dann ist $\varphi(h) = h$. Nun sei P der Mittelpunkt der Strecke, bzw. einer der beiden Strecken mit den Endpunkten H und $\varphi(H)$; diese Strecke sei mit $|H\varphi(H)|$ bezeichnet. Betrachten wir zunächst den Fall, daß $\varphi(P) = P$ ist. Es sei g das Lot auf h in P. Dann ist auch $\varphi(g) = g$. Bildet φ die Gerade g identisch auf sich ab, so ist $\varphi = \sigma_g$ nach (7.4) und wir sind fertig. Anderenfalls sei G ein Punkt von g mit $\varphi(G) \neq G$. Nun sei $\triangle\, GPH = \{|PH|, |HG|, |GP|\}$ ein Dreieck mit den Ecken G, H, P. Dann ist $\varphi(|PH|) = \sigma_h \sigma_g(|PH|)$ und $\varphi(|GP|) = \sigma_h \sigma_g(|GP|)$, also auch $\varphi(|HG|) = \sigma_h \sigma_g(|HG|)$, weil eine Bewegung jedes Dreieck auf ein Dreieck abbildet. Nach (7.3) folgt $\varphi = \sigma_h \sigma_g$. Nun folgt aus $g \perp h$ für jeden Punkt $X \notin g, h$ durch zweimalige Anwendung des Kongruenzsatzes 1, daß X, P und $\sigma_h \sigma_g(X)$ kollinear sind und daher $\sigma_h \sigma_g(X) = \sigma_P(X)$ ist. Also ist $\varphi = \sigma_P$. Nun haben wir noch den Fall $\varphi(P) \neq P$ zu erledigen. Nach (3.3) ist dann erstens $\mathfrak{E}$ elliptisch; zweitens ist $l(|H\varphi(H)|) = \pi/2$ und drittens ist $\varphi(|H\varphi(H)|) = |H\varphi(H)|^{\times}$. Ist Q der Pol von h, so folgt aus $\varphi(h) = h$, daß auch $\varphi(Q) = Q$ ist. Nun sei $\triangle = \triangle\, H\varphi(H)Q$ eines der beiden Polardreiecke mit $|H\varphi(H)|$ als Seite. Es wird durch φ abgebildet auf eines der beiden Polardreiecke mit denselben Ecken und $|H\varphi(H)|^{\times}$ als Seite; es heiße $\triangle'$. Da $\triangle$ und $\triangle'$ Nebendreiecke voneinander sind, haben sie eine Seite mit Endpunkt Q gemein. Da φ involutorisch ist, wird diese Seite und ihr Endpunkt Q durch φ auf sich abgebildet. Also bildet φ die diese Seite enthaltende Gerade g identisch auf sich ab. Aus (7.4) folgt nun $\varphi = \sigma_g$.

(7.6) Der Satz in (7.4) liefert eine geometrische Übersicht über die Vielfalt aller Bewegungen: Man nehme ein festes Dreieck $\triangle_0$ und alle zu $\triangle_0$ kongruenten Dreiecke $\triangle_0'$. Zu jedem $\triangle_0'$ existiert genau eine Bewegung, welche $\triangle_0$ in $\triangle_0'$ überführt. Dies sind die sämtlichen Bewegungen, die es gibt.

Viel ergiebiger ist die gruppentheoretische Behandlung der Menge aller Bewegungen. Da die Komposition zweier Bewegungen und die Inverse einer Bewegung wieder eine Bewegung ist, ist die Menge aller Bewegungen mit der Komposition als Verknüpfung eine Gruppe $\mathfrak{G}$. Sie heißt die *Bewegungsgruppe von* $\mathfrak{E}$. Es sei $\mathfrak{S}$ die Menge aller Geradenspiegelungen. Diese Menge ist ein aus involutorischen Elementen bestehendes Erzeugendensystem von $\mathfrak{G}$. Es gilt nämlich folgender

Satz 1. *Jede Bewegung φ kann (auf mindestens eine Weise) als Komposition von höchstens drei Spiegelungen an Geraden dargestellt werden.*

Beweis. Wir wählen ein Dreieck $\triangle = \{|BC|, |CA|, |AB|\}$. Es sei $\triangle' = \{|B'C'|, |C'A'|, |A'B'|\}$ das Bild $\varphi(\triangle)$ von $\triangle$. Nach dem Beweis des Satzes in (7.4) existieren drei Bewegungen $\varphi_1, \varphi_2, \varphi_3$ derart, daß $\varphi = \varphi_3 \varphi_2 \varphi_1$ und jedes φ_i entweder $= id_{\mathfrak{E}}$ oder eine Geradenspiegelung ist.

Satz 2. *Das Erzeugendensystem $\mathfrak{S}$ von $\mathfrak{G}$ ist invariant.*[6]
Beweis. Es sei $\sigma = \sigma_g$ und $h := \varphi(g)$. Für jeden Punkt H von h und sein Urbild $G := \varphi^{-1}(H)$ in g ist dann $\varphi\sigma\varphi^{-1}(H) = \varphi\sigma_g(G) = \varphi(G) = H$. Also bildet $\varphi\sigma\varphi^{-1}$ die Gerade h identisch auf sich ab. Da aus $\varphi\sigma\varphi^{-1} = id_{\mathfrak{E}}$ folgen würde $\sigma = id_{\mathfrak{E}}$, ist $\varphi\sigma\varphi^{-1} = \sigma_h$ nach (7.4) und folglich auch $\varphi^{-1}\sigma\varphi = \sigma_h$.

Korollar. Für jede Gerade g und jedes $\varphi \in \mathfrak{G}$ ist $\varphi^{-1}\sigma_g\varphi = \sigma_{\varphi(g)}$.

Aufgabe.
Man gebe in der euklidischen Ebene eine Bewegung an, die nicht als Komposition von weniger als drei Geradenspiegelungen dargestellt werden kann.

(7.7) Wir betrachten nun die Komposition $\varphi = \sigma_h\sigma_g$ von zwei (nicht drei) Geradenspiegelungen.

Satz 1. *Ist P ein Punkt und sind g, h zwei orthogonale Gerade durch P, so ist $\sigma_P = \sigma_h\sigma_g$.*
Beweis. Es sei $\Delta = \{|PH|, |HG|, |GP|\}$ ein Dreieck mit $G \in g$ und $H \in h$. Dann ist $\sigma_P(|PH|) = \sigma_h\sigma_g(|PH|)$, $\sigma_P(|GP|) = \sigma_h\sigma_g(|GP|)$ und daher auch $\sigma_P(|HG|) = \sigma_h\sigma_g(|HG|)$. Nach (7.3) ist also $\sigma_P = \sigma_h\sigma_g$.
Aus $g \perp h$ folgt nach Satz 1, daß $\sigma_h\sigma_g = \sigma_g\sigma_h\ (\neq id_{\mathfrak{E}})$ ist. Hiervon gilt auch die Umkehrung:

Satz 2. *Sind g und h Gerade, so ist $\sigma_h\sigma_g = \sigma_g\sigma_h \neq id_{\mathfrak{E}}$ genau dann, wenn $g \perp h$ ist.*
Beweis. Es sei $\sigma_h\sigma_g = \sigma_g\sigma_h \neq id_{\mathfrak{E}}$. Zunächst ist $g \neq h$. Nun sei $g' := \sigma_h(g)$. Für jeden Punkt $G \in g$ und sein Bild $G' := \sigma_h(G)$ in g' ist $\sigma_g(G') = \sigma_g\sigma_h(G) = \sigma_h\sigma_g(G) = \sigma_h(G) = G'$. Da nach (7.2) für höchstens einen einzigen Punkt $G'_0 \notin g$ gilt $\sigma_g(G'_0) = G'_0$, folgt $g' \subset g$, also $g' = g$. Also ist $g = \sigma_h(g)$. Wegen $g \neq h$ folgt $g \perp h$.

Da es Gerade g, h gibt, die nicht orthogonal sind, folgt aus Satz 2, daß die Bewegungsgruppe nichtabelsch ist.

Eine Bewegung, die sich in der Gestalt $\varphi = \sigma_h\sigma_g$ mit verschiedenen, nicht orthogonalen Geraden g, h darstellen läßt, heißt eine *Rotation.* Sie ist nicht involutorisch nach Satz 2.
Haben g und h einen Schnittpunkt M, so ist M Fixpunkt von φ. Wir behaupten, daß umgekehrt φ höchstens einen Fixpunkt M hat und daß dann M der Schnittpunkt von g und h ist. Es sei also $\sigma_h\sigma_g(M) = M$. Dann ist $\sigma_g(M) = \sigma_h(M)$. Wir bezeichnen diesen Punkt mit N. Angenommen, es wäre $M \neq N$. Aus $\sigma_g(M) = N$, $M = \sigma_g(N)$ folgt, daß g das Mittellot einer Strecke $|MN|$ ist. Aus $\sigma_h(M) = N$,

[6] D.h.: für jedes $\sigma \in \mathfrak{S}$ und jedes $\varphi \in \mathfrak{G}$ ist $\varphi^{-1}\sigma\varphi \in \mathfrak{S}$.

$M=\sigma_h(N)$ und $g \neq h$ folgt sodann, daß h das Mittellot der Strecke $|MN|^*$ ist, so daß $\mathfrak{E}$ elliptisch ist. Hieraus folgt weiter, daß φ die Gerade durch M und N identisch auf sich abbildet. Nach (7.4) ist also φ die Spiegelung an dieser Geraden, also φ involutorisch oder $\varphi = id_{\mathfrak{E}}$, was beides nicht der Fall ist. Damit ist gezeigt, daß $M=N$, also $\sigma_g(M)=M=\sigma_h(M)$ ist. Wäre nun $M \notin g, h$, so wäre M der Pol von g und h, also $g=h$. Wäre $M \in g$, aber $M \notin h$, so wäre M der Pol von h und daher $g \perp h$. Analog ergibt sich, daß nicht $M \notin g$ und $M \in h$ ist. Es bleibt also nur der Fall $M \in g, h$ übrig. – Besitzt φ einen Fixpunkt M (= Schnittpunkt von g und h), so heißt M das *Zentrum* der Rotation.

Ist φ eine Rotation mit Zentrum M, so ist für jede Gerade m durch M das Bild $\varphi(m)$ eine Gerade $\neq m$ durch M. Für jeden Winkel $|mn|$ mit der Spitze M ist die Menge $\varphi(|mn|)$ der Bilder aller Geraden aus $|mn|$ ein Winkel $|\varphi(m)\varphi(n)| \equiv |mn|$. Ist also $\Lambda: \mathbb{R} \to *M$ eine natürliche Parametrisierung des Büschels $*M$, so existiert eine eindeutig bestimmte reelle Zahl α mit $0<\alpha<\pi$ derart, daß für jede Gerade m durch M gilt $\lambda_{\varphi(m)} \equiv \lambda_m + \alpha \pmod{\pi}$. Nun ist $\lambda_{\varphi(g)} - \lambda_g = 2(\lambda_h - \lambda_g)$. Also ist $\alpha \equiv 2(\lambda_h - \lambda_g) \pmod{\pi}$. – Sind $\bar{g}, \bar{h}$ zwei Gerade durch M, so ist $\sigma_h\sigma_g = \sigma_{\bar{h}}\sigma_{\bar{g}}$ genau dann, wenn $2(\lambda_h - \lambda_g) \equiv 2(\lambda_{\bar{h}} - \lambda_{\bar{g}}) \pmod{\pi}$ ist.

Haben g und h ein gemeinsames Lot l, so heißt die Rotation $\varphi = \sigma_h\sigma_g$ auch eine *Translation* entlang l. Es seien dann G bzw. H die Schnittpunkte von g und h mit l und $\lambda: \mathbb{R} \to l$ eine natürliche Parametrisierung von l. Ist nun $\mathfrak{E}$ elliptisch, so hat die Zahl $\alpha \equiv 2(\lambda_H - \lambda_G) \pmod{\pi}$ mit $0<\alpha<\pi$ die Eigenschaft, daß für jeden Punkt $L \in l$ gilt $\lambda_{\varphi(L)} \equiv \lambda_L + \alpha \pmod{\pi}$. Ist hingegen $\mathfrak{E}$ nichtelliptisch, so hat die Zahl $\alpha = 2(\lambda_H - \lambda_G)$ die Eigenschaft, daß für jeden Punkt $L \in l$ gilt $\lambda_{\varphi(L)} = \lambda_L + \alpha$. – In der elliptischen Ebene $\mathfrak{E}$ hat jede Rotation $\varphi = \sigma_h\sigma_g$ ein Zentrum M; die Polare l von M ist orthogonal zu g und h; also ist φ auch eine Translation entlang l.

Aufgaben.
Man beweise:

1. Sind $|ML|$ und $|MN|$ zwei kongruente, nicht kollineare Strecken, so existiert genau eine Rotation φ mit $\varphi(M)=M$ und $\varphi(|ML|)=|MN|$; ihr Zentrum ist M.
2. Zu je zwei verschiedenen Geraden l und n mit Schnittpunkt M gibt es genau zwei Rotationen φ mit $\varphi(M)=M$ und $\varphi(l)=n$; ihr Zentrum ist M.
3. Zu je zwei verschiedenen Punkten A und B gibt es genau eine Translation τ entlang $l := AB$ mit $\tau(A)=B$.

(7.8) Die triviale Bewegung $id_{\mathfrak{E}}$ ist gleich der Komposition $\sigma_h\sigma_g$ von zwei Geradenspiegelungen σ_h, σ_g genau dann, wenn $g=h$ ist. Daneben gilt folgender

Satz. *Es seien g, h, k Gerade. Dann ist $\sigma_k\sigma_h\sigma_g = id_{\mathfrak{E}}$ äquivalent damit, daß g, h, k paarweise orthogonal sind.* (Dies ist nur möglich, wenn $\mathfrak{E}$ elliptisch ist.)

Beweis. Wir setzen $\sigma_k\sigma_h\sigma_g =: \varphi$. – Es sei $\varphi = id_{\mathfrak{E}}$. Dann ist $\sigma_k\sigma_h = \sigma_g$, also $\sigma_k\sigma_h$ involutorisch, also $\sigma_k\sigma_h = \sigma_h\sigma_k$, also $k \perp h$. Analog ist $h \perp g$ und, weil $\sigma_k\sigma_h\sigma_g = \sigma_k\sigma_g\sigma_h$, auch $k \perp g$. – Nun seien g, h, k paarweise orthogonal. Es sei G bzw.

H bzw. K der Schnittpunkt von h und k bzw. k und g bzw. g und h. Es sei $\triangle = \triangle GHK$ ein Dreieck mit den Ecken G, H, K. Nun ist $\varphi(g)=g$, $\varphi(h)=h$, $\varphi(k)=k$. Also auch $\varphi(G)=G$, $\varphi(H)=H$, $\varphi(K)=K$. Folglich hat das Dreieck $\varphi(\triangle)$ ebenfalls die Ecken G, H, K. Daher hat $\triangle$ mit $\varphi(\triangle)$ mindestens eine Strecke gemein. Also bildet φ mindestens eine der Geraden g, h, k identisch auf sich ab, etwa g. Dann ist $\varphi=\sigma_g$ oder $=id_{\mathfrak{E}}$. Wäre $\varphi=\sigma_g$, so wäre $\sigma_k\sigma_h=id_{\mathfrak{E}}$, also $k=h$. Somit ist $\varphi=id_{\mathfrak{E}}$.

Korollar. Es existieren keine vier paarweise orthogonale Geraden.
Beweis. Es seien g, h, k, l vier paarweise orthogonale Gerade. Dann ist $\sigma_k\sigma_h\sigma_g\sigma_l=\sigma_l$ und $\sigma_k\sigma_h\sigma_g\sigma_l=\sigma_k$, also $l=k$. Widerspruch.

§ 8. Geradenbüschel

(8.1) Wir wollen nun die in Kap. I (1.2) eingeführte Büscheldefinition verallgemeinern. Hierzu betrachten wir folgende dreistellige Relation zwischen Geraden g, h, k: $\sigma_k\sigma_h\sigma_g \in \mathfrak{S}$.
Wir schreiben dafür zur Abkürzung $B(g, h, k)$ und nennen diese Relation die *Büschelrelation.* Zwischen Geraden g, h, k besteht also die Relation $B(g, h, k)$ genau dann, wenn eine Gerade f existiert derart, daß $\sigma_k\sigma_h\sigma_g=\sigma_f$ ist. (Es folgt $\sigma_k\sigma_h=\sigma_f\sigma_g$, für jeden Punkt $H\in h$ also $\sigma_k(H)=\sigma_f\sigma_g(H)$; es ist daher $\sigma_k(h)= =\sigma_f\sigma_g(h)$, mithin f Mittellinie der Geraden $\sigma_k(h)$ und $\sigma_g(h)$).
Weil die Spiegelung an einer Geraden involutorisch und die Menge aller Spiegelungen an Geraden nach (7.6), Satz 2 in der Bewegungsgruppe invariant ist, ist die Büschelrelation reflexiv und symmetrisch. (D.h. folgendes. Es seien g, h, k Gerade; sind mindestens zwei von ihnen gleich, so gilt $B(g, h, k)$; gilt $B(g, h, k)$, so gilt $B(g', h', k')$ für jede Permutation (g', h', k') von (g, h, k).)
Eine Menge $\mathfrak{B}$ von Geraden heißt ein (Geraden-) *Büschel*, wenn a) für beliebige $g, h, k\in\mathfrak{B}$ gilt $B(g, h, k)$; b) die Menge $\mathfrak{B}$ bzgl. a) maximal ist (d.h. zu jeder Geraden $k\notin\mathfrak{B}$ existieren Gerade $g, h\in\mathfrak{B}$ derart, daß nicht $B(g, h, k)$ gilt).

(8.2) Der folgende Satz zeigt, daß die vorstehende Büscheldefinition eine Verallgemeinerung der Definition eines Büschels in Kap. I, (1.2) ist.

Satz 1. *Für jeden Punkt H ist die Menge $*H$ aller Geraden durch H ein Büschel* (im Sinne von (8.1).)
Beweis. 1. Es seien g, h, k Gerade durch H. Wir behaupten: $B(g, h, k)$. Nach (8.1) können wir voraussetzen, daß g, h, k paarweise verschieden sind. Es sei $h_g:=\sigma_g(h)$, $h_k:=\sigma_k(h)$. Weiter seien f, f' die Halbierenden der beiden Winkel mit den Schenkeln h_g und h_k, falls $h_g\neq h_k$ ist; anderenfalls sei $f:=h_g=h_k$ und

f' das Lot auf f in H. Dann ist $\sigma_k\sigma_f\sigma_g(h)=h$ und $\sigma_k\sigma_f\sigma_g(H)=H$; also gilt: (1) $\sigma_k\sigma_f\sigma_g=\sigma_h$ oder (2) $\sigma_k\sigma_f\sigma_g=\sigma_{h'}$ (wobei h' das Lot auf h in H bedeutet) oder (3) $\sigma_k\sigma_f\sigma_g=\sigma_H$ oder (4) $\sigma_k\sigma_f\sigma_g=id_{\mathfrak{E}}$. Dasselbe gilt mit f' statt f; die entsprechenden Gleichungen bezeichnen wir mit (1')–(4'). Nun gilt weder (4) noch (4'), weil g, f, k bzw. g, f', k nicht paarweise orthogonal sind. Weiter gelten (2) und (2') nicht gleichzeitig, weil sonst $f=f'$ folgen würde; ebenso gelten (3) und (3') nicht gleichzeitig. Angenommen nun, es gilt (2) und (3'). Wegen $h\perp h'$ und $f\perp f'$ ist $\sigma_H=\sigma_{h'}\sigma_h=$ $=\sigma_f\sigma_{f'}$. Also folgt $\sigma_f=\sigma_g\sigma_{h'}\sigma_k$ und $\sigma_{f'}=\sigma_k\sigma_{h'}\sigma_h\sigma_g$, daher $\sigma_H=\sigma_g\sigma_h\sigma_g$. Die Anwendung auf die Gerade g ergibt $g=\sigma_g\sigma_h(g)$ und damit $g=\sigma_h(g)$. Weil $g\neq h$ ist nach Voraussetzung, folgt $g\perp h$, also $g=h'$, nach (2) also $\sigma_k\sigma_f\sigma_g=\sigma_g$, mithin $f=k$. Dies in (3) eingesetzt liefert $\sigma_g=id_{\mathfrak{E}}$, was falsch ist. Analog führt die Annahme, daß (2') und (3) gelten, zum Widerspruch. Es gilt also (1) oder (1') und damit $B(g, h, k)$. – 2. Wir behaupten: Aus $H\in h, k$; $h\neq k$; $B(g, h, k)$ folgt $H\in g$. Denn sei $\sigma_k\sigma_h\sigma_g=\sigma_f$. Es sei h' das Lot auf g durch H und $H':=gh'$. Nach 1. existiert eine Gerade k' durch H mit $\sigma_k\sigma_h\sigma_{h'}=\sigma_{k'}$; dabei ist $h'\neq k'$ wegen $h\neq k$. Nun ist $\sigma_{k'}\sigma_{h'}\sigma_g=\sigma_k\sigma_h\sigma_g=\sigma_f$, also $\sigma_{k'}\sigma_f=\sigma_{h'}\sigma_g=\sigma_{H'}$, also $\sigma_{k'}\sigma_f$ involutorisch, also $k'\perp f$ und $k'f=H'$. Aus $H, H'\in h', k'$ und $h'\neq k'$ folgt $H=H'$, also $H\in g$, wie behauptet wurde.

Wir haben mehr bewiesen, nämlich:

Korollar. *Sind h und k zwei verschiedene Gerade mit Schnittpunkt H, so existiert genau ein Büschel $\mathfrak{B}$ mit $h, k\in\mathfrak{B}$. Es gilt:* 1) *$\mathfrak{B}$ besteht aus allen Geraden durch H;* 2) *$\mathfrak{B}$ besteht aus allen Geraden g mit $B(g, h, k)$.*

Satz 2. *Für jede Gerade l ist die Menge aller zu l orthogonalen Geraden ein Büschel.*

Beweis. Ist $\mathfrak{E}$ elliptisch, so sei L der Pol von l; eine Gerade ist orthogonal zu l genau dann, wenn sie durch L geht; die Behauptung folgt also aus Satz 1. – Nun sei $\mathfrak{E}$ nichtelliptisch. 1. Es seien g, h, k Gerade, orthogonal zu l. Wir behaupten: $B(g, h, k)$. Es seien G, H, K die Schnittpunkte von g, h, k mit l. Nach (8.1) können wir annehmen, daß G, H, K verschieden sind und daß $H\in|GK|$ ist. Es sei $H_g:=\sigma_g(H)$, $H_k:=\sigma_k(H)$, F der Mittelpunkt von $|H_gH_k|$ und f das Lot auf l in F. Es ist $G\in|H_gH_k|$ und $K\in|H_gH_k|$. Außerdem ist $F\in|GK|$, also $F\in|GH|$ oder $F\in|HK|$ oder $F=H$. Betrachten wir den Fall $F\in|GH|$. Es ist $\sigma_k\sigma_f\sigma_g(l)=l$ und $\sigma_k\sigma_f\sigma_g(H)=H$. Also ist *a)* $\sigma_k\sigma_f\sigma_g=\sigma_h$ oder b) $\sigma_k\sigma_f\sigma_g=\sigma_H$ oder *c)* $\sigma_k\sigma_f\sigma_g=$ $=\sigma_l$ oder d) $\sigma_k\sigma_f\sigma_g=id_{\mathfrak{E}}$. Aus d) würde folgen, daß g und k orthogonal sind. Aus c) würde folgen $\sigma_k\sigma_f=\sigma_l\sigma_g=\sigma_G$, also $K=G$. Daß auch b) nicht gilt, ergibt sich folgendermaßen. Es sei $\Delta=\Delta\, H_k\overline{H}H_g$ ein Dreieck mit $\overline{H}\in h$. Die Gerade g schneidet die Seite $|\overline{H}H_g|$ von Δ in einem Punkt $\overline{G}$. Somit wird die Gerade $\overline{h}:=H\overline{G}$ durch σ_g auf die Gerade $\overline{G}H_g$ abgebildet. Die Gerade f schneidet $|\overline{H}H_g|$ in einem Punkt $\overline{F}$. Also wird $\overline{h}$ durch $\sigma_f\sigma_g$ auf die Gerade $\overline{F}H_k$ abgebildet. Die Gerade k schneidet die Seite $|\overline{F}H_k|$ des Teildreiecks $\Delta\, H_g\overline{F}H_k$ von Δ in einem

Punkt $\overline{K}$. Folglich wird $\bar{h}$ durch $\sigma_k\sigma_f\sigma_g$ auf die Gerade $H\overline{K}$ abgebildet. Diese Gerade ist $\neq\bar{h}$. Also gilt b) nicht. Es gilt daher a) und damit $\sigma_f=\sigma_k\sigma_h\sigma_g$. Im Fall $F\in|HK|$ erhält man analog $\sigma_f=\sigma_g\sigma_h\sigma_k$; also ist $\sigma_g\sigma_h\sigma_k$ involutorisch und folglich $\sigma_g\sigma_h\sigma_k=\sigma_k\sigma_h\sigma_g$. Im Fall $F=H$ ist $\overline{F}=\overline{H}$ und $\overline{K}\in\overline{H}H_k$.

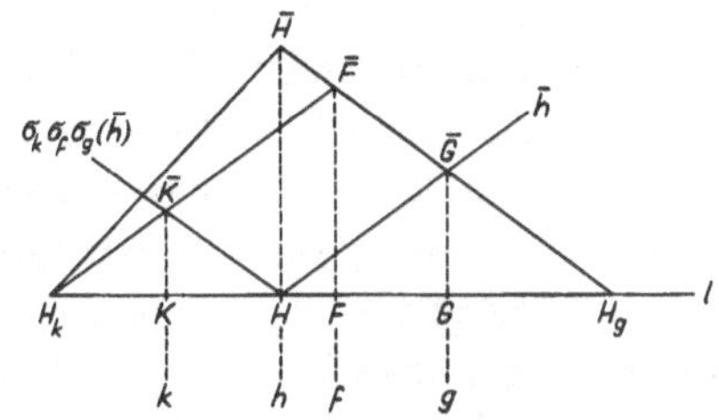

2. Wir behaupten: Aus $h, k\perp l$; $h\neq k$; $B(g,h,k)$ folgt $g\perp l$. Es sei $\sigma_k\sigma_h\sigma_g=\sigma_f$. Es sei P ein Punkt von g, nicht auf l, g' mit eindeutig bestimmtem Lot auf l. Nach 1. existiert ein Lot f' auf mit $\sigma_k\sigma_h\sigma_{g'}=\sigma_{f'}$. Es ist dann $\sigma_f\sigma_g=\sigma_k\sigma_h=\sigma_{f'}\sigma_{g'}$, also $B(f',g,g')$. Angenommen nun, es wäre nicht $g\perp l$. Dann ist $g\neq g'$, nach Satz 1 also $P\in f'$. Also ist $f'=g'$ und folglich $h=k$, entgegen der Voraussetzung.
Wir haben mehr bewiesen, nämlich:

Korollar. *Sind h und k zwei verschiedene Gerade mit gemeinsamem Lot l, so existiert genau ein Büschel $\mathfrak{B}$ mit $h,k\in\mathfrak{B}$. Es gilt:* 1) *$\mathfrak{B}$ besteht aus allen Loten auf l;* 2) *$\mathfrak{B}$ besteht aus allen Geraden g mit $B(g,h,k)$.*

(8.3) Die beiden Korollare in (8.2) legen die Vermutung nahe, daß es zu je zwei verschiedenen Geraden h, k genau ein Büschel $\mathfrak{B}$ gibt mit $h,k\in\mathfrak{B}$. Diese Vermutung zu bestätigen, ist unser nächstes Ziel.
Hilfssatz. Es sei $\sigma_k\sigma_h\sigma_g=\sigma_f$; $k\perp k'$, $h=h'$, $g\perp g'$; $kk'=:K\neq G:=gg'$. Dann ist $\sigma_{k'}\sigma_{h'}\sigma_{g'}$ ebenfalls eine Spiegelung an einer Geraden f', wenn und nur wenn $f\perp KG$ *ist.*

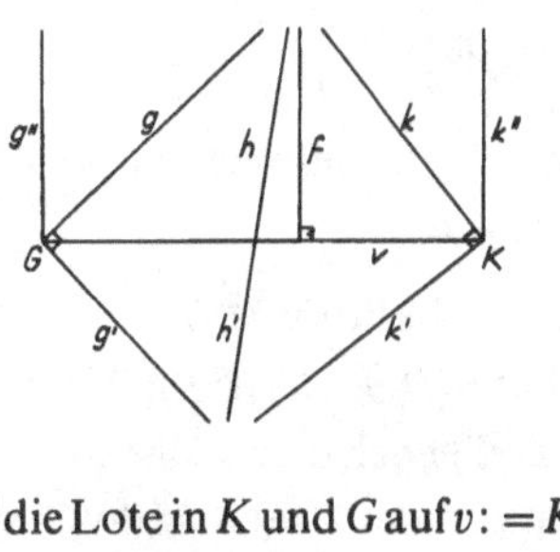

Beweis. Es seien k'' und g'' die Lote in K und G auf $v:=KG$. Dann ist $\sigma_f=\sigma_k\sigma_h\sigma_g=$ $=\sigma_k\sigma_{k'}\sigma_{k'}\sigma_{h'}\sigma_{g'}\sigma_{g'}\sigma_g=\sigma_K\sigma_{k'}\sigma_{h'}\sigma_{g'}\sigma_G=\sigma_v\sigma_{k''}\sigma_{k'}\sigma_{h'}\sigma_{g'}\sigma_{g''}\sigma_v$, also $\sigma_{k''}\sigma_v\sigma_f\sigma_v\sigma_{g''}=$ $=\sigma_{k'}\sigma_{h'}\sigma_{g'}$. Ist nun $f\perp v$, so ist $\sigma_v\sigma_f\sigma_v=\sigma_f$ und nach (8.1) ist $\sigma_{k''}\sigma_f\sigma_{g''}$ die Spiegelung an einer Geraden $f'\perp v$. Sei umgekehrt $\sigma_{k'}\sigma_{h'}\sigma_{g'}=\sigma_{f'}$. Nach (7.6), Satz 2 existiert eine Gerade f'' mit $\sigma_v\sigma_f\sigma_v=\sigma_{f''}$. Dann ist $\sigma_{k''}\sigma_{f''}\sigma_{g''}=\sigma_{f'}$. Nach (8.2), Korollar zu Satz 2 folgt $f''\perp v$, also $f''=f$ und damit $f\perp v$.

In (8.1) haben wir bereits festgestellt, daß die Büschelrelation B reflexiv und symmetrisch ist. Jetzt beweisen wir, daß sie auch transitiv ist:

Satz 1. *Aus $B(g,h,k)$, $B(g,h,l)$, $g\neq h$ folgt $B(g,k,l)$.*

Beweis. Wir nehmen die vier Geraden g, h, k, l als verschieden an, da sonst die Behauptung trivial ist. Haben weiter g und h einen Schnittpunkt oder ein gemeinsames Lot, so folgt die Behauptung aus (8.2), Satz 1 bzw. 2. Es genügt daher vorauszusetzen, daß g und h keinen Schnittpunkt besitzen (also $\mathfrak{E}$ nichtelliptisch ist) und daß g und h kein gemeinsames Lot haben. – Wir wählen einen Punkt $G\in g$ so, daß $G\notin h, k, l$ gilt. Es seien h', k', l' die Lote von G auf h, k, l. Ihre Fußpunkte H', K', L' sind verschieden. Nach (8.2), Satz 1 gilt $B(h',g,k')$ und $B(h',g,l')$. Hieraus und aus $B(h,g,k)$ und $B(h,g,l)$ folgt nach obigem Hilfssatz, daß für l'' und k'', definiert durch $\sigma_h\sigma_g\sigma_k=\sigma_{l''}$ und $\sigma_{h'}\sigma_g\sigma_{l'}=\sigma_{k''}$, gilt $l''\perp H'K'$, $k''\perp H'L'$. Angenommen, H', K', L' lägen auf einer Geraden v. Dann ist $l''=k''$, also $k'=l'=v$. Es folgt $G\in v$ und damit auch $h'=v$. Aus $h'=v=k'$ folgt $h, k\perp v$. Wegen $B(g,h,k)$ ist dann aber auch $g\perp v$ nach (8.2), Korollar zu Satz 2. Mithin haben g und h das gemeinsame Lot v, im Widerspruch zur Voraussetzung. Also sind H', K', L' nicht kollinear. Die Geraden $H'K'$, $H'L'$, $K'L'$ sind daher verschieden. Es sei h'' das Lot von G auf $K'L'$. Weiter seien L'', K'', H'' die Schnittpunkte von l'' mit $H'K'$,

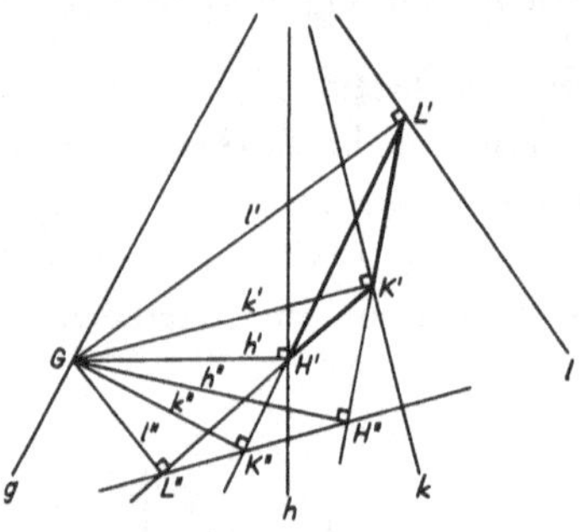

k'' mit $H'L'$, h'' mit $K'L'$. Diese Schnittpunkte sind verschieden. Es seien h''', k''', l''' die Geraden durch G, definiert durch

$$\sigma_{l''}\sigma_{h'}\sigma_{k''}=\sigma_{h'''};\qquad \sigma_{l''}\sigma_{k'}\sigma_{h''}=\sigma_{k'''};\qquad \sigma_{k''}\sigma_{l'}\sigma_{h''}=\sigma_{l'''}.$$

Dann folgt aus $B(l'',h',k'')$ und $B(H'K',h',H'L')$; $B(l'',k',h'')$ und $B(K'H',k',K'L')$; $B(k'',l',h'')$ und $B(L'H',l',L'K')$ nach dem Hilfssatz (+): $h'''\perp L''K''$; $k'''\perp L''H''$; $l'''\perp K''H''$. Aus der Definition von l'' und k'' folgt $\sigma_{l''}\sigma_{k'}=\sigma_{h'}\sigma_g=\sigma_{k''}\sigma_{l'}$. Aus der Definition von h''' und l''' folgt daher $k'''=l'''$. Aus (+) folgt nun, daß L'', K'', H'' kollinear sind. Hieraus folgt wegen (+) weiter $h'''=k'''$. Also ist $\sigma_{h'}\sigma_{k''}=\sigma_{k'}\sigma_{h''}$, nach Definition von k'' also $\sigma_g\sigma_{l'}=\sigma_{h'}\sigma_{k''}=\sigma_{k'}\sigma_{h''}$ und somit $\sigma_{k'}\sigma_g\sigma_{l'}=\sigma_{h''}$.

Nach Definition von h'' ist $h'' \perp K'L'$. Nach dem Hilfssatz folgt $B(k, g, l)$, also $B(g, k, l)$.

Satz 2. *Zu je zwei verschiedenen Geraden h und k existiert genau ein Büschel* $\mathfrak{B}$ *mit* $h, k \in \mathfrak{B}$.

Beweis. Für jede Menge $\mathfrak{B}_0$ von Geraden g mit $B(g, h, k)$ folgt aus der Reflexivität, Symmetrie und Transitivität der Büschelrelation, daß $h, k \in \mathfrak{B}_0$ ist und $B(g_1, g_2, g_3)$ gilt für je drei Geraden g_1, g_2, g_3 aus $\mathfrak{B}_0$. Also ist die Menge $\mathfrak{B}$ aller g mit $B(g, h, k)$ ein Büschel mit $h, k \in \mathfrak{B}$. Ist $\mathfrak{B}'$ ein Büschel mit $h, k \in \mathfrak{B}'$, so gilt $B(g', h, k)$ für alle $g' \in \mathfrak{B}'$. Also ist $\mathfrak{B}' \subset \mathfrak{B}$ und damit $\mathfrak{B}' = \mathfrak{B}$.

Wir nennen das Büschel $\mathfrak{B}$ mit $h, k \in \mathfrak{B}$ $(h \neq k)$ von h und k erzeugt und schreiben $\mathfrak{B} = \mathfrak{B}(h, k)$. Aus $\sigma_h \sigma_k = \sigma_{h'} \sigma_{k'}$ folgt $\mathfrak{B}(h, k) = \mathfrak{B}(h', k')$. Denn $g \in \mathfrak{B}(h, k)$ ist gleichbedeutend damit, daß $\sigma_g \sigma_h \sigma_k$ die Spiegelung an einer Geraden ist.

Nach (8.2), Satz 1 ist für jeden Punkt H die Menge aller Geraden durch H ein Büschel; wir nennen es ein *Büschel erster Art*. Nach (8.2), Satz 2 ist für jede Gerade l die Menge aller Geraden, orthogonal zu l, ein Büschel; wir nennen es ein *Büschel zweiter Art*. Jedes Büschel, das nicht von erster oder zweiter Art ist, heiße ein Büschel *dritter Art*.

Ist die Ebene $\mathfrak{E}$ elliptisch, so haben je zwei verschiedene Gerade h und k einen Schnittpunkt und ein gemeinsames Lot (= Polare des Schnittpunktes); also ist in $\mathfrak{E}$ jedes Büschel zugleich von erster und von zweiter Art. Büschel dritter Art gibt es in $\mathfrak{E}$ nicht. – Ist $\mathfrak{E}$ nichtelliptisch, so haben keine zwei verschiedenen Geraden h und k zugleich einen Schnittpunkt und ein gemeinsames Lot; also ist in $\mathfrak{E}$ kein Büschel zugleich von erster und von zweiter Art. Ist $\mathfrak{E}$ speziell euklidisch, so haben je zwei verschiedene Gerade h und k entweder einen Schnittpunkt oder (mindestens) ein gemeinsames Lot; folglich ist in $\mathfrak{E}$ jedes Büschel entweder von erster oder von zweiter Art. – Büschel dritter Art kann es daher nur in der hyperbolischen Ebene geben. Daß sie dort wirklich existieren und wie sie geometrisch zu kennzeichnen sind, werden wir in Kap. V, § 4 sehen.

(8.4) Über die Reichhaltigkeit jedes Büschels gilt folgender

Satz. *Ist* $\mathfrak{B}$ *ein Büschel und B ein Punkt, so existiert eine Gerade b mit* $B \in b \in \mathfrak{B}$.

Beweis. Ist $\mathfrak{B}$ von erster oder zweiter Art, folgt die Behauptung aus Axiom I.2 bzw. aus (1.1), Satz 1. Nun sei $\mathfrak{B}$ von dritter Art (also $\mathfrak{E}$ nichtelliptisch). Es seien g' und k' zwei verschiedene Gerade aus $\mathfrak{B}$. Liegt B auf g' oder k', so ist nichts zu beweisen. Anderenfalls seien: g und k die Lote von B auf g' und k'; $G := gg'$, $K := kk'$; $v := GK$; f das Lot von B auf v. Dann liegen f, g, k im Büschel aller Geraden durch B. Also existiert in diesem Büschel eine Gerade b mit $\sigma_k \sigma_h \sigma_g = \sigma_b$. Nach (8.3), Hilfssatz ist $b \in \mathfrak{B}$.

(8.5) Wir schließen mit folgender Bemerkung. Für zwei Gerade g und h eines Büschels $\mathfrak{B}$ gilt i.a. nicht $\sigma_h\sigma_g=\sigma_g\sigma_h$ (vgl. (7.7), Satz 2). Wohl aber ist $\sigma_h\sigma_g\sigma_f=\sigma_f\sigma_g\sigma_h$ für je drei Gerade f, g, h aus $\mathfrak{B}$, weil $\sigma_h\sigma_g\sigma_f\in\mathfrak{S}$, also involutorisch ist. Hieraus folgt für je vier Gerade f, g, h, k aus $\mathfrak{B}$ die Gleichung $(\sigma_k\sigma_h)(\sigma_g\sigma_f)=(\sigma_g\sigma_f)(\sigma_k\sigma_h)$. Speziell gilt daher: zwei Rotationen mit gleichem Zentrum sind vertauschbar; zwei Translationen entlang derselben Geraden sind vertauschbar.

§ 9. Winkelhalbierende, Mittellote, Höhen und Seitenhalbierende eines Dreiecks

In Lehrbüchern der elementaren euklidischen Geometrie werden die Schnittpunkte der Winkelhalbierenden, der Mittellote, der Höhen und der Seitenhalbierenden eines Dreiecks zu Recht vielfach als „merkwürdige" Punkte des Dreiecks bezeichnet. Es liegt nahe zu fragen, ob die Sätze von der Existenz dieser Punkte auf die absolute Ebene verallgemeinert werden können. Wir werden diese Frage bejahen, mit der Einschränkung, daß an die Stelle der Behauptung „gehen durch einen Punkt" teilweise die schwächere, aber immer noch erstaunliche Aussage „liegen in einem Büschel" zu setzen ist.

(9.1) **Satz.** *Es seien g, h, k drei Gerade, die nicht in einem Büschel liegen. Weiter sei u Mittellinie von h und k; v Mittellinie von k und g. Schließlich sei w gemeinsame Gerade von $\mathfrak{B}(g, h)$ und $\mathfrak{B}(u, v)$. Dann ist w Mittellinie von g und h.*

Beweis. Zunächst ist $\mathfrak{B}(g,h)\neq\mathfrak{B}(u,v)$; denn anderenfalls wäre $B(g,v,h)$, wegen $B(g,v,k)$ und $g\neq v$ nach (8.3), Satz 1, also $B(g,h,k)$. – Aus $B(g,w,h)$ folgt die Existenz einer Geraden f mit $\sigma_h\sigma_w\sigma_g=\sigma_f$. Nun ist $\sigma_u\sigma_f\sigma_v=\sigma_u\sigma_h\sigma_w\sigma_g\sigma_v=\sigma_k\sigma_u\sigma_w\sigma_v\sigma_k$. Wegen $B(u, v, w)$ ist $\sigma_u\sigma_w\sigma_v\in\mathfrak{S}$. Also ist $\sigma_u\sigma_f\sigma_v\in\mathfrak{S}$ und folglich $f\in\mathfrak{B}(u, v)$. Aus $w, f\in\mathfrak{B}(g, h)$, $\mathfrak{B}(u, v)$ und $\mathfrak{B}(g, h)\neq\mathfrak{B}(u, v)$ folgt $w=f$ nach (8.3), Satz 2. Daher ist $\sigma_h\sigma_f\sigma_g=\sigma_f$, folglich $\sigma_h\sigma_f=\sigma_f\sigma_g$ und somit $w=f$ Mittellinie von g und h.

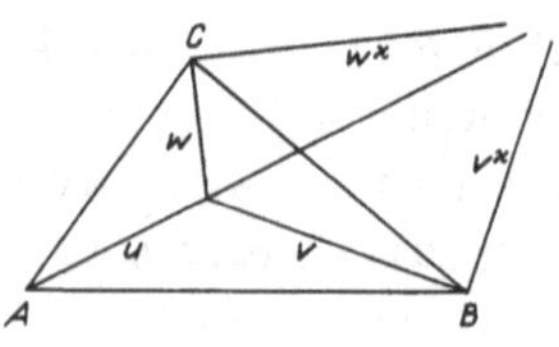

Korollar. *Die Halbierenden der Winkel eines Dreiecks $\Delta=\Delta\,ABC$ schneiden sich in einem Punkt M von $Fl(\Delta)$.*

Beweis. Es seien u, v, w die Halbierenden der Dreieckswinkel $|hk|, |kg|, |gh|$. u und v schneiden sich in einem Punkt M von $Fl(\triangle)$. Die Gerade CM liegt in $|gh|$ und ist nach obigem Satz Mittellinie von g, h, also Halbierende von $|gh|$.

Der obige Satz liefert mehr: sind $v^\times$ und $w^\times$ die Halbierenden der Winkel $|kg|^\times$ und $|gh|^\times$, so liegen auch u, $v^\times$ und $w^\times$ in einem Büschel.

(9.2) **Satz.** *Es seien A, B, C drei verschiedene Punkte; g Mittellinie von A und B; h Mittellinie von B und C. Dann enthält das Büschel $\mathfrak{B}(g, h)$ eine Mittellinie k von C und A.*

Beweis. Es sei f die Gerade $\in \mathfrak{B}(g, h)$ durch B und k die Gerade, definiert durch $\sigma_h \sigma_f \sigma_g = \sigma_k$. Dann ist $\sigma_k(A) = \sigma_h \sigma_f \sigma_g(A) = \sigma_h \sigma_f(B) = \sigma_h(B) = C$ und wegen $\sigma_h \sigma_f \sigma_g = \sigma_g \sigma_f \sigma_h$ analog $\sigma_k(C) = A$.

Korollar. *Die Mittellote der Seiten eines Dreiecks $\triangle = \triangle ABC$ liegen in einem Büschel.*

Zum Beweis dieses Korollars benötigen wir folgenden

Hilfssatz. Es seien $\triangle ABC$ ein Dreieck und U, V, W die Mittelpunkte seiner Seiten $|BC|, |CA|, |AB|$. Dann ist das Lot auf $|CA|$ in V (also das Mittellot von $|CA|$) senkrecht zur Geraden UW.

Beweis. Es seien u', v', w' die Lote durch U, B, W auf $l := UW$. Es ist nicht $u' = v' = w'$, da U, B, W nicht kollinear sind. Es sei v die Gerade, definiert durch $\sigma_v = \sigma_{u'} \sigma_{v'} \sigma_{w'} = \sigma_U \sigma_{v'} \sigma_W$. Dann ist auch $v \perp l$. Weiter ist $\sigma_v(A) = \sigma_U \sigma_{v'} \sigma_W(A) = \sigma_U \sigma_{v'}(B) = \sigma_U(B) = C$. Also ist v Mittellinie von C und A. Angenommen, v wäre nicht das Mittellot der Strecke $|CA|$. Dann ist $\mathfrak{E}$ elliptisch, v das Mittellot der Strecke $|CA|^\times$ und V der Pol von v. Wegen $l \perp v$ folgt $V \in l$. Die Gerade l hätte also mit allen drei Dreiecksseiten Punkte gemein. Also ist unsere Annahme falsch, also v das Mittellot von $|CA|$.

Nun der **Beweis** des obigen Korollars. Es seien u, v, w die Mittellote der Dreiecksseiten $|BC|, |CA|, |AB|$ und v' das Lot von B auf die Gerade l durch die Mittelpunkte U und W von $|BC|$ und $|AB|$. Dann ist nach vorstehendem Hilfssatz und seinem Beweis $\sigma_{u'} \sigma_v \sigma_{w'} = \sigma_{v'}$. Es folgt $\sigma_l \sigma_{u'} \sigma_v \sigma_{w'} \sigma_l = \sigma_l \sigma_{v'} \sigma_l$, hieraus weiter $\sigma_{BC} \sigma_u \sigma_v \sigma_w \sigma_{AB} = \sigma_{v'}$ und damit schließlich $\sigma_u \sigma_v \sigma_w = \sigma_{BC} \sigma_{v'} \sigma_{AB} \in \mathfrak{S}$.

Ist $\mathfrak{E}$ elliptisch, so schneiden sich die Mittellote der Seiten eines Dreiecks $\triangle = \triangle ABC$ in einem Punkt. Dies folgt daraus, daß in der elliptischen Ebene jedes Büschel von erster Art ist. Dasselbe gilt, wenn $\mathfrak{E}$ euklidisch ist. Denn in $\mathfrak{E}$ gibt es keine Büschel dritter Art und die Mittellote eines Dreiecks haben kein gemeinsames Lot, so daß sie nicht in einem Büschel zweiter Art liegen können.

(9.3) **Satz.** *Es seien a, b, c; u, v, w Gerade, für welche gilt:*

(1) $\sigma_a\sigma_b\sigma_c \neq id_{\mathfrak{E}}$; (2) $u \perp a, \quad v \perp b, \quad w \perp c;$

(3) $B(u, b, c); \quad B(a, v, c); \quad B(a, b, w).$

Dann gilt auch $B(u, v, w)$.

Beweis. Nach (2) haben u und a, v und b, w und c Schnittpunkte U, V, W. Nach (3) existieren Gerade p, q, r mit $\sigma_u\sigma_b\sigma_c = \sigma_p$; $\sigma_a\sigma_v\sigma_c = \sigma_q$; $\sigma_a\sigma_b\sigma_w = \sigma_r$. Es folgt

(4) $\sigma_U\sigma_p = \sigma_a\sigma_b\sigma_c; \quad \sigma_U\sigma_p = \sigma_q\sigma_c\sigma_V\sigma_c; \quad \sigma_U\sigma_p = \sigma_r\sigma_W;$

(5) $\sigma_p\sigma_q\sigma_r = \sigma_u\sigma_v\sigma_w.$

Die Bewegung $\varphi := \sigma_c\sigma_V\sigma_c$ ist $\neq id_{\mathfrak{E}}$. Sie ist involutorisch. Also existiert nach (7.5) ein Punkt P mit $\varphi = \sigma_P$ oder eine Gerade g mit $\varphi = \sigma_g$. Im letzteren Fall sei G ein beliebiger Punkt von g; dann ist $\varphi(G) = G$, also $\sigma_V\sigma_c(G) = \sigma_c(G)$; folglich bildet σ_V jeden Punkt der Geraden $\sigma_c(g)$ auf sich ab; mithin ist $\mathfrak{E}$ elliptisch und V der Pol von $\sigma_c(g)$, also g die Polare von $P := \sigma_c(V)$; also ist $\sigma_g = \sigma_P$. Es existiert also in jedem Fall ein Punkt P mit $\sigma_c\sigma_V\sigma_c = \sigma_P$. Wir können daher die 2. Gleichung (4) auch so schreiben: $\sigma_U\sigma_p = \sigma_q\sigma_P$. – Aus der 1. Gleichung (4) und (1) folgt $\sigma_U \neq \sigma_p$. Falls $\mathfrak{E}$ elliptisch ist, ist also U nicht der Pol von p. Daher existiert durch U genau eine Gerade $h \perp p$. – Aus der 2. Gleichung (4) folgt zunächst die Existenz einer Geraden $k \perp p, q$ durch U und P. Denn ist $U = P$, so sei k eine Gerade $\perp p$ durch U; dann gilt auch $k \perp q$. Nun sei $U \neq P$. Dann sei $k := UP$. Für die Lote s und t auf k in U und P ist dann $\sigma_U = \sigma_k\sigma_s$ und $\sigma_P = \sigma_t\sigma_k$. Also ist $\sigma_k\,\sigma_s\sigma_p\sigma_t\sigma_k = \sigma_q$, folglich $\sigma_s\sigma_p\sigma_t = \sigma_k\sigma_q\sigma_k \in \mathfrak{S}$. Wegen $s \neq t$ folgt $p \in \mathfrak{B}(s, t)$, nach (8.2), Satz 2, also $p \perp k$ und analog $q \perp k$. Damit ist die Existenz von k bewiesen. Da nun h die einzige Gerade $\perp p$ durch U ist, folgt $k = h$ und damit $q \perp h$. – Aus der 3. Gleichung (4) folgt analog $r \perp h$. – Aus $p, q, r \perp h$ folgt $\sigma_p\sigma_q\sigma_r \in \mathfrak{S}$ nach (8.2), Satz 2. Wegen (5) ist daher $\sigma_u\sigma_v\sigma_w \in \mathfrak{S}$ und folglich $B(u, v, w)$.

Korollar. *Es sei* $\triangle = \triangle ABC$ *ein Dreieck.* (Ist $\mathfrak{E}$ elliptisch, sei $\triangle$ kein Polardreieck.) *Es seien u, v, w die Lote von A, B, C auf die gegenüberliegenden Geraden. Dann gilt* $B(u, v, w)$. (Ist $\mathfrak{E}$ elliptisch oder euklidisch, gehen u, v, w durch einen Punkt.)

(9.4) **Satz.** *Die Seitenhalbierenden eines Dreiecks* $\triangle$ *schneiden sich in einem Punkt von* $Fl(\triangle)$.

Beweis. Sei $\triangle = \triangle ABC = \{|BC|, |CA|, |AB|\}$. Es seien U, V, W die Mittelpunkte der Seiten $|BC|, |CA|, |AB|$ und $u = UA$, $v = VB$, $w = WC$ ihre Verbindungsgeraden mit den gegenüberliegenden Ecken. Zu zeigen ist, daß sich u, v, w in einem Punkt $N \in Fl(\triangle)$ schneiden. – Wir betrachten zunächst den

Sonderfall, daß $\sigma_U(A)=A$, $\sigma_V(B)=B$ und $\sigma_W(C)=C$ ist. Wegen $\sigma_U(B)=C$ und $\sigma_U(C)=B$ folgt aus $\sigma_U(A)=A$, daß u die Halbierende des Dreieckswinkels bei A ist. Analog sind v und w die Halbierenden der Winkel bei B und C. Die Behauptung folgt also aus (9.1), Korollar. – Nun liege der Sonderfall nicht vor. Es sei etwa der Punkt $A' := \sigma_U(A)$ verschieden von A. Dann liegt A' nicht auf der Geraden CA. Das Lot g in U auf u ist Mittellinie von A und A'; es ist nicht $\perp CA$ und nicht $\perp AB$, da sonst $\mathfrak{E}$ elliptisch und A der Pol von g, wegen $A'=\sigma_g(A)$ also $A'=A$ wäre. Es sei r das Lot durch B auf g (es ist $\neq AB$, da sonst, wie soeben, $A=A'$ wäre) und s das Lot durch $W' := \sigma_U(W)$ auf g (es ist $\neq CA$, da nicht $g \perp CA$ ist). Weiter sei h das Lot durch A' auf s und k das Lot in W' auf s. Dann ist $\sigma_g\sigma_h\sigma_{W'}=\sigma_g\sigma_h\sigma_k\sigma_s$. Nach (8.2), Satz 2 existiert ein Lot f auf s mit $\sigma_g\sigma_h\sigma_k=\sigma_f$. Ist V_0 der Schnittpunkt von f und s, so ist $\sigma_f\sigma_s=\sigma_{V_0}$. Also ist $\sigma_g\sigma_h\sigma_{W'}=\sigma_{V_0}$. Es folgt $\sigma_{V_0}(C)=\sigma_g\sigma_h\sigma_{W'}(C)=\sigma_g\sigma_h(A')=\sigma_g(A')=A$, insbesondere also $V_0 \in CA$. Die Geraden u und w schneiden sich in einem Punkt $N \in Fl(\triangle)$. Es sei v_0 die Gerade durch B und N. Angenommen nun, wir wüßten bereits, daß auch $V_0 \in v_0$ ist. Da v_0 im Dreieckswinkel bei B liegt, folgt aus $V_0 \in CA$ und $V_0 \in v_0$, daß

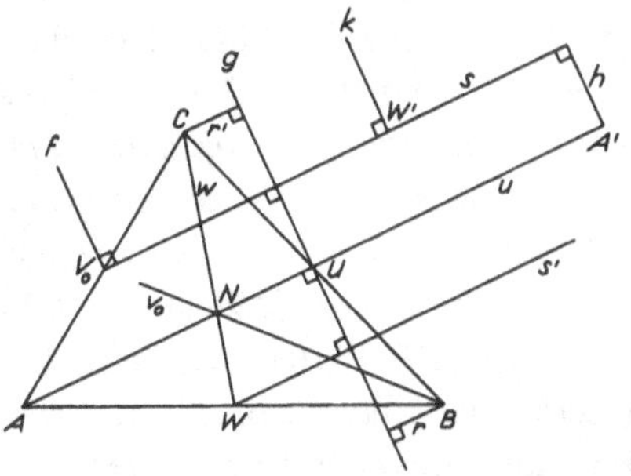

$V_0 \in |CA|$ ist. Dies, zusammen mit $\sigma_{V_0}(C)=A$ ergibt $V_0=V$. Also ist auch $v_0=v$ und damit $N \in v$. – Es bleibt nun noch zu zeigen, daß $V_0 \in v_0$ ist. Dies bedeutet, weil V_0 der Schnittpunkt von CA und s ist, dasselbe wie $B(CA, s, v_0)$. Um dies zu beweisen, definieren wir noch $r' := \sigma_U(r)$ und $s' := \sigma_U(s)$. Bezeichnen wir nun die Geraden u, r', s'; u, r, s; w, AB, CA; v_0 mit a_1, a_2, a_3; b_1, b_2, b_3; c_1, c_2, c_3; g, so folgt die behauptete Relation $B(CA, s, v_0)$ unmittelbar aus dem folgenden, später noch einmal zu verwendenden

(9.5) *Hilfssatz.* Es seien a_1, a_2, a_3; b_1, b_2, b_3; c_1, c_2, c_3; g zehn Gerade. Dabei gelte: $B(a_1, a_2, a_3)$; $B(a_1, c_2, c_3)$; $B(c_1, a_2, c_3)$; $B(c_1, c_2, a_3)$; $B(b_1, c_1, g)$; $B(b_2, c_2, g)$. Weiter sei $\sigma_{a_1}\sigma_{a_2}=\sigma_{b_2}\sigma_{b_1}$ und $\sigma_{a_1}\sigma_{a_3}=\sigma_{b_3}\sigma_{b_1}$, aber $\sigma_{b_1}\sigma_{c_1} \neq \sigma_{b_2}\sigma_{c_2}$. Dann gilt $B(b_3, c_3, g)$.

Beweis. Es ist $\sigma_0 := \sigma_{c_2}\sigma_{a_1}\sigma_{a_2}\sigma_{a_3}\sigma_{c_2} \in \mathfrak{S}$; $\sigma_1 := \sigma_{c_2}\sigma_{a_1}\sigma_{c_3} \in \mathfrak{S}$; $\sigma_2 := \sigma_{c_3}\sigma_{a_2}\sigma_{c_1} \in \mathfrak{S}$; $\sigma_3 := \sigma_{c_1}\sigma_{a_3}\sigma_{c_2} \in \mathfrak{S}$; $\sigma_4 := \sigma_{c_2}\sigma_{b_2}\sigma_g \in \mathfrak{S}$ und $\sigma_5 := \sigma_{c_1}\sigma_{b_1}\sigma_g \in \mathfrak{S}$. Wegen $\sigma_1\sigma_0\sigma_3=$

$=\sigma_2$ ist $\sigma_1\sigma_0\sigma_3\in\mathfrak{S}$, also $\sigma_0\sigma_3\sigma_1\in\mathfrak{S}$. Wegen $\sigma_3\sigma_0\sigma_4=\sigma_5$ ist $\sigma_0\sigma_3\sigma_4\in\mathfrak{S}$. Weiter ist $\sigma_3\sigma_0=\sigma_{c_1}\sigma_{b_1}\sigma_{b_2}\sigma_{c_2}\neq id_{\mathfrak{E}}$, also $\sigma_3\neq\sigma_0$. Aus (8.3), Satz 1 folgt $\sigma_0\sigma_1\sigma_4\in\mathfrak{S}$, daher $\sigma_{c_3}\sigma_{b_3}\sigma_g=\sigma_1\sigma_0\sigma_4\in\mathfrak{S}$.

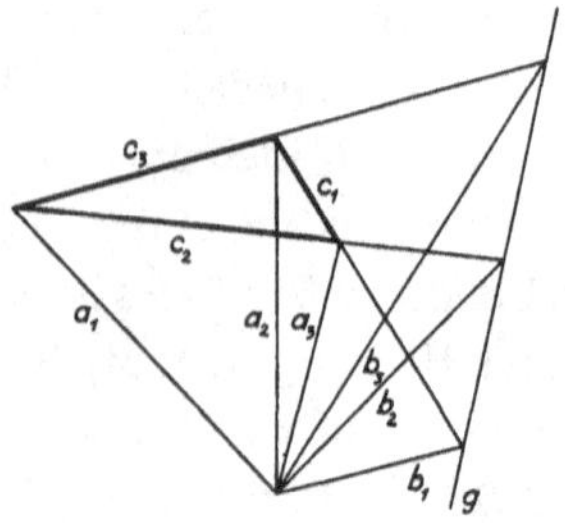

§ 10. Büscheltrajektorien

(10.1) Eine interessante Anwendung der Büschel ist die folgende Definition. Es sei ein Büschel $\mathfrak{B}$ gegeben. Sind P und Q Punkte, so schreiben wir $P\sim Q$, wenn eine Gerade $g\in\mathfrak{B}$ existiert mit $\sigma_g(P)=Q$. Diese zweistellige Relation $\sim$ zwischen Punkten ist nach (8.4) reflexiv. Wegen $\sigma_g\sigma_g=id_{\mathfrak{E}}$ ist sie auch symmetrisch. Nun sei $\sigma_g(P)=Q$ und $\sigma_k(Q)=R$ mit $g, k\in\mathfrak{B}$; nach (9.4) existiert eine Gerade $h\in\mathfrak{B}$ mit $\sigma_h(Q)=Q$; für die Gerade $f\in\mathfrak{B}$, definiert durch $\sigma_k\sigma_h\sigma_g=\sigma_f$, gilt dann $\sigma_f(P)=\sigma_k\sigma_h\sigma_g(P)=\sigma_k\sigma_h(Q)=\sigma_k(Q)=R$; folglich ist die Relation $\sim$ auch transitiv. Mithin zerfällt die Ebene $\mathfrak{E}$ in Äquivalenzklassen z bzgl. der Relation $\sim$. Für jede solche Äquivalenzklasse z und jede Gerade $g\in\mathfrak{B}$ gilt $\sigma_g(z)=z$. Wir nennen jede Äquivalenzklasse z eine *Trajektorie* des Büschels $\mathfrak{B}$.

(10.2) Nun sei $\mathfrak{B}$ ein Büschel $*M$ erster Art. Dann ist zunächst die einpunktige Menge $\{M\}$ eine Trajektorie von $\mathfrak{B}$.

Ist $\mathfrak{E}$ nichtelliptisch, so heißt jede von $\{M\}$ verschiedene Trajektorie z von $\mathfrak{B}$ ein *Kreis* mit dem Zentrum M und jede Gerade des Büschels eine *Achse* des Kreises z. Jede Achse hat mit z genau zwei Punkte gemein. Alle Punkte eines Kreises z haben vom Zentrum M denselben Abstand $r>0$; er heißt der *Radius* des Kreises z; alle Punkte mit dem Abstand r von M liegen auf z. Zu jedem $r>0$ existiert genau ein Kreis um M mit dem Radius r.

Ist $\mathfrak{E}$ elliptisch, so ist die Polare m von M eine Trajektorie von $\mathfrak{B}$. Jede von $\{M\}$ und m verschiedene Trajektorie z von $\mathfrak{E}$ heißt ein *Kreis* um M. Die Kreise um M haben ebenfalls die soeben im nichtelliptischen Fall angegebenen Eigenschaften, mit dem einzigen Unterschied, daß jetzt $r<\pi/2$ ist.

(10.3) Weiter sei $\mathfrak{B}$ ein Büschel zweiter Art, bestehend aus allen zu einer Geraden g orthogonalen Geraden.
Ist $\mathfrak{E}$ elliptisch, so sei G der Pol von g. Dann ist $\mathfrak{B} = *G$, also auch ein Büschel erster Art. Die Trajektorien von $\mathfrak{B}$ sind daher nach (10.2) die einpunktige Menge $\{G\}$, die Gerade g und die Kreise um G.
Ist $\mathfrak{E}$ nichtelliptisch, so ist die Gerade g eine Trajektorie. Jede von g verschiedene Trajektorie z von $\mathfrak{B}$ heißt eine *Abstandslinie* von g. Alle Punkte P einer Abstandslinie z haben von g denselben Abstand $d > 0$ von g (dabei definiert man den Abstand $d = d\,(P, g)$ eines Punktes P von einer Geraden g durch $d := inf_{Q \in g}\, d\,(P, Q)$; ist Q die Projektion von P in g, so ist $d\,(P, g) = d\,(P, Q_0)$ nach (5.1). Zu jedem $d > 0$ existieren genau zwei Abstandslinien von g, deren Punkte von g den Abstand d haben. Dies ergibt sich folgendermaßen. Es sei l ein Lot auf g. Auf l existieren genau zwei Punkte P_1 und P_2 mit dem Abstand d von g. Es seien z_1 und z_2 die sie enthaltenden Abstandslinien. Wäre $z_1 = z_2$, so wäre $P_1 \sim P_2$, also das Mittellot der Strecke $|P_1 P_2|$, d.h. die Gerade g Element von $\mathfrak{B}$, was nicht der Fall ist. Also ist $z_1 \neq z_2$. Schließlich sei z eine Abstandslinie, deren Punkte von g den Abstand d haben. Wir haben noch zu beweisen, daß $z = z_1$ oder $z = z_2$ ist. Es sei P ein Punkt von z. Ist $P = P_1$ oder $P = P_2$, so sind wir fertig. Anderenfalls sei Q die Projektion von P in g und $Q_1 = Q_2$ die Projektion von P_1 und P_2 in g. Bei Spiegelung am Mittellot von $|Q Q_1|$ geht P_1 oder P_2 über in P. Also ist $P \sim P_1$ oder $P \sim P_2$ und daher $z = z_1$ oder $z = z_2$.
In der euklidischen Ebene sind die beiden Abstandslinien mit dem Abstand d von g die beiden Parallelen zu g mit dem Abstand d von g. In der hyperbolischen Ebene hingegen sind, wie sich zeigen wird (Kap. IV, § 6) die Abstandslinien keine Geraden.

(10.4) Die Trajektorien der Büschel dritter Art werden in Kap. V, § 10 behandelt werden.

§ 11. Allgemeiner Koordinatenbegriff

(11.1) Bisher haben wir uns noch nicht mit der naheliegenden Aufgabe beschäftigt, in der absoluten Ebene $\mathfrak{E}$ Koordinaten einzuführen. Zunächst legen wir fest, an welchen Koordinaten wir interessiert sind.
Es sei $\mathfrak{D}$ eine Teilmenge eines $x_0 \ldots x_k$-Raumes $\mathbb{R}^{k+1}$ und $\rho : \mathfrak{D} \to \mathfrak{E}$ eine surjektive Abbildung von $\mathfrak{D}$ auf die Ebene $\mathfrak{E}$. Dann nennen wir ρ ein Koordinatensystem von $\mathfrak{E}$; ist P ein Punkt von $\mathfrak{E}$ und $(x_0, \ldots, x_k)$ ein Punkt von $\mathfrak{D}$ mit $\rho\,(x_0, \ldots, x_k) = P$, so heiße $(x_0, \ldots, x_k)$ ein Koordinaten-$(k+1)$-Tupel von P. Ist

weiter $\bar{\rho}:\bar{\mathfrak{D}}\to\mathfrak{E}$ ein zweites Koordinatensystem von $\mathfrak{E}$, so heiße eine Abbildung $\tau:\mathfrak{D}\to\bar{\mathfrak{D}}$ mit $\rho=\bar{\rho}\tau$ eine *Transformation* des ersten Koordinatensystems in das zweite.

(11.2) Zunächst sind Koordinaten von großem Interesse, die wir *Büschelkoordinaten* nennen wollen und die folgendermaßen definiert sind. Es sei $\mathfrak{B}$ ein Büschel in $\mathfrak{E}$. Dann sei $\mathbb{R}^2$ die st-Ebene und $\rho:\mathbb{R}^2\to\mathfrak{E}$ eine Surjektion mit folgenden Eigenschaften: 1) für jedes $s_0\in\mathbb{R}$ hat die Gerade $\{(s,t):s=s_0\}$ der $\mathbb{R}^2$ als ρ-Bild eine Gerade g des Büschels $\mathfrak{B}$; 2) für jedes $t_0\in\mathbb{R}$ hat die Gerade $\{(s,t):t=t_0\}$ der $\mathbb{R}^2$ als ρ-Bild eine Trajektorie z von $\mathfrak{B}$. – Für Büschel erster und zweiter Art haben wir folgende Büschelkoordinaten.
Es sei $\mathfrak{B}$ ein Büschel erster Art: $\mathfrak{B}=*O$. Es sei $\Lambda_0:\mathbb{R}\to\mathfrak{B}$ eine natürliche Parameterdarstellung von $\mathfrak{B}$. Für jedes $\varphi\in\mathbb{R}$ bezeichnen wir die Büschelgerade $g=\Lambda_0(\varphi)$ mit g_φ. Weiter sei $\Lambda_1:\mathbb{R}\to g_0$ eine natürliche Parameterdarstellung der Geraden g_0 mit $\Lambda_1(0)=O$. Für jeden Punkt (φ, r) der φr-Ebene $\mathbb{R}^2$ definieren wir nun $\rho(\varphi, r):=\sigma_g(\Lambda_1(r))$ mit $g=g_{\varphi/2}$. Die so definierten Büschelkoordinaten von φ, r heißen *Polarkoordinaten* von $\mathfrak{E}$ mit dem *Ursprung O* und der *Achse* g_0. Für jedes $\varphi_0\in\mathbb{R}$ ist $\varphi=\varphi_0$ die Gleichung einer Geraden g durch O: für jedes $r_0\in\mathbb{R}$ stellt die Gleichung $r=r_0$ eine Trajektorie z von $\mathfrak{B}$ dar. Für alle (φ, r) ist $\rho(\varphi+\pi, -r)=\rho(\varphi, r)=\rho(\varphi+2\pi, r)$ und, wenn $\mathfrak{E}$ elliptisch ist, außerdem $\rho(\varphi, r)=\rho(\varphi, r+\pi)$. Also ist die Restriktion von ρ auf den Halbstreifen $0\leqq\varphi\leqq 2\pi$, $0\leqq r<\infty$ und, falls $\mathfrak{E}$ elliptisch ist, sogar auf das Rechteck $0\leqq\varphi<2\pi$, $0\leqq r\leqq\pi/2$ eine Surjektion auf.

Aufgaben.

1. Man bestimme für jede Trajektorie z von $\mathfrak{B}$ ($z=\{O\}$; $z=$Kreis um O; $z=$Polare zu O, falls $\mathfrak{E}$ elliptisch ist) das vollständige ρ-Urbild in der φr-Ebene.
2. Sind $g^1=\{(\varphi, r):\varphi=\varphi_1\}$ und $g^2=\{(\varphi, r):\varphi=\varphi_2\}$ zwei verschiedene, nicht orthogonale Gerade des Büschels $\mathfrak{B}$ erster Art, so läßt sich die Rotation $\sigma_{g^1}\sigma_{g^2}$ (mit dem Zentrum M) in Polarkoordinaten folgendermaßen schreiben: $(\varphi, r)\mapsto(\varphi', r')$ mit $\varphi'=\varphi+2(\varphi_2-\varphi_1)$, $r'=r$. (Zum Beweis: nach (8.1) ist für drei Gerade g, h, k eines Büschels die Bewegung $\sigma_k\sigma_h\sigma_g$ die Spiegelung σ_f an der Mittellinie f von $\sigma_k(h)$ und $\sigma_g(h)$).
3. Liegt ein zweites Polarkoordinatensystem von $\mathfrak{E}$ mit dem Ursprung O vor, so sind für jeden Punkt P die Koordinaten φ, r des ersten Systems mit den Koordinaten $\bar{\varphi}, \bar{r}$ des zweiten Systems verknüpft durch Transformationsgleichungen $\bar{\varphi}=\varepsilon_1\varphi+\varphi_0$, $\bar{r}=\varepsilon_2 r (\varepsilon_1=\pm 1, \varepsilon_2=\pm 1)$.

Weiter sei $\mathfrak{E}$ nichtelliptisch und $\mathfrak{B}$ ein Büschel zweiter Art, bestehend aus allen zu einer Geraden h orthogonalen Geraden. Es sei $\Lambda_0:\mathbb{R}\to h$ eine natürliche Parameterdarstellung von h. Für jedes $x\in\mathbb{R}$ sei g_x die Gerade aus $\mathfrak{B}$ durch den

[7] Ist k eine Gerade durch M, so bezeichnen wir jeden Parameterwert von k mit λ_k (also: $\Lambda(\lambda_k))=k$). – Analog für eine natürliche Parametrisierung einer Geraden l.

Punkt $\Lambda_0(x)$. Weiter sei $\Lambda_1: \mathbb{R} \to g_0$ eine natürliche Parameterdarstellung von g_0 mit $\Lambda_1(0) = g_0 h$. Für jeden Punkt (x, y) der xy-Ebene $\mathbb{R}^2$ definieren wir nun $\rho(x, y) := \sigma_g(\Lambda_1(y))$ mit $g = g_{x/2}$. Die so definierten Büschelkoordinaten x, y von $\mathfrak{B}$ heißen *Abstandskoordinaten*[8] von $\mathfrak{E}$ mit der Achse h. $\rho: \mathbb{R}^2 \to \mathfrak{E}$ ist bijektiv. Für jedes $x_0 \in \mathbb{R}$ ist $x = x_0$ die Gleichung einer Geraden $g \perp h$. Für jedes $0 \neq y_0 \in \mathbb{R}$ ist $y = y_0$ die Gleichung einer Abstandslinie von h; $y = 0$ ist die Gleichung von h. Ist $\mathfrak{E}$ euklidisch, so sind x, y rechtwinklige cartesische Koordinaten von $\mathfrak{E}$ mit h als x-Achse und g_0 als y-Achse.

Aufgaben.

1. Sind $g^1 = \{(x, y): x = x_1\}$ und $g^2 = \{(x, y): x = x_2\}$ zwei verschiedene Gerade des Büschels $\mathfrak{B}$ zweiter Art, so läßt sich die Translation $\sigma_{g^1}\sigma_{g^2}$ entlang h in Abstandskoordinaten folgendermaßen schreiben: $(x, y) \mapsto (x', y')$ mit $x' = x + 2(x_2 - x_1)$, $y' = y$.
2. Liegt ein zweites Abstandskoordinatensystem von $\mathfrak{E}$ mit derselben Achse h vor, so sind für jeden Punkt P die Koordinaten x, y des ersten Systems mit den Koordinaten $\bar{x}$, $\bar{y}$ des zweiten Systems verknüpft durch Transformationsgleichungen $\bar{x} = \varepsilon_1 x + x_0$, $\bar{y} = \varepsilon_2 y$ $(\varepsilon_1 = \pm 1,\ \varepsilon_2 = \pm 1)$.

(11.3) So nützlich die Polarkoordinaten und die Abstandskoordinaten für manche speziellen Überlegungen sind, so haben sie doch den großen Mangel, daß sich nicht alle Geraden durch lineare, homogene Gleichungen in diesen Koordinaten schreiben lassen.

Dies leisten jedoch die homogenen Koordinaten. Sie sind durch folgende Eigenschaften gekennzeichnet: Es ist $k = 2$; für jede Gerade g in $\mathfrak{E}$ existieren drei bis auf einen Proportionalitätsfaktor $\neq 0$ bestimmte reelle Zahlen ξ_0, ξ_1, ξ_2 derart, daß g aus allen Punkten P besteht, deren Koordinatentripel (x_0, x_1, x_2) der linearen, homogenen Gleichung $\xi_0 x_0 + \xi_1 x_1 + \xi_2 x_2 = 0$ genügen; umgekehrt ist in diesem Sinn jede Gleichung $\xi_0 x_0 + \xi_1 x_1 + \xi_2 x_2 = 0$ die Gleichung einer Geraden g in $\mathfrak{E}$. Der (schwierigen) Einführung homogener Koordinaten in der elliptischen bzw. hyperbolischen Ebene $\mathfrak{E}$ ist ein Hauptteil der Kapitel III und V gewidmet. Sie erfordert umfangreiche Vorbereitungen, die jedoch einen tiefen Einblick in die Struktur dieser Ebenen gewähren, so daß sich der damit verbundene Aufwand auch unabhängig von ihrem Ziel durchaus lohnt.

[8] Aus folgendem Grund: Ist $\rho(x, y) = P$ und Q die Projektion von P in h, sowie Q_0 der Schnittpunkt $g_0 h$ der Achse h mit g_0, so ist $|x| = d(Q_0, Q)$ und $|y| = d(Q, P)$.

III. Die elliptische Ebene

Für dieses Kapitel liege eine elliptische Ebene $\mathfrak{E}$ vor. Unser Hauptziel ist es, in $\mathfrak{E}$ orthogonale, homogene Koordinaten einzuführen (wir nennen sie kanonisch). Zu diesem Zweck leiten wir (in §§ 3–6) grundlegende projektive Eigenschaften von $\mathfrak{E}$ her.

§ 1. Polare Dreiecke

(1.1) Nach Kap. II, (6.2) sind zwei Punkte P und Q genau dann polar, wenn ihr Abstand $d(P, Q)=\pi/2$ ist. Für jeden Punkt P ist die Menge aller zu P polaren Punkte eine Gerade $g=:\delta(P)$; sie ist die Polare von P. Für jede Gerade g existiert genau ein Punkt $P=:\delta(g)$, der zu allen Punkten von g polar ist; er ist der Pol von g. Es ist $\delta\delta(P)=P$ und $\delta\delta(g)=g$.

Jetzt sei $|BC|$ eine Strecke einer Geraden g. Bezeichnen wir mit B' und C' die zu B und C polaren Punkte auf g (also die Schnittpunkte von g mit den Polaren von B und C) und für jeden Punkt P von $|BC|$ mit P' den zu P polaren Punkt auf g (also $P'=g\delta(P)$), so ist die Menge der Punkte P' eine Strecke $|B'C'|$ mit $l(|B'C'|)=l(|BC|)$. Die Polaren $\delta(P)$ sind die Geraden durch den Pol $\delta(g)$ und die Punkte P'; sie sind also die Geraden eines Winkels $|\delta(B)\delta(C)|$ mit der Spitze $\delta(g)$; nach Kap. II, (3.6) ist $w(|\delta(B)\delta(C)|)=l(|B'C'|)$, also $w(|\delta(B)\delta(C)|)=$ $=l(|BC|)$. Umgekehrt ist für jeden Winkel $|hk|$ mit Spitze P die Menge der Pole der Geraden von $|hk|$ eine Strecke $|\delta(h)\delta(k)|$ der Polaren g von P mit $l(|\delta(h)\delta(k)|)=w(|hk|$.

(1.2) Nun sei $\triangle ABC=\{|BC|, |CA|, |AB|\}$ ein Dreieck, mit den Winkeln $|hk|, |kg|, |gh|$ bei A, B, C. Wir betrachten die Strecken $|\delta(h)\delta(k)|, |\delta(k)\delta(g)|$, $|\delta(g)\delta(h)|$, definiert wie in (1.1).
Wir behaupten, daß das Tripel dieser Strecken kein Dreieck ist. Denn sei G ein Punkt von $Fl(\triangle ABC)$. Die Gerade d durch A und G liegt in $|hk|$, der Punkt $\delta(d)$ also auf der Strecke $|\delta(h)\delta(k)|$. Analog liegt für die Gerade $e=BG$ der Punkt $\delta(e)$ auf $|\delta(k)\delta(g)|$ und für die Gerade $f=CG$ der Punkt $\delta(f)$ auf $|\delta(g)\delta(h)|$. Nun folgt aus $G\in d, e, f$, daß die Punkte $\delta(d)$, $\delta(e)$, $\delta(f)$ auf der Geraden $\delta(G)$ liegen. Diese Gerade schneidet also die Strecken $|\delta(h)\delta(k)|$, $|\delta(k)\delta(g)|$, $|\delta(g)\delta(h)|$. Das Tripel dieser Strecken ist somit kein Dreieck.

Nach Kap. I, (1.6) ist daher das Streckentripel $\{|\delta(h)\delta(k)|^{\times}, |\delta(k)\delta(g)|^{\times}, |\delta(g)\delta(h)|^{\times}\}$ ein Dreieck $\triangle\,\delta(g)\delta(h)\delta(k)$ mit den Ecken $\delta(g)$, $\delta(h)$, $\delta(k)$. Wir nennen dieses Dreieck das zu $\triangle ABC$ *polare Dreieck* $\delta(\triangle ABC)$.
Wegen $l(|\delta(h)\delta(k)|) = w(|hk|)$ ist $l(|\delta(h)\delta(k)|^{\times}) = \pi - w(|hk|)$; analog für die beiden anderen Seiten. Für die Maße der Winkel von $\delta(\triangle ABC)$ gilt $w(|\delta(B)\delta(C)|^{\times}) = \pi - l(|BC|)$, usw.
Weiter ist $\delta\delta(\triangle ABC) = \triangle ABC$. – Endlich ist $\delta(\triangle ABC) = \triangle ABC$ genau dann, wenn g, h, k die Polare von A, B, C ist, also genau dann, wenn $\triangle ABC$ ein Polardreieck ist.

(1.3) Eine markante Eigenschaft der elliptischen Ebene $\mathfrak{E}$ besteht darin, daß sie durch keine Gerade g zerlegt wird, genauer, daß je zwei nicht auf g liegende Punkte A, B durch eine Strecke $|AB|$ verbunden werden können, die zu g fremd sind. Denn ist h die Verbindungsgerade von A und B, so wird h durch A und B zerlegt in zwei Strecken $|AB|$ und $|AB|^{\times}$; von diesen hat genau eine, etwa $|AB|^{\times}$, mit g einen Punkt gemein.

§ 2. Kongruenzsatz 6 für Dreiecke. Winkelsumme und Umfang eines Dreiecks

(2.1) Erstaunlicherweise gilt in $\mathfrak{E}$ neben den Kongruenzsätzen 1–5 noch ein sechster. Es seien nämlich zwei Dreiecke $\triangle ABC$ und $\triangle A'B'C'$ gegeben. Ihre Winkel seien α, β, γ und α', β', γ'.

Kongruenzsatz 6. *Aus* $\alpha \equiv \alpha'$, $\beta \equiv \beta'$, $\gamma \equiv \gamma'$ *folgt* $\triangle ABC \equiv \triangle A'B'C$.[1]
Beweis. Aus (1.2) und dem Kongruenzsatz 3 folgt $\delta(\triangle ABC) \equiv \delta(\triangle A'B'C')$ und hieraus die Behauptung.

(2.2) Nach Kap. II, (2.3) ist bei jedem Polardreieck $\triangle = \triangle ABC$ die „Winkelsumme" $w(\alpha) + w(\beta) + w(\gamma) = 3\pi/2$. Die Halbierende eines der drei Winkel zerlegt das Polardreieck in zwei Teildreiecke, deren jedes die „Winkelsumme" $5\pi/4$ hat. In der elliptischen Ebene $\mathfrak{E}$ haben also keineswegs alle Dreiecke die gleiche „Winkelsumme". Wir können aber eine Abschätzung für die Winkelsumme aller Dreiecke und auch für ihren Umfang angeben.

[1] Aus dem Kongruenzsatz 6 folgt, daß es in der elliptischen Ebene, im Unterschied zur euklidischen, keine ähnlichen Dreiecke gibt, oder besser gesagt, daß ähnliche Dreiecke bereits kongruent sind.

Satz. *Ist* $\Delta = \Delta ABC$ *ein Dreieck und sind* α, β, γ *seine Winkel,* a, b, c *seine Seiten, so gilt für die „Winkelsumme"* $w(\alpha)+w(\beta)+w(\gamma)$ *die Ungleichung*

$$\pi < w(\alpha)+w(\beta)+w(\gamma) < 3\pi$$

und für den Umfang $l(a)+l(b)+l(c)$ *die Ungleichung*

$$0 < l(a)+l(b)+l(c) < 2\pi.$$

Beweis. Nach (1.2) sind die Seitenlängen des polaren Dreiecks $\delta(\Delta ABC)$ gleich $\pi - w(\alpha)$, $\pi - w(\beta)$, $\pi - w(\gamma)$. Aus Kap. II, (5.2) folgt $\pi - w(\alpha) < (\pi - w(\beta)) + (\pi - w(\gamma))$, also $w(\alpha) > w(\beta)+w(\gamma)-\pi$. Diese Ungleichung gilt für jedes Dreieck. Sie gilt also auch für das Nebendreieck $\{|BC|, |CA|^{\times}, |AB|^{\times}\}$ von ΔABC. Hierfür lautet sie $w(\alpha) > (\pi - w(\beta)) + (\pi - w(\gamma)) - \pi$. Also ist $\pi < w(\alpha)+w(\beta)+w(\gamma)$. – Aus $w(\alpha)$, $w(\beta)$, $w(\gamma) < \pi$ folgt $w(\alpha)+w(\beta)+w(\gamma) < 3\pi$. – Der Umfang des Dreiecks $\delta(\Delta ABC)$ ist $(\pi - w(\alpha)) + (\pi - w(\beta)) + (\pi - w(\gamma)) = 3\pi - (w(\alpha)+w(\beta)+w(\gamma)) < 2\pi$ nach (1.2) und dem soeben Bewiesenen. Da jedes Dreieck das polare Dreieck eines anderen ist, ist für jedes Dreieck der Umfang $< 2\pi$.

Wir werden in (12.2) zeigen, daß die im vorstehenden Satz angegebenen Schranken für die „Winkelsumme" und den Umfang eines Dreiecks scharf sind. Genauer werden wir beweisen, daß für jede Zahl w mit $\pi < w < 3\pi$ Dreiecke mit der „Winkelsumme" w und für jede Zahl u mit $0 < u < 2\pi$ Dreiecke mit dem Umfang u existieren.

Die Differenz $\partial\Delta := (w(\alpha)+w(\beta)+w(\gamma)) - \pi$ heißt der *Exzess* des Dreiecks $\Delta = \Delta ABC$. Er ist additiv in folgendem Sinne. Wird das Dreieck Δ durch die Verbindungsgerade einer Ecke mit einem Punkt der gegenüberliegenden Seite in zwei Teildreiecke Δ' und Δ'' zerlegt, so ist $\partial\Delta = \partial\Delta' + \partial\Delta''$.

§ 3. Die Sätze von PAPPUS-BRIANCHON und PAPPUS-PASCAL

Der Vorbereitung auf diese interessanten Sätze dient folgender

(3.1) **Satz.** *Es seien*

G, H, K drei verschiedene Punkte;

g_i $(i=1, 2, 3)$ *drei verschiedene Gerade durch G, nicht durch H oder K;*

h_j $(j=1, 2, 3)$ *drei verschiedene Gerade durch H, nicht durch G oder K;*

k_{ij} $(i, j=1, 2, 3; i \neq j)$ *Gerade durch K mit* $k_{ij} \in \mathfrak{B}(g_i, h_j)$. *Dann gilt:*

Aus je zwei der Gleichungen $k_{12}=k_{21}$, $k_{13}=k_{31}$, $k_{23}=k_{32}$ *folgt die dritte.*

Beweis. Es sei $g:=GK$; $h:=HK$. Für $i, j=1, 2, 3$; $i\neq j$ sei k'_{ij} die Gerade durch K, definiert durch $\sigma_g\sigma_{k_{ij}}=\sigma_{k'_{ij}}\sigma_h$. Dann ist für $l=1, 2, 3$; $i\neq l\neq j$ auch $\sigma_{k_{ij}}\sigma_{k_i}=$ $=\sigma_g\sigma_g\sigma_{k_{ij}}\sigma_{k_{il}}=\sigma_g\sigma_{k_{il}}\sigma_{k_{ij}}\sigma_g=\sigma_{k_{il}}\sigma_h\sigma_h\sigma_{k'_{ij}}=\sigma_{k'_{il}}\sigma_{k'_{ij}}$. Jedoch ist $\sigma_{g_j}\sigma_{k'_{li}}\neq\sigma_{h_i}\sigma_h$; denn wegen $g_j\notin *H$ ist $\mathfrak{B}(g_j, k'_{li})\neq *H=\mathfrak{B}(h_i, h)$.

Ist i, j, l eine zyklische Permutation von 1, 2, 3, so sei h'_i die Gerade durch H mit $h'_i\in\mathfrak{B}(g_j, k'_{li})$. Aus Kap. II, (9.5) mit k_{li}, g, k_{ji}; k'_{li}, h, k'_{ji}; g_j, h_i, g_l; h'_i statt a_1, a_2, a_3; b_1, b_2, b_3; c_1, c_2, c_3; g folgt $h'_i\in\mathfrak{B}(g, k'_{ji})$. – Es gilt also

$h'_1\in *H, \mathfrak{B}(g_2, k'_{31}), \mathfrak{B}(g_3, k'_{21})$;

$h'_2\in *H, \mathfrak{B}(g_3, k'_{12}), \mathfrak{B}(g_1, k'_{32})$;

$h'_3\in *H, \mathfrak{B}(g_1, k'_{23}), \mathfrak{B}(g_2, k'_{13})$.

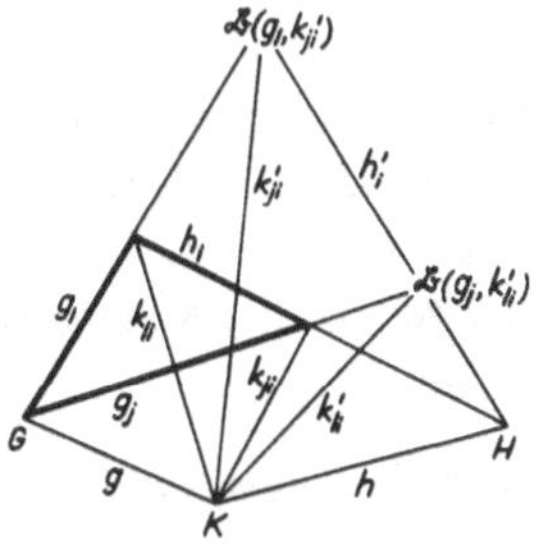

Nun sei etwa $k_{12}=k_{21}$ und $k_{13}=k_{31}$. Dann gilt $h'_1, h'_2\in *H, \mathfrak{B}(g_3, k'_{12})$; wegen $*H\neq\mathfrak{B}(g_3, k'_{12})$ folgt $h'_1=h'_2$. Analog ist $h'_1=h'_3$. Weiter folgt $h'_1\in\mathfrak{B}(g_1, k'_{23})$, $\mathfrak{B}(g_1, k'_{32})$ und hieraus $k'_{23}, k'_{32}\in *K, \mathfrak{B}(g_1, h'_1)$. Wegen $*K\neq\mathfrak{B}(g_1, h'_1)$ folgt $k'_{23}=k'_{32}$ und hieraus $k_{23}=k_{32}$.

(3.2) Wir sagen, daß ein geordnetes 6-Tupel $(g_1, h_2, g_3, h_1, g_2, h_3)$ von Geraden und ein geordnetes 6-Tupel $(G_1, H_2, G_3, H_1, G_2, H_3)$ von Punkten eine einfache 6-6-Konfiguration bilden, wenn zwischen diesen Geraden und Punkten die in der folgenden Matrix durch ein x markierten Inzidenzen, aber keine weiteren Inzidenzen bestehen.[2]

	g_1	h_2	g_3	h_1	g_2	h_3
G_1	x	x				
H_2	x					x
G_3					x	x
H_1				x	x	
G_2			x	x		
H_3		x	x			

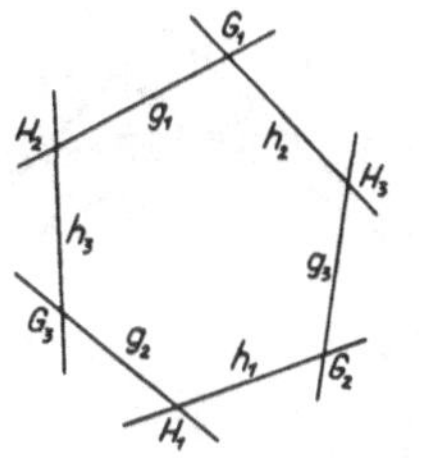

[2] In Worten: Es seien $G_1, H_2, G_3, H_1, G_2, H_3$ sechs Punkte, paarweise verschieden. Wir verbinden je zwei zyklisch benachbarte durch eine Gerade: G_1 und H_2 durch $g_1, \ldots, G_2$ und H_3 durch g_3, H_3 und G_1 durch h_3. Dann sollen zwischen diesen Punkten und Geraden nur die Inzidenzen $G_1, H_2\in g_1; \ldots; G_2, H_3\in g_2; H_3, G_1\in h_3$ bestehen.

Die Geraden $g_1, \ldots, h_3$ heißen die *Seiten* der Konfiguration und zwar heißen g_1 und h_1, g_2 und h_2, g_3 und h_3 *Gegenseiten*. Die Punkte $G_1, \ldots, H_3$ heißen die *Ecken* der Konfiguration und zwar heißen G_1 und H_1, G_2 und H_2, G_3 und H_3 *Gegenecken*. Die Verbindungsgeraden der Gegenecken G_i und H_i $(i=1, 2, 3)$ heißen die drei *Hauptdiagonalen*, die Schnittpunkte der Gegenseiten g_i und h_i $(i=1, 2, 3)$ die *Hauptdiagonalpunkte* der Konfiguration.

Das 6-Tupel $(g_1, h_2, g_3, h_1, g_2, h_3)$ heißt ein *einfaches Sechsseit*, das 6-Tupel $(G_1, H_2, G_3, H_1, G_2, H_3)$ ein *einfaches Sechseck*. Durch jedes von ihnen ist die einfache 6-6-Konfiguration bestimmt. Dementsprechend können wir z.B. auch von den Hauptdiagonalen des einfachen Sechsseits sprechen.

Die Polaren der G_j und H_k und die Pole der g_j und k_k bilden wieder eine einfache 6-6-Konfiguration; sie heißt zur gegebenen Konfiguration dual. Den Hauptdiagonalen und Hauptdiagonalpunkten der gegebenen Konfiguration entsprechen bei der dualen Konfiguration die Hauptdiagonalpunkte und die Hauptdiagonalen.

(3.3) **Satz von Pappus-Brianchon.** *Gehen die Seiten $g_1, h_2, g_3, h_1, g_2, h_3$ eines einfachen Sechsseits abwechselnd durch zwei Punkte G und H, so gehen auch die drei Hauptdiagonalen durch einen Punkt K.*

Beweis. Wir bezeichnen den Schnittpunkt von g_i und h_j mit (i, j). Dann sind (i, j) und (j, i) Gegenpunkte. Es sei K der Schnittpunkt etwa der Hauptdiagonalen durch (1, 2) und (2, 1) bzw. (1.3) und (3.1). Weiter sei k_{ij} die Verbindungsgerade von K mit (i, j). Dann ist $k_{12}=k_{21}$ und $k_{13}=k_{31}$. Behauptet wird: $k_{23}= =k_{32}$. Dies folgt aber aus (3.1).

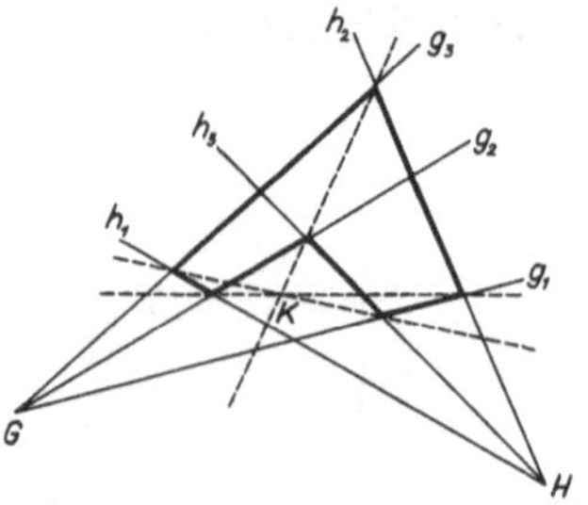

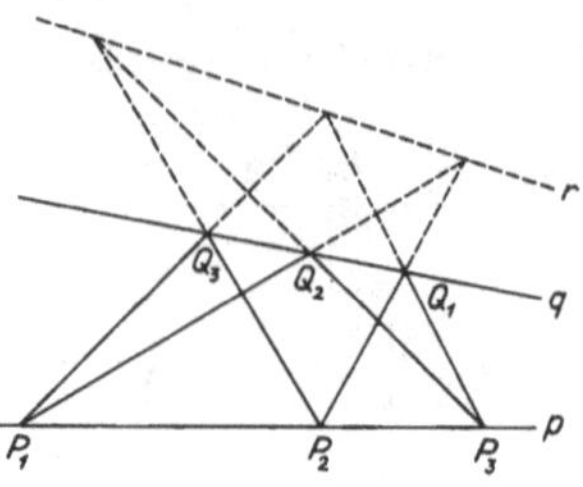

Durch Übergang zur polaren Konfiguration erhalten wir den

(3.4) **Satz von Pappus-Pascal.** *Liegen die Ecken $P_1, Q_2, P_3, Q_1, P_2, Q_3$ eines einfachen Sechsecks abwechselnd auf zwei Geraden p und q, so liegen auch die drei Hauptdiagonalpunkte auf einer Geraden r.*

§ 4. Perspektivitäten. Der Satz von DESARGUES

(4.1) Es seien g und h zwei verschiedene Gerade und S ihr Schnittpunkt. Eine Abbildung $\varphi: g \to h$ heißt eine *Perspektivität*, wenn ein Punkt $Z \notin g \cup h$ derart existiert, daß für jeden Punkt G von g die Verbindungsgerade von G und Z durch $\varphi(G)$ geht. Der Punkt Z heißt das *Zentrum* der Perspektivität.
Existiert zu $2n$ Punkten $X_1, \ldots, X_n; Y_1, \ldots, Y_n$ ein Punkt Z derart, daß für jedes $i = 1, \ldots, n$ die Punkte X_i, Y_i, Z kollinear sind, so schreiben wir

$$X_1 \ldots X_n \overset{Z}{\overline{\wedge}} Y_1 \ldots Y_n \text{ oder kurz } X_1 \ldots X_n \overline{\wedge} Y_1 \ldots Y_n$$

und nennen die beiden *n-Tupel* $X_1 \ldots X_n$ und $Y_1 \ldots Y_n$ perspektiv und Z das Zentrum dieser Perspektivität. Existiert zu $2n$ Geraden $x_1, \ldots, x_n, y_1, \ldots, y_n$ eine Gerade z derart, daß für jedes $i = 1, \ldots, n$ die Geraden x_i, y_i, z kollinear sind, so schreiben wir

$$x_1 \ldots x_n \overset{z}{\overline{\wedge}} y_1 \ldots y_n \text{ oder kurz } x_1 \ldots x_n \overline{\wedge} y_1 \ldots y_n.$$

(4.2) **Satz.** *Es seien g, h, k drei nicht kollineare Gerade und $\varphi: g \to h$, $\psi: h \to k$ Perspektivitäten. Für den Schnittpunkt S von g und k gelte $\psi\varphi(S) = S$. Dann ist auch $\psi\varphi: g \to k$ eine Perspektivität.*
Beweis. Wir setzen $g_1 := g$, $h_2 := h$, $g_3 := k$ und $G := S$. Weiter seien: $H_3 := h_2 g_3$, $G_1 := g_1 h_2$; $G_3 :=$ Zentrum von φ (es gilt $G_3 \notin g_1, h_2, g_3$), $H_1 :=$ Zentrum von ψ (es gilt $H_1 \notin g_1, h_2, g_3$); $g_2 := H_1 G_3$ (es gilt $G \in g_2$); $d_1 := G_1 H_1$, $d_3 := G_3 H_3$; $Z := d_1 d_3$. Nun sei H_2 ein Punkt von g_1, $\notin d_3$, $\neq G, G_1$; weiter $H := \varphi(H_2)$ und $G_2 := \psi\varphi(H_2)$; schließlich sei $h_1 := H_1 G_2$, $h_3 := H_2 G_3$. Dann ist $(g_1, h_2, g_3, h_1, g_2, h_3)$ ein einfaches Sechsseit, für das die Voraussetzungen von (3.3) erfüllt sind. Durch den Schnittpunkt Z der Hauptdiagonalen d_1 und d_3 geht also auch die Hauptdiagonale $d_2 := G_2 H_2$. Für die Perspektivität $\chi: g_1 \to g_3$ mit dem Zentrum Z gilt daher $\chi(H_2) = \psi\varphi(H_2)$. Diese Gleichung gilt auch, wenn $H_2 = g_1 d_3$ oder $H_2 = G$ oder $H = G_1$ ist. Somit ist $\chi = \psi\varphi$.

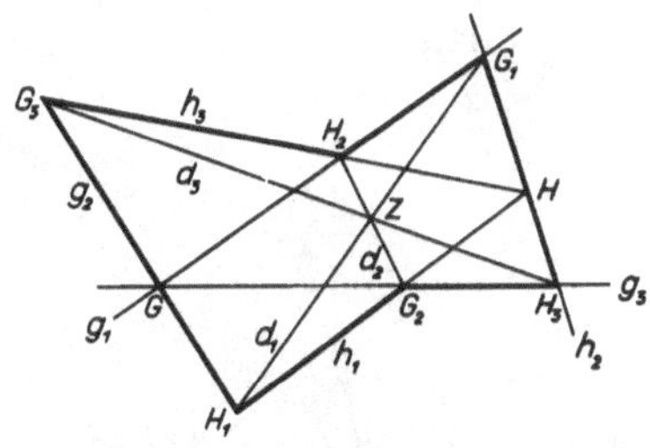

(4.3) **Satz.** *Es seien g, h, k drei verschiedene Gerade durch einen Punkt S. Es seien $\varphi: g \to h$ und $\psi: h \to k$ Perspektivitäten. Dann ist auch $\psi\varphi: g \to k$ eine Perspektivität.*

Beweis. Wir setzen $g=:g_1$, $h=:g_2$, $k=:g_3$ und $\varphi=:\pi_{21}$, $\psi=:\pi_{32}$. Es sei Z_{21} bzw. Z_{32} das Zentrum von π_{21} bzw. π_{32}. Wir wählen eine Gerade g_0, weder durch Z_{21}, noch durch Z_{32}, derart, daß für $S_1:=g_0g_1$ und $S_3:=g_0g_3$ gilt $\chi(S_1)\neq S_3$. Weiter sei Z der Schnittpunkt der Geraden $Z_{21}S_1$ und $Z_{32}S_3$. Dann gilt $Z\notin g_0, g_2$. Es sei π_{02} die Perspektivität $g_2\to g_0$ mit dem Zentrum Z und π_{20} ihre Umkehrung. Nun ist $\pi_{32}\pi_{21}=\pi_{32}\pi_{20}\pi_{02}\pi_{21}$. Wegen $\pi_{02}\pi_{21}(S_1)=S_1$ und $\pi_{32}\pi_{20}(S_3)=S_3$ sind nach (4.2) die Abbildungen $\pi_{01}:=\pi_{02}\pi_{21}\,(:g_1\to g_0)$ und $\pi_{30}:=\pi_{32}\pi_{20}(:g_0\to g_3)$ Perspektivitäten. Wir betrachten die Abbildung $\chi=\pi_{32}\pi_{21}=\pi_{30}\pi_{01}$. Es ist $\chi(S)=S$, also $\pi_{30}\pi_{01}(S)=S$. Nach (4.2) ist daher χ eine Perspektivität.

(4.4) **Satz.** *Es seien g, h, k Gerade mit $g\neq h\neq k$ ($g=k$ oder $g\neq k$) und $\varphi:g\to h$, $\psi:g\to k$ Perspektivitäten. Es sei S der Schnittpunkt von h und k. Dann existieren zu jeder Geraden h' durch S mit $h\neq h'\neq k$ Perspektivitäten $\varphi':g\to h'$, $\psi':k'\to k$ mit $\psi'\varphi'=\psi\varphi$.*

Beweis. Es sei Z das Zentrum von φ und es seien $\varphi':g\to h'$ und $\chi:h'\to h$ Perspektivitäten mit dem Zentrum Z. Dann ist $\chi\varphi'=\varphi$, also $\psi'\varphi'=\psi\varphi$. Nach (4.3) ist die Abbildung $\psi':=\psi\chi\,(:h'\to k)$ eine Perspektivität.

Von zentraler Bedeutung ist der

(4.5) **Satz von Desargues.** *Es seien (P_1, P_2, P_3) und (Q_1, Q_2, Q_3) zwei geordnete Punktetripel; die P_i seien nicht kollinear und die Q_i seien nicht kollinear. Weiter sei x_i die Gerade P_jP_k und y_i die Gerade Q_jQ_k ($i\neq j\neq k\neq i$). Dann ist*

$$P_1P_2P_3\doublebarwedge Q_1Q_2Q_3, \text{ wenn und nur wenn } x_1x_2x_2\doublebarwedge y_1y_2y_3.$$

Beweis. 1) Ist $P_i=Q_i$ für mindestens ein i, so ist $P_1P_2P_3\doublebarwedge Q_1Q_2Q_3$ und $x_1x_2x_3\doublebarwedge y_1y_2y_3$. Es sei also $P_i\neq Q_i$ für jedes i. Es sei g_i die Verbindungsgerade von P_i und Q_i ($i=1,2,3$). Sind zwei der Geraden g_i gleich, so ist wieder $P_1P_2P_3\doublebarwedge Q_1Q_2Q_3$ und $x_1x_2x_3\doublebarwedge y_1y_2y_3$. Es seien also die g_i verschieden. Nun sei $P_1P_2P_3\overset{R}{\doublebarwedge}Q_1Q_2Q_3$. Ist $R=P_1$, so ist Q_3 der Schnittpunkt von x_2 und y_2 und Q_2 der Schnittpunkt von x_3 und y_3. Mit $r:=y_1$ gilt daher $x_1x_2x_3\overset{r}{\doublebarwedge}y_1y_2y_3$. Analog, wenn R gleich

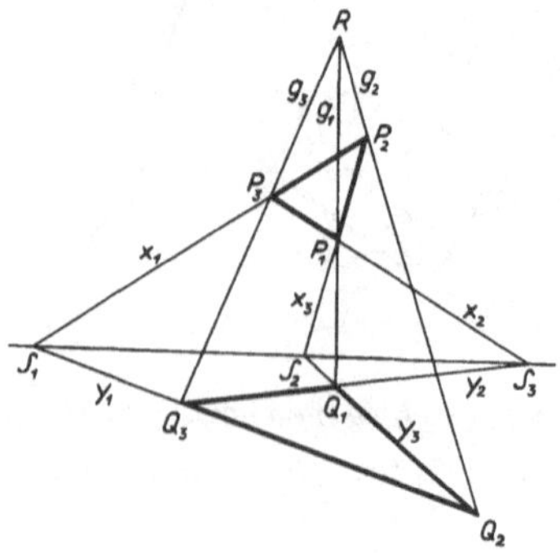

einem der Punkte P_2, P_3, Q_1, Q_2, Q_3 ist. Nun sei R von allen Punkten P_i und Q_i verschieden. Für jedes i ist $x_i \neq y_i$. Es sei S_i der Schnittpunkt von x_i und y_i. Er liegt weder auf g_j noch auf g_k $(j \neq i \neq k)$. Die S_i sind verschieden. Nun sei $\pi_{jk}: g_k \to S_j$ die Perspektivität mit dem Zentrum S_i; sie überführt P_k in P_j und Q_k in Q_j. Nach (3.3) ist $\pi_{32}\pi_{21}: g_1 \to g_3$ eine Perspektivität. Da sie P_1 in P_3 und Q_1 in Q_3 überführt, ist sie gleich π_{31}. Es ist also $\pi_{32}\pi_{21}\pi_{13} = id_{g_3}$, also $\pi_{23}\pi_{31} = \pi_{21}$. Geht nun für jedes Paar $\{j, k\}$ mit $j, k = 1, 2, 3; j \neq k$ die Verbindungsgerade von S_j und S_k durch R, so sind S_1, S_2, S_3 kollinear und wir sind fertig. Nun gehe etwa die Verbindungsgerade s von S_1 und S_2 nicht durch R. Dann sei G_i der Schnittpunkt von s mit g_i $(i = 1, 2, 3)$. Es folgt $\pi_{31}(G_1) = G_3$, also $\pi_{21}(G_1) = \pi_{23}\pi_{31}(G_1) = \pi_{23}(G_3) = G_2$. Also ist $S_3 \in s$. Folglich sind S_1, S_2, S_3 kollinear. – Damit ist bewiesen: $P_1P_2P_3 \barwedge Q_1Q_2Q_3 \Rightarrow x_1x_2x_3 \barwedge y_1y_2y_3$. – 2) Sind $p_1, \ldots, q_3$ die Polaren von $P_1, \ldots, Q_3$ und $X_1, \ldots, Y_3$ die Pole von $x_1, \ldots, y_3$, so gilt nach 1): $X_1X_2X_3 \barwedge Y_1Y_2Y_3 \Rightarrow p_1p_2p_3 \barwedge q_1q_2q_3$. Da aber gilt $x_1x_2x_3 \barwedge y_1y_2y_3 \Rightarrow X_1X_2X_3 \barwedge Y_1Y_2Y_3$ und $p_1p_2p_3 \barwedge q_1q_2q_3 \Rightarrow P_1P_2P_3 \barwedge Q_1Q_2Q_3$, so folgt $x_1x_2x_3 \barwedge y_1y_2y_3 \Rightarrow P_1P_2P_3 \barwedge Q_1Q_2Q_3$.

§ 5. Projektive Abbildungen

(5.1) Es seien g und g' Gerade ($g = g'$ oder $g \neq g'$). Eine Abbildung $\varphi: g \to g'$ heißt *projektiv*, wenn endlich viele Perspektivitäten $\varphi_i: g_{i-1} \to g_i$ $(i = 1, \ldots, n)$ derart existieren, daß $\varphi = \varphi_n \ldots \varphi_1$ ist.

(5.2) **Fundamentalsatz über projektive Abbildungen.** *Es seien g und g' Gerade ($g = g'$ oder $g \neq g'$). Weiter seien A, B, C drei verschiedene Punkte von g und A', B', C' drei verschiedene Punkte von g'. Dann existiert genau eine projektive Abbildung $\varphi: g \to g'$ mit $\varphi(A) = A'$, $\varphi(B) = B'$, $\varphi(C) = C'$.*

Beweis. Existenz. Da die Komposition zweier projektiver Abbildungen $g \to g''$ und $g'' \to g'$ eine projektive Abbildung $g \to g'$ ist, können wir o. B. d. A. voraussetzen, daß $g \neq g'$ ist und alle Punkte $A, \ldots, C'$ vom Schnittpunkt gg' verschieden sind. – Auf der Geraden $h = AA'$ wählen wir zwei voneinander und von A, A' verschiedene Punkte Z, Z'. Es sei B_0 der Schnittpunkt der Geraden ZB und $Z'B'$; ebenso sei C_0 der Schnittpunkt der Geraden ZC und $Z'C'$. Schließlich sei g_0 die Gerade B_0C_0. Ist nun $\rho: g \to g_0$ die Perspektivität mit dem Zentrum Z und $\sigma: g_0 \to g'$ die Perspektivität mit dem Zentrum Z', so ist $\varphi := \sigma\rho (: g \to g')$ eine projektive Abbildung mit $\varphi(A) = A'$, $\varphi(B) = B'$, $\varphi(C) = C'$. – Eindeutigkeit. Es genügt, folgendes zu zeigen. Es seien: g eine Gerade; A, B, C drei verschiedene Punkte von g; $\varphi: g \to g$ eine projektive Abbildung mit $\varphi(A) = A$, $\varphi(B) = B$,

$\varphi(C)=C$; dann ist $\varphi=id_g$. Es existiert eine kürzeste Darstellung $\varphi=\varphi_n\varphi_{n-1}\cdots\varphi_2\varphi_1$ von φ durch Perspektivitäten $\varphi_i:g_{i-1}\to g_i$ $(i=1, \ldots, n)$. – Wir behaupten zunächst: $n\leqq 3$. Angenommen: $n>3$. Nach (4.4) können wir annehmen, daß die vier Geraden $g_0=g$, g_1, g_2, g_3 verschieden sind. Wir unterscheiden drei Fälle. 1. Fall: g_0, g_1, g_2 gehen durch einen Punkt. Nach (4.3) ist dann $\varphi_2\varphi_1$ eine Perspektivität. 2. Fall: g_1, g_2, g_3 gehen durch einen Punkt. Dann ist analog $\varphi_3\varphi_2$ eine Perspektivität. 3. Fall: es liegt weder Fall 1 noch Fall 2 vor. Dann sei S_{ij} der Schnittpunkt von g_i und g_j $(i\neq j)$. Es ist $S_{01}\neq S_{13}$ oder $S_{02}\neq S_{23}$ (oder beides). Sei etwa $S_{01}\neq S_{13}$. Es gilt $S_{01}\notin g_2$ und $S_{01}\notin g_3$. Also ist $S_{01}\neq S_{23}$ und die Gerade g'_2 durch S_{01} und S_{23} ist $\neq g_2, g_3$. Nach (4.4) existieren Perspektivitäten $\varphi'_2:g_1\to g'_2$ und $\varphi'_3:g'_2\to g_3$ mit $\varphi'_3\varphi'_2=\varphi_3\varphi_2$. Nach (4.3) ist $\varphi'_2\varphi_1$ eine Perspektivität. Analog verfährt man, wenn $S_{02}\neq S_{23}$ ist. In jedem Fall führt also die Annahme $n>3$ zu einem Widerspruch gegen die Minimalität von n. – Angenommen weiter: $n=3$. Gehen $g=g_0, g_1, g_2$ durch einen Punkt, so ist $\varphi_2\varphi_1$ nach (4.3) eine Perspektivität. Gehen aber $g_1, g_2, g_3=g$ nicht durch einen Punkt, so können wir nach (4.4) sofort annehmen, daß g_1 durch den Punkt A geht. Dann ist $\varphi_3\varphi_2(A)=A$, nach (4.2) also $\varphi_3\varphi_2$ eine Perspektivität. Daher ergibt auch die Annahme $n=3$ in jedem Fall einen Widerspruch. – Es ist also $n=2$. Wegen $\varphi(A)=A$, $\varphi(B)=B$, $\varphi(C)=C$ haben φ_1 und φ_2 dasselbe Zentrum. Folglich ist $\varphi=id_g$.

(5.3) **Satz.** *Es seien A, B, C, D vier verschiedene Punkte einer Geraden g. Dann existiert eine projektive Abbildung $\varphi:g\to g$, welche (A, B) in (B, A) und (C, D) in $(D\,C)$ überführt.*

Beweis. Es seien D'' ein Punkt $\notin g$; h eine Gerade $\neq g$ durch A, nicht durch D''; B', C', D' die Schnittpunkte von h mit den Geraden $D''B$, $D''C$, $D''D$; C'' der Schnittpunkt der Geraden $C'D$ und BD''. Dann gilt $ABCD\overset{D''}{\barwedge}AB'C'D'\overset{D}{\barwedge}BB'C''D''\overset{C'}{\barwedge}BADC$.

§ 6. Harmonische Trennung

(6.1) Es seien P_1, P_2, P_3, P_4 Punkte, von denen keine drei kollinear sind. Die drei Schnittpunkte der Geraden P_iP_j und P_hP_k, wobei $\{i, j, k, h\}=\{1, 2, 3, 4\}$ ist, heißen die *Diagonalpunkte* des Quadrupels $\{P_1, P_2, P_3, P_4\}$.

(6.2) Es seien A, B, C, D vier verschiedene Punkte einer Geraden g. Das Paar (A, B) heißt *harmonisch getrennt* durch das Paar (C, D), in Zeichen $H(A, B; C, D)$, wenn Punkte E und F derart existieren, daß gilt: erstens ist A ein Diagonalpunkt von $\{C, D, E, F\}$; zweitens liegt B auf der Geraden durch die beiden anderen Diagonalpunkte G und H von $\{C, D, E, F\}$. Beispiel. Sind A und B die Mittelpunkte von $|CD|$ und $|CD|^{\times}$, so gilt $H(A, B; C, D)$. (Zum Beweis wähle man G als Pol von g.)

(6.3) **Satz.** *Zu je drei verschiedenen Punkten A, C, D einer Geraden g existiert genau ein Punkt B mit $H(A,B;\ C,D)$.* (Er heißt der vierte harmonische Punkt zu A, C, D.)

Beweis. Existenz. Man wähle eine Gerade $h \neq g$ durch A und einen Punkt $G \notin g, h$; dann seien: E und F die Schnittpunkte von h mit DG und CG; H der Schnittpunkt von EC und DF; schließlich B der Schnittpunkt von GH mit g. – Eindeutigkeit. Es seien $h' \neq h$, $G' \neq G$, E', F', H' und B' analog definiert. Dann existieren nach (4.5) zwei Punkte P und Q derart, daß $EFG \overset{P}{\barwedge} E'F'G'$ und $EFH \overset{Q}{\barwedge} E'F'H'$ ist. Es folgt $P = Q$. Also ist $FGH \overset{P}{\barwedge} F'G'H'$. Nach (4.5) ist daher $B = B'$.

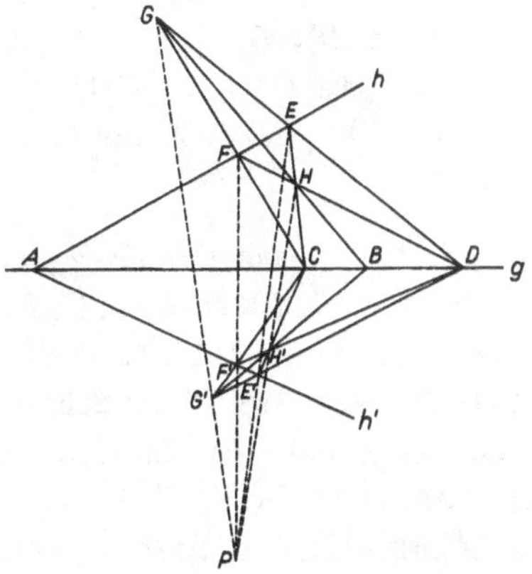

(6.4) **Satz.** *Es sei $\varphi: g \to g'$ eine projektive Abbildung einer Geraden g auf eine Gerade g' Weiter seien A, B, C, D vier verschiedene Punkte von g und A', B', C', D' ihre Bildpunkte in g'. Gilt dann $H(A, B;\ C, D)$, so gilt auch $H(A', B';\ C', D')$.*

Beweis. Es genügt φ als Perspektivität vorauszusetzen. Es sei $G = G'$ das Zentrum von φ. Wir wählen zu A, C, D Punkte E, F, H wie in (6.3); analog zu A', C', D' Punkte E', F', H'; dabei sei $h \neq h'$. Es genügt zu zeigen, daß die Gerade HH' durch $G = G'$ geht. Es sei k die Gerade durch gg' und hh'. Aus $AEC \overset{G}{\barwedge} A'E'C'$ folgt nach (4.5), daß der Schnittpunkt von EC und $E'C'$ auf k liegt. Aus $AFD \overset{G}{\barwedge} A'F'D'$ folgt analog, daß der Schnittpunkt von DF und $D'F'$ ebenfall auf k liegt. Hieraus folgt nach (4.5), daß $EFH \overset{G}{\barwedge} E'F'H'$ gilt. Also geht HH' durch G.

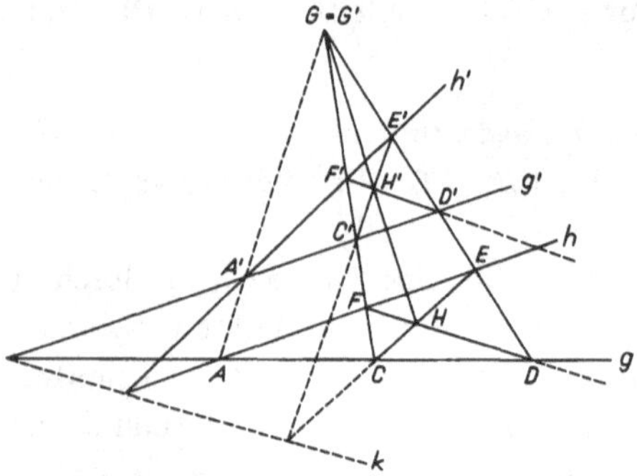

(6.5) **Satz.** *Für vier Punkte A, B, C, D einer Geraden gelte $H(A, B; C, D)$. Liegt nun A in der Strecke $|CD|$, so liegt B in der Strecke $|CD|^{\times}$.*[3]

Beweis. Es sei M der Mittelpunkt von $|CD|$ und $M^{\times}$ der Mittelpunkt von $|CD|^{\times}$. Dann ist $H(M, M^{\times}; C, D)$. Nach (5.2) existiert eine projektive Abbildung $\varphi: g \to g$ mit $\varphi(M) = A$, $\varphi(C) = C$ und $\varphi(D) = D$. Nach (6.4) gilt $H(A, \varphi(M^{\times}); C, D)$. Nach (5.3) folgt $\varphi(M^{\times}) = B$. Aus $M \in |CD|$, $A \in |CD|$, $\varphi(M) = A$ folgt $\varphi|CD| = |CD|$. Also ist auch $\varphi(|CD|^{\times}) = |CD|^{\times}$. Wegen $M^{\times} \in |CD|^{\times}$ und $\varphi(M^{\times}) = B$ ist daher $B \in |CD|^{\times}$.

(6.6) **Satz.** *Für vier Punkte A, B, C, D einer Geraden g gelte $H(A, B; C, D)$. Dann gilt auch $H(C, D; A, B)$, $H(A, B; D, C)$, $H(B, A; C, D)$.*

Beweis. 1) Wir wählen E, F, G, H wie in (5.3). Nun sei g' die Gerade durch A und G. Wir setzen $A = C'$ und $G = D'$. Weiter sei A' der Schnittpunkt von g' mit CE, sowie B' der Schnittpunkt von g' mit DF. Schließlich setzen wir noch $F = H'$, $E = E'$, $C = F'$ und $D = G'$. Dann folgt $H(A', B'; C', D')$. Nun gilt $A'B'C'D' \overset{H}{\barwedge} CDAB$. Nach (6.4) folgt $H(C, D; A, B)$. – 2) $H(A, B; D, C)$ gilt trivialerweise nach (6.2). – 3) $H(B, A; C, D)$ folgt aus 1) und 2).

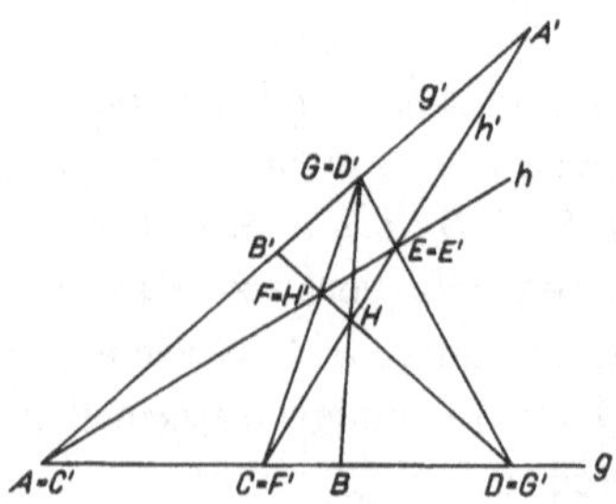

[3] Die Definition der harmonischen Trennung ist also verträglich mit der Definition der Trennung im Sinne von Kap. I, (1.2), Fußnote 6).

§ 7. Punktrechnung in einer Geraden

(7.1) Es sei g eine feste Gerade. Es liege eine natürliche Parameterdarstellung $\mathbb{R} \to g$ vor (Kap. II, (3.3)). Zu jedem Punkt P von g existiert genau ein Parameterwert α mit $-\pi/2 < \alpha \leqq \pi/2$; wir schreiben dann $P = P_\alpha$; umgekehrt existiert zu jedem solchen α genau ein Punkt von g mit $P = P_\alpha$.
Es sei J das offene Intervall $]-\pi/2, \pi/2[$.
Für jedes $\alpha \neq 0$ aus J bezeichnen wir als Schiebung τ_α (in g) die projektive Abbildung von g auf sich, definiert durch $\tau_\alpha(P_{\pi/2}) = P_{\pi/2}$; $\tau_\alpha(P_0) = P_\alpha$; $\tau_\alpha(P_{-\alpha}) = P_0$. Außerdem sei $\tau_0 := id_g$. – Für jedes $\alpha \neq 0$ aus J bezeichnen wir als Streckung σ_α (in g) die projektive Abbildung von g auf sich, definiert durch $\sigma_\alpha(P_{\pi/2}) = P_{\pi/2}$; $\sigma_\alpha(P_0) = P_0$; $\sigma_\alpha(P_{\pi/2}) = P_\alpha$. – Wir behaupten:
a) Die Schiebungen τ_α bilden (mit der Komposition als Verknüpfung) eine abelsche Gruppe. Sie ist einfach transitiv auf $g \setminus \{P_{\pi/2}\}$.[4] Die Inverse τ_α^{-1} von τ_α ist $\tau_{-\alpha}$. – b) Die Streckungen σ_α bilden (mit der Komposition als Verknüpfung) eine abelsche Gruppe. Sie ist einfach transitiv auf $g \setminus \{P_0, P_{\pi/2}\}$. Es ist $\sigma_\alpha(P_0) = P_0$ für alle α. Die Inverse σ_α^{-1} von σ_α ist σ_β mit $\beta \equiv \pi/2 - \alpha \pmod{\pi}$. – c) Ist σ_α eine Streckung und τ_β eine Schiebung, so ist $\sigma_\alpha^{-1}\tau_\beta\sigma_\alpha$ eine Schiebung.
Beweis. a. 1) Vorbereitungen. Es sei g' eine von g verschiedene Gerade durch $P_{\pi/2}$. Wir wählen auch für g' eine Parameterdarstellung mit $P'_{\pi/2} = P_{\pi/2}$. – Es sei ζ die Perspektivität von g auf g', definiert durch: $\zeta(P_\alpha) = P'_\alpha$ für alle $\alpha \in J$. Das Zentrum Z von ζ ist der Mittelpunkt einer Strecke $|P_0 P'_0|$. Es sei M der Mittelpunkt von $|P_0 P'_0|^\times$. Z liegt auf der Polaren m von M. – Für jedes α sei ζ_α die Perspektivität von g auf g', definiert durch $\zeta_\alpha(P_\alpha) = P'_0$; $\zeta_\alpha(P_0) = P'_{-\alpha}$. Das Zentrum Z_α von ζ_α liegt auf m; denn durch die Spiegelung μ an M wird die Gerade durch P_0, $P'_{-\alpha}$ mit der Geraden durch P'_0, P_α vertauscht; ihr Schnittpunkt Z_α bleibt also fest, liegt daher auf m. – Es ist $\tau_\alpha = \zeta_\alpha^{-1}\zeta$. – Für die Schiebungen τ'_α in g', definiert durch $\tau'_\alpha(P'_{\pi/2}) = P'_{\pi/2}$; $\tau'_\alpha(P'_0) = P'_\alpha$; $\tau'_\alpha(P'_{-\alpha}) = P'_0$), gilt $\zeta^{-1}\tau'_\alpha\zeta(P_0) = P_\alpha$ und

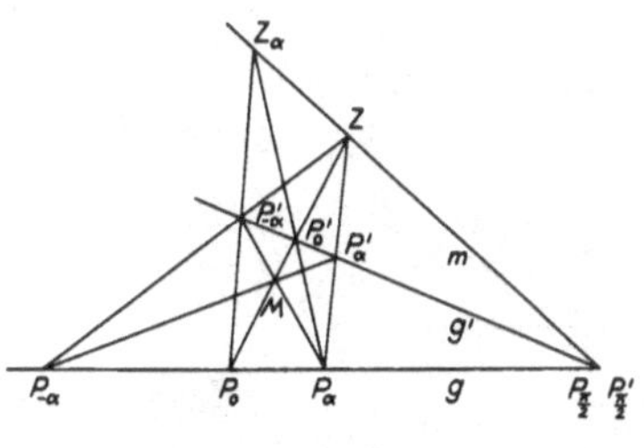

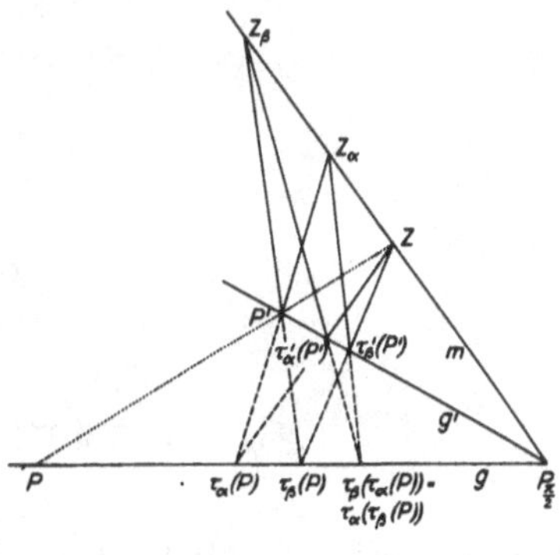

[4] D.h. zu je zwei Punkten A, B von $g \setminus \{P_{\pi/2}\}$ existiert genau ein τ_α mit $\tau_\alpha(A) = B$.

$\zeta^{-1}\tau'_\alpha\zeta(P_{-\alpha})=P_0$, also $\zeta^{-1}\tau'_\alpha\zeta=\tau_\alpha$, also $\tau'_\alpha\zeta=\zeta\tau_\alpha$; analog $\mu\tau_\alpha\mu(P'_0)=P'_{-\alpha}$ und $\mu\tau_\alpha\mu(P'_\alpha)=P'_0$, also $\mu\tau_\alpha\mu=\tau'_{-\alpha}$, mit $-\alpha$ statt α daher $\tau'_\alpha\mu=\mu\tau_{-\alpha}$.

a.2) Wegen $\tau_{-\alpha}(P_0)=P_{-\alpha}$ und $\tau_{-\alpha}(P_\alpha)=\tau_{-\alpha}(P_{-(-\alpha)})=P_0$ ist $\tau_\alpha\tau_{-\alpha}=id_g$. Also ist $\tau_{-\alpha}=\tau_\alpha^{-1}$.

a.3) Wir zeigen: $\tau_\beta\tau_\alpha=\tau_\alpha\tau_\beta$. Dies ist trivial, wenn $\alpha=0$ oder $\beta=0$ oder $\alpha=\beta$ ist. Es sei also $\alpha\neq 0\neq\beta$ und $\alpha\neq\beta$. Nun sei P ein beliebiger Punkt $\neq P_{\pi/2}$ von g; wir setzen $P':=\zeta(P)$. Dann ist $\tau'_\alpha(P')=\zeta\tau_\alpha(P)$ und $\tau'_\beta(P')=\zeta\tau_\beta(P)$; außerdem ist $\tau_\beta\tau_\alpha(P)=\zeta_\beta^{-1}\zeta\tau_\alpha(P)=\zeta_\beta^{-1}\tau'_\alpha(P')$ und $\tau_\alpha\tau_\beta(P)=\zeta_\alpha^{-1}\tau'_\beta(P')$. Die Anwendung von (3.4) auf das einfache Sechseck $(Z, \tau'_\alpha(P'), Z_\beta, P', Z_\alpha, \tau'_\beta(P'))$ liefert $\tau_\beta\tau_\alpha(P)=$ $=\tau_\alpha\tau_\beta(P)$.

a.4) Wir zeigen, daß $\tau_\beta\tau_\alpha$ eine Schiebung ist. Hierzu definieren wir γ durch $P_\gamma:=$ $=\tau_\beta\tau_\alpha(P_0)$ und behaupten $\tau_\beta\tau_\alpha=\tau_\gamma$. Es genügt zu beweisen: $\tau_\beta\tau_\alpha(P_{-\gamma})=P_0$. Aus $\tau_\beta\tau_\alpha(P_0)=P_\gamma$ folgt zunächst $P_0=\tau_{-\alpha}\tau_{-\beta}(P_\gamma)$, hieraus $P'_0=\mu(P_0)$ $=\mu\tau_{-\alpha}\tau_{-\beta}(P_\gamma)=\tau'_\alpha\tau'_\beta(P'_{-\gamma})$ und hieraus $P_0=\zeta^{-1}(P'_0)=\zeta^{-1}\tau'_\alpha\tau'_\beta(P'_{-\gamma})=$ $\tau_\alpha\tau_\beta(P_{-\gamma})=\tau_\beta\tau_\alpha(P_{-\gamma})$.

a.5) Schließlich seien A, B zwei Punkte aus $g\backslash\{P_{\pi/2}\}$. Dann existieren ein α und ein β mit $A=P_{-\alpha}$ und $B=P_\beta$. Es folgt $\tau_\beta\tau_\alpha(A)=B$. Ist umgekehrt $\tau_\gamma(A)=B$, so ist $\tau_\gamma(P_{-\alpha})=P_\beta$, also $\tau_\gamma\tau_{-\alpha}(P_0)=\tau_\beta(P_0)$, also $\tau_{-\beta}\tau_\gamma\tau_{-\alpha}(P_0)=P_0$. Es folgt $\tau_{-\beta}\tau_\gamma\tau_{-\alpha}=\tau_0$, also $\tau_\gamma=\tau_\beta\tau_\alpha$.

b.1) Vorbereitungen. Es sei g' die Polare des Punktes $P_{\pi/2}$ von g. Die Geraden g und g' schneiden sich im Punkt P_0 von g. Wir wählen auch in g' eine Parameterdarstellung, mit $P'_0=P_0$. Die Gerade g'' durch $P_{\pi/2}$ und $P'_{\pi/2}$ ist die Polare von $P_0=P'_0$. – Es sei ζ die Perspektivität von g auf g', definiert durch $\zeta(P_\alpha)=P'_\alpha$ für alle α. Ihr Zentrum Z liegt auf g'' und halbiert die Z enthaltende Strecke $|P_{\pi/2}P'_{\pi/2}|$. – Für jedes $\alpha\neq 0$ sei ζ_α die Perspektivität von g auf g', definiert durch $\zeta_\alpha(P_\alpha)=P'_{\pi/4}$, $\zeta_\alpha(P_{\pi/2})=P'_{\pi/2}$. Ihr Zentrum Z_α liegt ebenfalls auf g''. Es ist $\sigma_\alpha=$ $\zeta_\alpha^{-1}\zeta$. – Für die Streckung σ'_α in g' (definiert durch $\sigma'_\alpha(P'_{\pi/2})=P'_{\pi/2}$, $\sigma'_\alpha(P'_0)$ $=P'_0$, $\sigma'_\alpha(P'_{\pi/4})=P'_\alpha$) ist $\zeta^{-1}\sigma'_\alpha\zeta=\sigma_\alpha$, also $\sigma'_\alpha\zeta=\zeta\sigma_\alpha$.

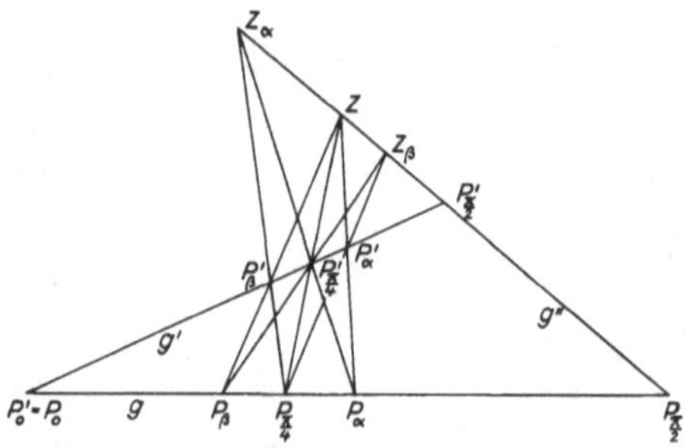

b.2) Wir definieren β durch $\sigma_\alpha(P_\beta)=P_{\pi/4}$. Dann ist $\sigma_\alpha\sigma_\beta(P_{\pi/4})=\sigma_\alpha(P_\beta)=P_{\pi/4}$. Also ist $\sigma_\alpha\sigma_\beta=id_g$. Wir berechnen β.

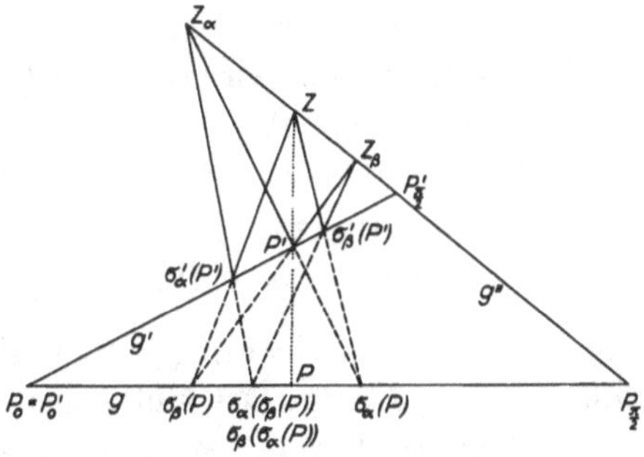

Wegen $\sigma_\alpha=\zeta_\alpha^{-1}\zeta$ und $\sigma_\beta=\zeta_\beta^{-1}\zeta$ ist $\zeta_\alpha^{-1}\zeta\zeta_\beta^{-1}\zeta=id_g$. Daher ist $P_{\pi/4}= =\zeta_\alpha^{-1}\zeta\zeta_\beta^{-1}(P'_{\pi/4})=\zeta_\alpha^{-1}\zeta(P_\beta)=\zeta_\alpha^{-1}(P'_\beta)$, also $\zeta_\alpha(P_{\pi/4})=P'_\beta$. Aus $\sigma_\beta\sigma_\alpha=id_g$ folgt analog $\zeta_\beta(P_{\pi/4})=P'_\alpha$. Außerdem ist $\zeta_\alpha(P_\alpha)=P'_{\pi/4}$ und $\zeta_\beta(P_\beta)=P'_{\pi/4}$. Bei Spiegelung an Z vertauschen sich die Geraden g und g', also auch die Punkte P_α und P'_α; $P_{\pi/4}$ und $P'_{\pi/4}$; P_β und P'_α. Also vertauschen sich auch die Punkte Z_α und Z_β, während Z fest bleibt. Folglich ist Z Mittelpunkt der Z enthaltenden Strecke $|Z_\alpha Z_\beta|$. Bei Spiegelung an $P'_{\pi/4}$ werden g und g'' vertauscht und damit auch die Punkte P_α und Z_α; $P_{\pi/4}$ und Z; P_β und Z_β. Folglich ist $P_{\pi/4}$ der Mittelpunkt der $P_{\pi/4}$ enthaltenden Strecke $|P_\alpha P_\beta|$. Also ist $\alpha+\beta\equiv\pi/2 \pmod{\pi}$.

b.3) Wir zeigen $\sigma_\beta\sigma_\alpha=\sigma_\alpha\sigma_\beta$. Dies ist trivial für $\alpha=\beta$. Es sei also $\alpha\neq\beta$. Nun sei P ein beliebiger Punkt $\neq P_0 P_{\pi/2}$ von g; wir setzen $\zeta(P)=P'$. Dann ist $\sigma'_\alpha(P')= =\zeta\sigma_\alpha(P)$ und $\sigma'_\beta(P')=\zeta\sigma_\beta(P)$; außerdem ist $\sigma_\beta\sigma_\alpha(P)=\zeta_\beta^{-1}\zeta\sigma_\alpha(P)=\zeta_\beta^{-1}\sigma'_\alpha(P')$ und $\sigma_\alpha\sigma_\beta(P)=\zeta_\alpha^{-1}\sigma'_\beta(P')$. Die Anwendung von (3.4) auf das einfache Sechseck $(Z, \sigma'_\alpha(P'), Z_\beta, P', Z_\alpha, \sigma'_\beta(P'))$ liefert $\sigma_\beta\sigma_\alpha(P)=\sigma_\alpha\sigma_\beta(P)$.

b.4) Für beliebige $\alpha,\beta\neq 0$ definieren wir γ durch $\sigma_\beta\sigma_\alpha(P_{\pi/4})=P_\gamma$. Da auch $\sigma_\gamma(P_{\pi/4})=P_\gamma$ ist, folgt $\sigma_\beta\sigma_\alpha=\sigma_\gamma$.

b.5) Es seien A, B Punkte aus $g\setminus\{P_0, P_{\pi/2}\}$. Dann existieren γ, β mit $A=P_\gamma$, $B=P_\beta$. Es sei $\sigma_\alpha:=\sigma_\gamma^{-1}$. Dann ist $\sigma_\beta\sigma_\alpha(A)=B$. – Umgekehrt folgt aus $\sigma_\delta(A)=B$, daß $\sigma_\delta=\sigma_\beta\sigma_\alpha$ ist.

c) Wir setzen $\sigma_\alpha^{-1}\tau_\beta\sigma_\alpha=\rho$ und definieren γ durch $\sigma(P_0)=P_\gamma$. Dann ist $P_\gamma= \sigma_\alpha^{-1}\tau_\beta\sigma_\alpha(P_0)=\sigma_\alpha^{-1}\tau_\beta(P_0)=\sigma_\alpha^{-1}(P_\beta)$, also $P_\beta=\sigma_\alpha(P_\gamma)$. Die Spiegelung $\sigma_{-\pi/4}$ an P_0 ergibt $P_{-\beta}=\sigma_{-\pi/4}(P_\beta)=\sigma_{-\pi/4}\sigma_\alpha(P_\gamma)=\sigma_\alpha\sigma_{-\pi/4}(P_\gamma)=\sigma_\alpha(P_{-\gamma})$. Also ist $P_0=\sigma_\alpha^{-1}\tau_\beta\sigma_\alpha(P_{-\gamma})=\rho(P_{-\gamma})$. Folglich ist $\rho=\tau_\gamma$.

Damit sind die obigen Behauptungen a)–c) bewiesen.

(7.2) In $g\setminus\{P_{\pi/2}\}$ ist durch $P_\alpha+P_\beta:=\tau_\beta\tau_\alpha(P_0)$ eine kommutative, assoziative Addition mit $P_\alpha+P_0=P_\alpha$ und $P_\alpha+P_{-\alpha}=P_0$ definiert. In $g\setminus\{P_{\pi/4}\}$ definieren wir durch $P_\alpha\cdot P_\beta:=\sigma_\beta\sigma_\alpha(P_{\pi/4})$ für α, β=0; $P_\alpha\cdot P_0:=P_0=:P_0\cdot P_\alpha$ eine kommutative, assoziative Multiplikation mit $P_\alpha\cdot P_{\pi/4}$ und $P_\alpha\cdot P_\beta=P_{\pi/4}$ für $\alpha+\beta\equiv\pi/2$ (mod π). Um das distributive Gesetz zu beweisen, eine Vorbemerkung. Für $\gamma\neq 0$ ist $\tau_\delta(P_0)\cdot\sigma_\gamma(P_{\pi/4})=\sigma_\gamma(P_\delta)$; denn für $\delta=0$ ist $\tau_0(P_0)\cdot\sigma_\gamma(P_{\pi/4})=P_0=\sigma_\gamma(P_0)$;

für $\delta \neq 0$ ist $\tau_\delta(P_0) \cdot \sigma_\gamma(P_{\pi/4}) = P_\delta \cdot P_\gamma = \sigma_\gamma \sigma_\delta (P_{\pi/4}) = \sigma_\gamma(P_\delta)$. Weiter ist $\sigma_\gamma(P_\delta) = = \sigma_\gamma \tau_\delta (P_0) = \sigma_\gamma \tau_\delta \sigma_\gamma^{-1}(P_0)$. Also haben wir $\tau_\delta(P_0) \cdot \sigma_\gamma(P_{\pi/4}) = \sigma_\gamma \tau_\delta \sigma_\gamma^{-1}(P_0)$ für $\gamma \neq 0$. Das distributive Gesetz $(P_\alpha + P_\beta) \cdot P_\gamma = (P_\alpha \cdot P_\gamma) + (P_\beta \cdot P_\gamma)$ ist trivial für $\gamma = 0$. Es sei also $\gamma \neq 0$. Dann ist $(P_\alpha + P_\beta) \cdot P_\gamma = (\tau_\alpha(P_0) + \tau_\beta(P_0)) \cdot \sigma_\gamma(P_{\pi/4}) = = (\tau_\beta \tau_\alpha (P_0)) \cdot \sigma_\gamma (P_{\pi/4}) = \sigma_\gamma \tau_\beta \tau_\alpha \sigma_\gamma^{-1}(P_0) = \sigma_\gamma \tau_\beta \sigma_\gamma^{-1} \sigma_\gamma \tau_\alpha \sigma_\gamma^{-1}(P_0) = \sigma_\gamma \tau_\beta \sigma_\gamma^{-1}(P_0) + \sigma_\gamma \tau_\alpha \sigma_\gamma^{-1}(P_0) = (\tau_\beta(P_0) \cdot \sigma_\gamma(P_{\pi/4})) + (\tau_\alpha(P_0) \cdot \sigma_\gamma(P_{\pi/4})) = (P_\beta \cdot P_\gamma) + (P_\alpha \cdot P_\gamma)$.

Damit haben wir folgendes Ergebnis. $K = g \setminus \{P_{\pi/2}\}$ ist bzgl. der eingeführten Addition und Multiplikation ein Körper. Das Nullelement ist der Punkt P_0; das inverse Element eines Punktes P_α ist der Punkt $P_{-\alpha}$. Das Einselement ist der Punkt $P_{\pi/4}$; das reziproke Element eines Punktes P_α $(\alpha \neq 0)$ ist der Punkt P_β mit $\alpha + \beta \equiv \pi/2 \pmod{\pi}$.

(7.3) Sind P_α, P_β mit $\alpha, \beta \in J =]-\pi/2, \pi/2[$ zwei Punkte aus K, so schreiben wir $P_\alpha < P_\beta$, wenn $\alpha < \beta$ ist. Die Menge aller Punkte P aus K mit $P_\alpha < P < P_\beta$ ist dann die Strecke $|P_\alpha P_\beta| \subset K$. Eine Translation τ_γ bildet als projektive Abbildung von g auf sich (mit $\tau_\gamma(P_{\pi/2}) = P_{\pi/2}$) jede Strecke $\subset K$ auf eine Strecke $\subset K$ ab. Also ist τ_γ isoton (monoton wachsend) oder antiton (monoton fallend). Es gilt ersteres; denn ist $\gamma > 0$, so ist $P_{-\gamma} < P_0$ und $\tau_\gamma(P_{-\gamma}) = P_0 < P_\gamma = \tau_\gamma(P_0)$; ist $\gamma = 0$, so ist $\tau_\gamma = id_g$; ist $\gamma < 0$, so ist $P_{-\gamma} > P_0$ und $\tau_\gamma(P_{-\gamma}) = P_0 > P_\gamma = \tau_\gamma(P_0)$. Analog ist für $0 < \gamma < \pi/2$ die Streckung σ_γ isoton. Hieraus folgt: ist $P_\alpha < P_\beta$, so auch $P_\alpha + P_\gamma < P_\beta + P_\gamma$; ist $P_0 < P_\alpha$ und $P_0 < P_\beta$, so auch $P_0 < P_\alpha \cdot P_\beta$. Also ist der Körper K angeordnet.

(7.4) Es sei $0 < \alpha < \beta < \pi/2$. Wir behaupten, daß $\tau_\alpha^n(P_0) > P_\beta$ ist für schließlich alle $n \in \mathbb{N}$. Angenommen, dies wäre falsch. Setzen wir $\tau_\alpha^n(P_0) = P_\alpha + \ldots + P_\alpha := P_{\alpha_n}$, so ist also $\alpha_n \leqq \beta$ für alle n. Nun ist $\alpha_n < \alpha_{n+1}$ für alle n. Für $\gamma := \sup \alpha_n$ ist also $\gamma \leqq \beta$, folglich $0 < \gamma < \pi/2$. Wegen $\alpha > 0$ ist $\tau_{-\alpha}(P_\gamma) < P_\gamma$. Also existiert ein $m \in \mathbb{N}$ mit $\tau_{-\alpha}(P_\gamma) < P_{\alpha_m}$. Es folgt $P_\gamma < P_{\alpha_{m+1}}$, also $\gamma < \alpha_{m+1}$. Widerspruch. Daher ist der Körper archimedisch angeordnet.

(7.5) Sind $(P_{\alpha_n})_{n \in \mathbb{N}}$ und $(P_{\beta_n})_{n \in \mathbb{N}}$ zwei Folgen von Punkten aus K mit $P_{\alpha_n} \leqq P_{\alpha_{n+1}} \leqq \leqq P_{\beta_{n+1}} < P_{\beta_n}$ für alle n, so existiert in K ein Punkt P_γ mit $P_{\alpha_n} \leqq P \leqq P_{\beta_n}$ für alle n. Denn wegen $\alpha_n \leqq \alpha_{n+1} \leqq \beta_{n+1} \leqq \beta_n$ existiert ein γ mit $\alpha_n \leqq \gamma \leqq \beta_n$ für alle n. K ist somit vollständig.

(7.6) Aus (7.2)–(7.5) folgt die Existenz eines Isomorphismus

$$\chi : K \to \mathbb{R}$$

des angeordneten Körpers $K = g \setminus \{P_{\pi/2}\}$ auf den angeordneten Körper $\mathbb{R}$ der reellen Zahlen.[5] Dabei ist $\chi(P_0) = 0$ und $\chi(P_{\pi/4}) = 1$.

[5] Vgl. z.B. G. Aumann u. O. Haupt: Einführung in die reelle Analysis I. 3. Auflage Berlin–New York 1974, S. 123.

§ 8. Koordinaten in einer Geraden

(8.1) Es sei wieder g eine feste Gerade und es liege eine natürliche Parameterdarstellung von g vor. Mittels des in § 7 hergeleiteten Isomorphismus χ definieren wir nun

$$t(\alpha) := \chi(P_\alpha) \text{ für jedes } \alpha \not\equiv \pi/2 \pmod{\pi}.$$

Da $P_{\alpha+\pi} = P_\alpha$ ist nach Kap. II, (3.3) ist $t(\alpha+\pi) = t(\alpha)$. Wegen (7.2)–(7.5) ist $t(0)=0$, $t(-\alpha) = -t(\alpha)$ und $t(\pi/4)=1$; ist $-\pi/2 < \alpha < \alpha' < \pi/2$, so ist $t(\alpha) < t(\alpha')$. Wir behaupten für $\alpha \not\equiv 0 \pmod{\pi/2}$ schließlich noch $t(\alpha)\, t(\alpha+\pi/2) = -1$. Es genügt, dies zu beweisen für $-\pi/2 < \alpha < 0$. Für $\alpha' := \alpha + \pi/2$ ist dann $0 < \alpha' < \pi/2$. Wir setzen $-\alpha = \beta$. Dann ist $\beta = \pi/2 - \alpha'$. Nach (7.2) ist $P_\beta \cdot P_{\alpha'} = P_{\pi/4}$ und daher $t(\beta)\, t(\alpha') = 1$; wegen $t(\beta) = -t(\alpha)$ folgt die Behauptung.
Wir werden in (8.5) zeigen, daß t die Kreisfunktion tan ist.

(8.2) Es sei P ein beliebiger Punkt von g. Ist $P \neq P_{\pi/2}$ (also $P \in K$), so ist $P = P_\alpha$ mit mod π eindeutig bestimmten $\alpha \not\equiv \pi/2$; dann existiert ein bis auf den Proportionalitätsfaktor ± 1 eindeutig bestimmtes Paar (x_0, x_1) reeller Zahlen derart, daß $x_1 : x_0 = t(\alpha)$; $x_0^2 + x_1^2 = 1$ ist. Falls $P = P_{\pi/2}$ ist, sei $x_0 = 0$, $x_1 = \pm 1$. Wir nennen die Zahlen x_0 und x_1 eines so definierten Paares (x_0, x_1) die (zur vorliegenden, natürlichen Parameterdarstellung von g gehörenden) *natürlichen Koordinaten* des Punktes P und schreiben $P = [x_0, x_1]$; es ist $[x_0, x_1] = [-x_0, -x_1]$. Speziell ist $P_0 = [1, 0]$; $P_{\pi/2} = [0, 1]$; $P_{\pi/4} = [2^{-1/2}, 2^{-1/2}]$.

(8.3) Es sei (X, Y, Z, U) ein geordnetes Quadrupel verschiedener Punkte von g: $X = [x_0, x_1]$, $Y = [y_0, y_1]$, $Z = [z_0, z_1]$, $U = [u_0, u_1]$. Wir bezeichnen die Zahl

$$(1) \qquad D(X, Y; Z, U) := \frac{\begin{vmatrix} x_1 & x_0 \\ z_1 & z_0 \end{vmatrix}}{\begin{vmatrix} y_1 & y_0 \\ z_1 & z_0 \end{vmatrix}} : \frac{\begin{vmatrix} x_1 & x_0 \\ u_1 & u_0 \end{vmatrix}}{\begin{vmatrix} y_1 & y_0 \\ z_1 & z_0 \end{vmatrix}}.$$

als das *Doppelverhältnis* des Quadrupels. Aus dieser Definition folgt unmittelbar

$$(2) \qquad D(X, Y; Z, U) = D(Z, U; X, Y) = \frac{1}{D(Y, X; Z, U)}.$$

Liegen alle vier Punkte X, Y, Z, U in $K = g \setminus \{P_{\pi/2}\}$ und ist $X = P_\alpha$, $Y = P_\beta$, $Z = P_\gamma$, $U = P_\delta$ $(\alpha, \beta, \gamma, \delta \in J)$, so kann $x_1 = t(\alpha)$, $y_1 = t(\beta)$, $z_1 = t(\gamma)$, $u_1 = t(\delta)$ und $x_0 = = y_0 = z_0 = u_0 = 1$ gewählt werden. Dann ist

$$(3) \quad D(P_\alpha, P_\beta; P_\gamma, P_\delta) = \frac{t(\alpha) - t(\gamma)}{t(\beta) - t(\gamma)} : \frac{t(\alpha) - t(\delta)}{t(\beta) - t(\delta)} \qquad (\alpha, \beta, \gamma, \delta \not\equiv \pi/2 \pmod{\pi}).$$

Liegen X, Y, Z in K, ist aber $U=P_{\pi/2}$, so können wir $u_1=1$, $u_0=0$ wählen und erhalten

(4) $$D(P_\alpha, P_\beta; P_\gamma, P_{\pi/2})=\frac{t(\alpha)-t(\gamma)}{t(\beta)-t(\gamma)} \qquad (\alpha, \beta, \gamma \not\equiv \pi/2 \ (\mathrm{mod}\ \pi).$$

Nun sei τ_ε eine beliebige Schiebung in g (vgl. (7.1)). Für jeden Punkt P_ξ von g sei $P_{\xi'}$ das Bild: $P_{\xi'}=\tau_\varepsilon(P_\xi)$. Dann behaupten wir:

(5) $$D(P_\alpha, P_\beta; P_\gamma, P_\delta)=D(P'_\alpha, P'_\beta; P'_\gamma, P'_\delta).$$

Wegen (2) können wir o.B.d.A. annehmen: $\alpha, \beta, \gamma \not\equiv \pi/2 \ (\mathrm{mod}\ \pi)$. Für $\xi\in J$ ist nun $\tau_\varepsilon(P_\xi)=P_\xi+P_\varepsilon$ nach (7.2), also $t(\xi')=t(\xi)+t(\varepsilon)$. Hieraus und aus (3) im Falle $\delta\not\equiv\pi/2$, (4) im Falle $\delta\equiv\pi/2$ folgt die Behauptung.
Wir bezeichnen die projektive Abbildung $\rho: g\to g$, definiert durch $\rho(P_0)=$ $=P_{\pi/2}$; $\rho(P_{\pi/2})=P_0$; $\rho(P_{\pi/4})=P_{\pi/4}$, als Stürzung. Sie ist gleich der auf g restringierten Spiegelung am Punkt $P_{\pi/4}$. Ist also P_ξ ein beliebiger Punkt von g und $P_{\xi''}$ das Bild: $P_{\xi''}=\rho(P_\xi)$, so ist $\xi+\xi''=\pi/2$ und für $P_0\neq P_\xi\neq P_{\pi/2}$ daher $P_{\xi''}\cdot P_\xi=P_{\pi/4}$ nach (7.2), also $t(\xi'')\,t(\xi)=1$. Hieraus und aus (3) für $\delta=0$ und aus (4) folgt

(6) $$D(P_\alpha, P_\beta; P_\gamma, P_0)=D(P_{\alpha''}, P_{\beta''}; P_{\gamma''}, P_{\pi/4}).$$

(8.4) **Satz.** *Für ein geordnetes Quadrupel* (X, Y, Z, U) *verschiedener Punkte von* g *gilt*

$H(X, Y; Z, U)$, *wenn und nur wenn* $D(X, Y; Z, U)=-1$ *ist.*

Beweis. Durch zwei Schiebungen und die Stürzung können wir das Quadrupel (X, Y, Z, U) überführen in ein Quadrupel $(\bar X, \bar Y, P_0, P_{\pi/2})$. Wegen (2), (5) und (6) ist $D(X, Y; Z, U)=-1$, wenn und nur wenn $D(\bar X, \bar Y; P_0, P_{\pi/2})=-1$ ist. Wegen (6.6) und weil Schiebung und Stürzung projektive Abbildungen sind, also (6.4) angewandt werden kann, gilt $H(X, Y; Z, U)$, wenn und nur wenn $H(\bar X, \bar Y; P_0, P_{\pi/2})$ gilt. Also genügt es zu zeigen, daß $H(X, Y; P_0, P_{\pi/2})$ gilt, wenn und nur wenn $D(X, Y; P_0, P_{\pi/2})=-1$ ist. Sei nun $X=P_\alpha$ und $Y=P_\beta$. Dann ist $H(P_\alpha, P_\beta; P_0, P_{\pi/2})$ nach (6.2), Beispiel und (6.3) äquivalent mit $\alpha=-\beta$, also mit $t(\alpha)=-t(\beta)$, also (weil $\gamma=0$ und damit $t(\gamma)=0$ ist) mit $D(P_\alpha, P_\beta; P_0, P_{\pi/2})=-1$.

(8.5) Wir behaupten, daß die Funktion t gleich der Kreisfunktion tan ist:

(1) $$t(\alpha)=\tan\alpha \qquad (\alpha\not\equiv\pi/2 \ (\mathrm{mod}\ \pi)).$$

Beweis. Wegen (8.1) genügt es zu zeigen, daß (1) gilt für alle α mit $0<\alpha<\pi/4$. Nach (6.2, Beispiel) gilt $H(P_\alpha, P_\beta; P_{\frac{\alpha+\beta}{2}}, P_{\frac{\alpha+\beta}{2}+\frac{\pi}{2}})$ für $0\leq\beta<\alpha<\pi/4$. Nach (8.4) ist also $D(P_\alpha, P_\beta; P_{\frac{\alpha+\beta}{2}}, P_{\frac{\alpha+\beta}{2}+\frac{\pi}{2}}) = -1$. Nach (8.3) folgt

$$\frac{t(\alpha)-t\left(\frac{\alpha+\beta}{2}\right)}{t(\beta)-t\left(\frac{\alpha+\beta}{2}\right)} : \frac{t(\alpha)-t\left(\frac{\alpha+\beta}{2}+\frac{\pi}{2}\right)}{t(\beta)-t\left(\frac{\alpha+\beta}{2}+\frac{\pi}{2}\right)} = -1.$$

Da nach (8.1) gilt $t\left(\frac{\alpha+\beta}{2}+\frac{\pi}{2}\right) t\left(\frac{\alpha+\beta}{2}\right) = -1$, folgt

(2) $$(t(\alpha)+t(\beta))\left(1-t^2\left(\frac{\alpha+\beta}{2}\right)\right) - 2(1-t(\alpha)\,t(\beta))\,t\left(\frac{\alpha+\beta}{2}\right) = 0.$$

Also ist

$$t\left(\frac{\alpha+\beta}{2}\right) = \frac{1}{t(\alpha)+t(\beta)}\left(t(\alpha)\,t(\beta)-1 \pm \sqrt{(t(\alpha)+t(\beta))^2+(1-t(\alpha)\,t(\beta))^2}\right).$$

Da aus $\frac{\alpha+\beta}{2} > 0$ folgt $t\left(\frac{\alpha+\beta}{2}\right) > 0$, gilt in der vorstehenden Gleichung das Zeichen $+$. Folglich ist

(3) $$t\left(\frac{\alpha+\beta}{2}\right) = \frac{1}{t(\alpha)+t(\beta)}\left(t(\alpha)\,t(\beta)-1 + \sqrt{(t(\alpha)+t(\beta))^2+(1-t(\alpha)\,t(\beta))^2}\right).$$

Im Falle $0=\beta$ ergibt sich aus (3) wegen $t(0)=0$

(4) $$t\left(\frac{\alpha}{2}\right) = \frac{1}{t(\alpha)}\left(-1+\sqrt{t^2(\alpha)+1}\right).$$

Andererseits folgt aus dem Additionstheorem der Kreisfunktion tan, daß die aus den Gleichungen (3), (4) durch Einsetzen von tan an Stelle von t sich ergebenden Gleichungen (3′), (4′) ebenfalls richtig sind.

Nach (8.1) ist $t(\pi/4) = 1 = \tan \pi/4$. Hieraus folgt wegen (4) und (4′) sukzessive für $n = 3, 4, \ldots$, daß $t(\pi/2^n) = \tan \pi/2^n$ ist. Hieraus folgt wegen (3) und (3′), daß $t(r\pi) = \tan(r\pi)$ ist für alle dyadisch rationalen r mit $0 < r < 1/4$. Sei weiter s beliebig reell mit $0 < s < 1/4$. Für alle dyadisch rationalen r und r' mit $0 < r < s < r' < 1/4$ gilt $t(r\pi) < t(s\pi) < t(r'\pi)$ nach (8.1), also $\tan(r\pi) < t(s\pi) < \tan(r'\pi)$, folglich $t(s\pi) = \tan(s\pi)$. Also ist $t(\alpha) = \tan\alpha$ ist für alle α mit $0 < \alpha < \pi/4$, was zu zeigen war.

(8.6) Nach (8.2) und (8.5) ist für die Koordinaten x_0, x_1 eines beliebigen Punktes P_α von g:

$$x_0 = \varepsilon \cos\alpha, \qquad x_1 = \varepsilon \sin\alpha \qquad (\varepsilon = \pm 1).$$

Nach (8.3) und (8.5) ist für ein beliebiges geordnetes Quadrupel $(P_\alpha, P_\beta, P_\gamma, P_\delta)$ verschiedener Punkte von g das Doppelverhältnis

$$D(P_\alpha, P_\beta; P_\gamma, P_\delta) = \frac{\sin(\alpha-\gamma)}{\sin(\beta-\gamma)} : \frac{\sin(\alpha-\delta)}{\sin(\beta-\delta)}.$$

(8.7) Von großer Wichtigkeit ist die folgende überraschende Kennzeichnung der projektiven Abbildungen von Geraden aufeinander durch interne Daten dieser Geraden.

Satz. *Es seien g und h zwei Gerade (gleich oder verschieden). Weiter seien x_0, x_1 natürliche Koordinaten in g und y_0, y_1 natürliche Koordinaten in h. Dann gilt: Eine Abbildung Ψ: $g \to h$ ist genau dann projektiv, wenn eine (reelle) reguläre 2-2-Matrix (c_{ij}) derart existiert, daß für jeden Punkt $X=[x_0, x_1]$ von g der Punkt $Y=[y_0, y_1]$ von h mit*

$$(1) \qquad y_0 : y_1 = (c_{10}x_0 + c_{01}x_1) : (c_{10}x_0 + c_{11}x_1)$$

das Bild von X ist.

Beweis. a) Die Abbildung ψ sei projektiv. Dann existiert eine reguläre 2-2-Matrix (c_{ij}) derart, daß für die drei Punkte $X'=[1, 0]=P_0$, $X''=[2^{-1/2}, 2^{-1/2}]=P_{\pi/4}$, $X'''=[0, 1]=P_{\pi/2}$ von g die Bilder $Y'=[y_0', y_1']$, $Y''=[y_0'', y_1'']$, $Y'''=[y_0''', y_1''']$ in h durch (1) geliefert werden. Behauptet wird, daß dann auch für jeden Punkt $X=[x_0, x_1]$ von g das Bild $Y=[y_0, y_1]$ durch (1) geliefert wird. Angenommen, für zwei von $P_{\pi/2}$ verschiedene Punkte $P_{\bar\alpha}=[\bar x_0, \bar x_1]$ und $P_{\bar{\bar\alpha}}=[\bar{\bar x}_0, \bar{\bar x}_1]$ von g sei diese Behauptung richtig, also die beiden durch (1) gelieferten Punkte $[\bar y_0, \bar y_1]$ und $[\bar{\bar y}_0, \bar{\bar y}_1]$ die Bilder von $P_{\bar\alpha}$ und $P_{\bar{\bar\alpha}}$. Wir betrachten nun $P_\alpha=[x_0, x_1]$ mit $\tan\alpha=\frac{1}{2}(\tan\bar\alpha+\tan\bar{\bar\alpha})$. Das Doppelverhältnis $D(P_{\bar\alpha}, P_{\bar{\bar\alpha}}; P_\alpha, P_\pi)$ ist gleich -1 nach (8.3), (4). Wegen (8.4) und (6.4) ist also auch das Doppelverhältnis der Bildpunkte $[\bar y_0, \bar y_1]$, $[\bar{\bar y}_0, \bar{\bar y}_1]$, $[y_0, y_1]$, $[y_0''', y_1''']$ gleich -1. Hieraus folgt unter Verwendung von (8.3), (1), da für den ersten, zweiten und vierten Punkt die Gleichung (1) gilt, daß sie auch für den dritten gilt (bis auf den Faktor ± 1). Also gilt die Behauptung auch für den Punkt P_α. – Da die Behauptung richtig ist für die Punkte P_0 und $P_{\pi/4}$, so folgt, daß sie auch richtig ist für alle Punkte P_α von g mit: $\tan\alpha$ dyadisch rational, $0 \leq \tan\alpha \leq 1$. – Analog zeigt man, daß, wenn für einen von $P_{\pi/2}$ verschiedenen Punkt $P_{\bar\alpha}$ von g die Behauptung gilt, sie auch gilt für den Punkt P_α mit $\tan\alpha=2\tan\bar\alpha$ und ebenso für den Punkt $P_{-\bar\alpha}$ (man verwende dabei die Quadrupel $(P_0, P_\alpha, P_{\bar\alpha}, P_{\pi/2})$ und $(P_{-\bar\alpha}, P_{\bar\alpha}, P_0, P_{\pi/2})$. Aus dem bereits gewonnenen Ergebnis folgt dann, daß die Behauptung richtig ist für alle Punkte P_α von g mit dyadisch rationalem $\tan\alpha$. – Dann aber gilt sie, weil ψ als projektive Abbildung die Strecken von g auf die Strecken von h abbildet, also stetig ist, für alle Punkte von g. – b) Sei eine reguläre 2-2-Matrix (c_{ij}) gegeben und es sei ψ die durch

(1) definierte Abbildung von g auf h. Zu zeigen ist, daß ψ projektiv ist. Nun sei $\varphi: g \to h$ die projektive Abbildung, welche die obigen Punkte X', X'' und X''' auf diejenigen Punkte von h abbildet, deren Koordinaten proportional sind zu c_{00}, c_{10} bzw. $c_{00}+c_{01}, c_{10}+c_{11}$ bzw. c_{01}, c_{11}. Nach a) gilt: ist $[x_0, x_1]$ ein beliebiger Punkt von g, so ist der Punkt $[y_0, y_1]$ mit (1) sein φ-Bild. Also ist $\psi=\varphi$, also ψ projektiv.

(8.8) **Satz.** *Es sei $\psi: g \to h$ eine projektive Abbildung einer Geraden g auf eine Gerade h. Weiter seien X^i $(i=1, \ldots, 4)$ vier beliebige verschiedene Punkte von g und Y^i ihre Bilder in h. Dann ist $D(X^1, X^2; X^3, X^4)=D(Y^1, Y^2; Y^3, Y^4)$.*

Beweis. Wir verwenden die Bezeichnungen von (8.7). – Es sei $X^i=[x_0^i, x_1^i]$ und $Y^i=[y_0^i, y_1^i]$. Nach (8.7) ist $y_0^i=c^i(c_{00}x_0^i+c_{01}x_1^i)$, $y_1^i=c^i(c_{10}x_0^i+c_{11}x_1^i)$ mit $c^i \neq 0$. Es folgt

$$\begin{vmatrix} y_0^i y_1^i \\ y_0^j y_1^j \end{vmatrix} = c^i c^j \begin{vmatrix} c_{00} c_{01} \\ c_{10} c_{11} \end{vmatrix} \begin{vmatrix} x_0^i x_1^i \\ x_0^j x_1^j \end{vmatrix}$$

und hieraus die Behauptung.

§ 9. Koordinaten in der Ebene

(9.1) Ein Koordinatensystem $\rho: \mathfrak{D} \to \mathfrak{E}$ der elliptischen Ebene $\mathfrak{E}$ (vgl. Kap. II, (11.1) und (11.3)) heiße *kanonisch*, wenn es folgende Bedingungen erfüllt: 1) $\mathfrak{D}$ ist die Sphäre $S^2 := \{(x_0, x_1, x_2): x_0^2+x_1^2+x_2^2=1\}$ im $x_0x_1x_2$-Raum $\mathbb{R}^3$; 2) jeder Punkt P von $\mathfrak{E}$ hat in S^2 genau zwei Koordinatentripel; ist (x_0, x_1, x_2) das eine, so ist $(-x_0, -x_1, -x_2)$ das andere; wir schreiben dann $P=[x_0, x_1, x_2]=[-x_0, -x_1, -x_2]$; 3) ρ ist homogen; 4) die drei Achsen $e^i := \{[x_0, x_1, x_2]: x_i=0\}$ $(i=0, 1, 2)$ sind paarweise orthogonal.

Wir beweisen in (9.2) und (9.3) die *Existenz kanonischer Koordinatensysteme*, und zwar führen wir in (9.2) die Konstruktion eines Koordinatensystems ρ mit den Eigenschaften 1), 2) und 4) durch und beweisen dann in (9.3), daß auch 3) gilt.

(9.2) Es seien e^0, e^1, e^2 drei Gerade, die paarweise orthogonal sind. Es sei E^i $(i=0, 1, 2)$ der Schnittpunkt von e^j und e^k $(j \neq i \neq k)$ und $\Delta = \Delta\, E^0 E^1 E^2$ eines der vier (Polar-) Dreiecke mit den Ecken E^i. Wir parametrisieren jede Gerade e^i, und zwar so, daß bezüglich der zugehörigen natürlichen Koordinaten in e^i (vgl. (8.2) und (8.5)) gilt: für die Punkte E^j und E^k $(j \neq i \neq k; j<k)$ ist $E^j=[1, 0]$ und $E^k=[0, 1]$; für den Mittelpunkt M^i der Seite $|E^j E^k|$ des Dreiecks Δ ist $M^i=[2^{-1/2}, 2^{-1/2}]$.

I. Ist $P \in e^0$ und sind u_1, u_2 die Koordinaten von P in e^0, so definieren wir: $x_0 = 0, x_1 = u_1, x_2 = u_2$; ist $P \in e^1$ und sind v_0, v_2 die Koordinaten von P in e^1, so sei: $x_0 = v_0, x_1 = 0, x_2 = v_2$; ist $P \in e^2$ und sind w_0, w_1 die Koordinaten von P in e^2, so sei: $x_0 = w_0$, $x_1 = w_1$, $x_2 = 0$. Speziell also: $E^0 = [1, 0, 0]$; $E^1 = [0, 1, 0]$; $E^2 = [0, 0, 1]$.

Jetzt sei $P \notin e^i$ für jedes $i = 0, 1, 2$. Es sei P^i der Schnittpunkt von e^i mit der Geraden PE^i; der Punkt P_0 habe in e^0 die Koordinaten u_1, u_2; P^1 in e^1 die Koordinaten v_0, v_2; P^2 in e^2 die Koordinaten w_0, w_1.

Wir betrachten zunächst den Fall, daß P vom Mittelpunkt M von $\triangle$ verschieden ist und daß die Gerade PM durch keinen Punkt E^i geht. Es sei Q^i der Schnittpunkt von e^i mit PM. Nun gilt

$$E^1 E^0 P^2 M^2 \overset{E^2}{\barwedge} Q^0 Q^1 P M \overset{E^0}{\barwedge} Q^0 E^2 P^0 M^0; \; E^0 E^2 P^1 M^1 \overset{E^1}{\barwedge} Q^2 Q^0 P M \overset{E^0}{\barwedge} E^1 Q^0 P^0 M^0,$$

nach (8.8) also

$$D(E^1, E^0; P^2, M^2) = D(Q^0, E^2; P^0, M^0); D(E^0, E^2; P^1, M^1) = D(E^1, Q^0; P^0, M^0).$$

Weiter ist

$$D(Q^0, E^2; P^0, M^0) \cdot D(E^2, E^1; P^0, M^0) \cdot D(E^1, Q^0; P^0, M^0) = 1,$$

wie sich durch Ausrechnen nach (8.3), (1.1) der drei Doppelverhältnisse mittels der Koordinaten in e^0 ergibt. Also ist

$$D(E^1, E^0; P^2, M^2) \cdot D(E^2, E^1; P^0, M^0) \cdot D(E^0, E^2; P^1, M^1) = 1$$

und daher

$$(*) \qquad \frac{w_0}{w_1} \cdot \frac{u_1}{u_2} \cdot \frac{v_2}{v_0} = 1.$$

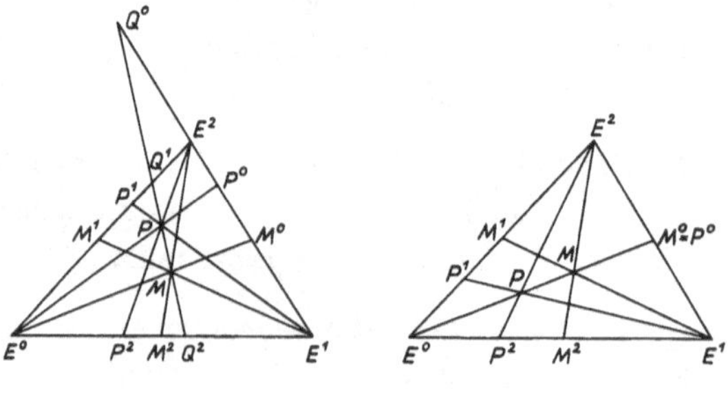

Nun betrachten wir den Fall, daß $P \neq M$ ist, aber PM durch eine Ecke E^i geht, etwa durch E^0. Dann ist $D(E^1, E^0; P^2, M^2) = D(E^2, E^0; P^1, M^1)$, also $w_0 : w_1 = v_0 : v_2$, wegen $u_1 : u_2 = 1 : 1$ also wieder $(*)$.

Ist schließlich $P = M$, so ist $w_0 = w_1 = u_1 = u_2 = v_2 = v_0 = 2^{-1/2}$, also abermals $(*)$.

Aus (*) folgt die Existenz eines bis auf den Proportionalitätsfaktor $\varepsilon = \pm 1$ eindeutig bestimmten Zahlentripels x_0, x_1, x_2 mit

$$x_0 : x_1 = w_0 : w_1;\ x_1 : x_2 = u_1 : u_2;\ x_2 : x_0 = v_2 : v_0;\ x_0^2 + x_1^2 + x_2^2 = 1.$$

II. Wir behaupten, daß zu jedem Tripel x_0, x_1, x_2 mit $x_0^2 + x_1^2 + x_2^2 = 1$ genau ein Punkt P existiert mit $P = [x_0, x_1, x_2]$. – Existenz. Ist mindestens ein $x_i = 0$ etwa $x_0 = 0$, so sei P der Punkt von e^0, dessen Koordinaten in e^0 gleich x_1, x_2 sind. Dann ist $P = [x_0, x_1, x_2]$. Nun seien alle $x_i \neq 0$. Dann sei P^1 der Punkt von e^1, dessen Koordinaten in e^1 proportional zu x_0, x_2 sind, und P^2 der Punkt von e^2, dessen Koordinaten in e^2 proportional zu x_0, x_1 sind. Weiter sei P der Schnittpunkt von $P^1 E^1$ und $P^2 E^2$. Für die Koordinaten x'_0, x'_1, x'_2 von P gilt dann $x'_0 : x'_1 = x_0 : x_1$ und $x'_2 : x'_0 = x_2 : x_0$. Dann ist auch $x'_1 : x'_2 = x_1 : x_2$. Also ist $P = [x_0, x_1, x_2]$. – Die Eindeutigkeit von P folgt aus I.

Das Dreieck $\Delta = \Delta\, E^0 E^1 E^2$ heißt das *Fundamentaldreieck* des Koordinatensystems, die Ecken $E^0 = [1, 0, 0]$, $E^1 = [0, 1, 0]$, $E^2 = [0, 0, 1]$ heißen seine *Fundamentalpunkte*, der Mittelpunkt $M = [3^{-1/2}, 3^{-1/2}, 3^{-1/2}]$ von Δ sein *Einheitspunkt*. Die Verbindungsgeraden der Fundamentalpunkte sind die *Achsen* e^i.

(9.3) Wir behaupten weiter:

III. Zu jeder Geraden g existiert ein bis auf den Proportionalitätsfaktor $\varepsilon = \pm 1$ eindeutig bestimmtes reelles Zahlentripel

(1) $$\xi_0, \xi_1, \xi_2, \text{ mit } \xi_0^2 + \xi_1^2 + \xi_2^2 = 1$$

derart, daß die Gerade g aus allen Punkten $P = [x_0, x_1, x_2]$ besteht, die der Gleichung

(2) $$\xi_0 x_0 + \xi_1 x_1 + \xi_2 x_2 = 0$$

genügen. Wir nennen sie die *Gleichung* der Geraden g. Wir bezeichnen die ξ_i als die *Linienkoordinaten* von g und schreiben $g = [\xi_0, \xi_1, \xi_2]$.

Daß die ξ_i durch g bis auf einen Faktor ± 1 eindeutig bestimmt sind, folgt daraus, daß, wenn x'_0, x'_1, x'_2 und x''_0, x''_1, x''_2 zwei nicht proportionale, der Gleichung (2) genügende Zahlentripel sind, gilt

(3) $$\xi_0 : \xi_1 : \xi_2 = \begin{vmatrix} x'_1 & x'_2 \\ x''_1 & x''_2 \end{vmatrix} : \begin{vmatrix} x'_2 & x'_0 \\ x''_2 & x''_0 \end{vmatrix} : \begin{vmatrix} x'_0 & x'_1 \\ x''_0 & x''_1 \end{vmatrix}.$$

Nun wollen wir für jede Gerade g die Existenz eines Tripels (1) mit $g = [\xi_0, \xi_1, \xi_2]$ beweisen.

a) Ist $g = e^i$, so genügen alle Punkte $[x_0, x_1, x_2]$ von g nach (9.2) der Gleichung $x_i = 0$.

b) Sei $g \neq e^0, e^1, e^2$; g gehe aber durch ein E^i, etwa durch E^0. Der Schnittpunkt P^0 von g mit e^0 habe die Koordinaten $0, x_1^0, x_2^0$. Nach (9.1) gilt dann für jeden Punkt P von g: $u_1 = x_1^0$, $u_2 = x_2^0$, also $x_1 : x_2 = x_1^0 : x_2^0$, daher $x_2^0 x_1 - x_1^0 x_2 = 0$. Für den Punkt E^0 ist $x_1 = 0 = x_2$, also ebenfalls $x_2^0 x_1 - x_1^0 x_2 = 0$.

c) Nun gehe g durch keinen Punkt E^i. Es sei P_0 der Schnittpunkt von g und e^0. Wir parametrisieren g und bezeichnen die zugehörigen Koordinaten mit t_0, t_1. Nun sei $\psi : e^1 \to g$ die Perspektivität von e^1 auf g mit dem Zentrum E^1, $\chi : e^2 \to g$ die Perspektivität von e^2 auf g mit dem Zentrum E^2. Nach (8.7) werden diese Perspektivitäten durch Gleichungen

$$t_0 : t_1 = (d_{00} x_0 + d_{01} x_2) : (d_{10} x_0 + d_{11} x_2)$$

$$t_0 : t_1 = (c_{00} x_0 + c_{01} x_1) : (c_{10} x_0 + c_{11} x_1)$$

mit regulären Matrizen (d_{ij}) und (c_{ij}) geliefert. Hierbei ist $c_{01} d_{11} - c_{11} d_{01} = 0$, weil die Punkte E^1 und E^2 auf denselben Punkt von e^0 (nämlich den Schnittpunkt von g und e^0) abgebildet werden. Es sei nun $P = [t_0, t_1]$ ein beliebiger Punkt von g, nicht auf e^0. Für sein ψ-Urbild $[x_0^1, x_1^1]$ in e^1 und sein χ-Urbild $[x_0^2, x_2^2]$ in e^2 ist dann

$$(c_{00} x_0^1 + c_{01} x_1^1)(d_{10} x_0^2 + d_{11} x_2^2) = (c_{10} x_0^1 + c_{11} x_1^1)(d_{00} x_0^2 + d_{01} x_2^2).$$

Wegen $P \notin e^0$ ist $x_0^1 \neq 0 \neq x_0^2$. Für die Koordinaten x_0, x_1, x_2 von P gilt daher $x_0 : x_1 = x_0^1 : x_1^1$, $x_2 : x_0 = x_2^2 : x_0^2$, $x_0 \neq 0$ nach (9.2). Also folgt

$$(c_{00} x_0 + c_{01} x_1)(d_{10} x_0 + d_{11} x_2) = (c_{10} x_0 + c_{11} x_1)(d_{00} x_0 + d_{01} x_2)$$

und hieraus die Gleichung

$$(c_{00} d_{10} - c_{10} d_{00}) x_0 + (c_{01} d_{10} - c_{11} d_{00}) x_1 + (c_{00} d_{11} - c_{10} d_{01}) x_2 = 0.$$

Wäre $c_{00} d_{10} - d_{10} d_{00} = 0 = c_{00} d_{11} - c_{10} d_{01}$, so würde, weil die Matrix (d_{ij}) regulär ist, gelten $c_{00} = 0 = c_{10}$, im Widerspruch dazu, daß die Matrix (c_{ij}) regulär ist. Die vorstehende Gleichung liefert also die Gleichung (2). Ihr genügen alle Punkte $P = [x_0, x_1, x_2]$ von g, zunächst eventuell mit Ausnahme des Schnittpunktes von g mit e^0.

Nun sind aber die Koeffizienten von (2) wegen (3) bis auf einen Proportionalitätsfaktor $\varepsilon = \pm 1$ eindeutig bestimmt durch zwei beliebige Punkte $[x_0', x_1', x_2']$ und $[x_0'', x_1'', x_2'']$ von g, die wir nicht auf e^0, e^1, e^2 wählen. Wir kommen also zur selben Gleichung (2), wenn wir die obige Perspektivität ψ ersetzen durch die Perspektivität $\varphi : e^0 \to g$ mit dem Zentrum E^0. Dann ergibt sich analog, daß alle Punkte (eventuell mit Ausnahme des Schnittpunktes von g mit e^1) der Gleichung (2) genügen. Insbesondere genügt daher auch der Schnittpunkt von g mit e^0 der Gleichung (2).

Damit ist gezeigt: Ist g eine beliebige Gerade, so existiert ein Tripel (1) derart, daß für alle Punkte von g die Gleichung (2) gilt (das Tripel (1) wird durch zwei beliebige Punkte von g geliefert mittels (3)). Es ist daher noch zu beweisen: jeder Punkt, der der Gleichung (2) genügt, liegt auf g. Angenommen, es existiert ein Punkt $P'=[x'_0, x'_1, x'_2]$ mit (2), nicht auf g. Dann sei $P=[x_0, x_1, x_2]$ ein beliebiger Punkt $\neq P'$. Die Verbindungsgerade m von P' schneidet g in einem Punkt $P''=[x''_0, x''_1, x''_2]$. Nach dem Bewiesenen gilt (2) für alle Punkte von m, insbesondere also für P. Da P beliebig $\neq P'$ ist, gilt (2) also für jeden Punkt der Ebene. Insbesondere gilt somit (2) für die Punkte E^0, E^1, E^2. Hieraus aber folgt $\xi_0=\xi_1=\xi_2=0$, was falsch ist.

IV. Schließlich ist noch zu zeigen, daß zu jedem Tripel (1) genau eine Gerade g mit $g=[\xi_0, \xi_1, \xi_2]$ existiert. Es liege also ein Tripel (1) vor. Dann seien x'_0, x'_1, x'_2 und x''_0, x''_1, x''_2 zwei unabhängige Lösungen von (2) mit $x'^2_0+x'^2_1+x'^2_2=1=x''^2_0+x''^2_1+x''^2_2$. Es gilt (3). Nun sei g die Gerade durch die Punkte $P'=[x'_0, x'_1, x'_2]$ und $P''=[x''_0, x''_1, x''_2]$. Nach III. existiert ein Tripel $\bar{\xi}_0, \bar{\xi}_1, \bar{\xi}_2$ mit $g=[\bar{\xi}_0, \bar{\xi}_1, \bar{\xi}_2]$. Für die $\bar{\xi}_1$ gilt ebenfalls (3). Also ist $\bar{\xi}_0:\bar{\xi}_1:\bar{\xi}_2=\xi_0:\xi_1:\xi_2$ und daher $g=[\xi_0, \xi_1, \xi_2]$. – Ist $\bar{g}=[\xi_0, \xi_1, \xi_2]$, so ist $\bar{g}=g$, weil g nach III. aus allen Punkten $[x_0, x_1, x_2]$ mit (2) besteht.
Damit ist endlich bewiesen, daß kanonische Koordinatensysteme existieren (und zwar zu jedem Polardreieck $\Delta=\Delta\, E^0 E^1 E^2$ genau eines derart, daß die Geraden $E^1 E^2$, $E^2 E^0$ und $E^0 E^1$ die Achsen sind und für den Mittelpunkt $M=[x_0, x_1, x_2]$ von Δ gilt $x_0:x_1:x_2=1:1:1$).[6]

(9.4) Wir bezeichnen mit $\mathfrak{O}^+$ die multiplikative Gruppe aller reellen, orthogonalen (3-3)-Matrizen $(a_{ij})_{i,j=0,1,2}$ mit $\det(a_{ij})=+1$.
Nun liege noch ein zweites kanonisches Koordinatensystem $\bar{\rho}:S^2\to\mathfrak{E}$ vor. Die Koordinaten dieses Systems seien mit $\bar{x}_0, \bar{x}_1, \bar{x}_2$ bezeichnet; die zugehörigen (paarweise orthogonalen) Achsen, Fundamentalpunkte und der Einheitspunkt seien $\bar{e}^0, \bar{e}^1, \bar{e}^2$; $\bar{E}^0, \bar{E}^1, \bar{E}^2$; $\bar{M}$. Wir behaupten folgenden

Satz. *Es existiert in* $\mathfrak{O}^+$ *genau eine Matrix* (a_{ij}) *derart, daß für die bijektive Abbildung* $\tau:S^2\to S^2$, *definiert durch*

(1) $$\bar{x}_i=a_{i0}x_0+a_{i1}x_1+a_{i2}x_2 \qquad (i=0, 1, 2),$$

gilt:

(2) $$\rho=\bar{\rho}\tau.$$

[6] In der elliptischen Ebene $\mathfrak{E}$ seien kanonische Koordinaten gegeben. Nun sei $\mathbb{P}^2$ die reelle projektive Ebene. Wir ordnen jedem Punkt $[x_0, x_1, x_2]$ von $\mathfrak{E}$ den Punkt (x_0, x_1, x_2) von $\mathbb{P}^2$ zu. Diese Abbildung $\psi:\mathfrak{E}\to\mathbb{P}^2$ ist eine Bijektion, bei welcher wegen (9.2) die Geraden von $\mathfrak{E}$ auf die Geraden von $\mathbb{P}^2$ abgebildet werden. Also hat die elliptische Ebene $\mathfrak{E}$ hinsichtlich der Inzidenzen von Punkten und Geraden die Struktur der reellen projektiven Ebene $\mathbb{P}^2$ (ein Ergebnis, das nach § 3–6 nicht überrascht).

Kurz: die Transformation der Koordinaten x_i in die Koordinaten $\bar{x}_i$ ist linear orthogonal mit det $= +1$.

Beweis A. Zunächst die Eindeutigkeit. Es seien (a_{ij}) und (a^*_{ij}) Matrizen aus $\mathfrak{O}^+$ mit (1) und (2). Für jedes $i=0, 1, 2$ hat $\bar{e}^i$ im zweiten Koordinatensystem die Gleichung $\bar{x}_i=0$, wegen (1) also im ersten System die Gleichungen $\Sigma a_{ij}x_j=0$ und $\Sigma a^*_{ij}x_j=0$. Daher existiert für jedes i ein reelles σ_i mit $a_{ij}=\sigma_i a^*_{ij}$ $(j=0, 1, 2)$. Aus $\det(a_{ij})=1=\det(a^*_{ij})$ folgt $\sigma_0\sigma_1\sigma_2=1$. Für den Einheitspunkt $\overline{M}=[\bar{x}, \bar{x}_1, \bar{x}_2]$ ist $\bar{x}_0:\bar{x}_1:\bar{x}_2=1:1:1$, also $(\Sigma a_{ij}x_j):(\Sigma a_{kj}x_j)=(\Sigma a^*_{ij}x_j):(\Sigma a^*_{kj}x_j)$ für $i, k=0, 1, 2$. Hieraus folgt $\sigma_i=\sigma_k$. Daher ist $\sigma_0=\sigma_1=\sigma_2$.

Nun zur Existenz (**B**–**D**).[7]

B. Jede Gerade $\bar{e}^i$ $(i=0, 1, 2)$ hat im ersten Koordinatensystem eine Gleichung $\Sigma\eta_{ij}x_j=0$. Wir definieren Hilfskoordinaten y_0, y_1, y_2 durch die Gleichungen $y_i=\rho_i\Sigma\eta_{ij}x_j$. Dabei wählen wir die reellen Konstanten $\rho_i\neq 0$ so, daß für den Punkt $\overline{M}$ gilt $y_0:y_1:y_2=1:1:1$. Wir setzen $\rho_i\eta_{ij}=:b_{ij}$. Dann ist $B:=\det(b_{ij})\neq$ $y_i=\Sigma b_{ij}x_j$. Wir betrachten für jeden Punkt $P\in\mathfrak{E}\setminus\bar{e}^0$ die Quotienten $y'_i:=y_i/y_0$ und $\bar{x}'_1:=\bar{x}_i/\bar{x}_0$ $(i=1, 2)$. Durchläuft P die Achse $\bar{e}^i$, so durchläuft $\bar{x}'_i$ die Zahlengerade $\mathbb{R}$; dasselbe gilt für y'_i. Es ist also für jeden Punkt $P\in\bar{e}^i, \notin\bar{e}^0$

$$(3) \qquad y'_i=f_i(\bar{x}'_i) \quad (i=1, 2)$$

dabei ist f_i eine Bijektion $\mathbb{R}$ auf sich. – Auf jeder Geraden durch $\bar{E}^k$ $(0\neq k\neq i)$ ist $\bar{x}'_i$ konstant. Dasselbe gilt für y'_i; denn $\bar{E}^k$ liegt auf $\bar{e}^0$ und $\bar{e}^i$; für $\bar{E}^k$ gilt also $y_0=0=y_i$; die Gerade durch $\bar{E}^k$ hat daher eine Gleichung $c_0y_0+c_iy_i=0$. Folglich gilt (1) für jeden Punkt $P\in\mathfrak{E}\setminus\bar{e}^0$. – Weiter ist $\bar{x}'_1=\bar{x}'_2$ genau dann, wenn $\bar{x}_1=\bar{x}_2$ ist, also genau dann, wenn P auf $\overline{E^0 M}$ liegt. Nach der Wahl der ρ_i ist analog $y'_1=y'_2$ genau dann, wenn P auf $\overline{E^0 M}$ liegt. Also ist $\bar{x}'_1=\bar{x}'_2$ genau dann, wenn $y'_1=y'_2$ ist. Folglich ist $f_1=f_2=:f$. Daher haben wir statt (1) schärfer für jeden Punkt $P\in\mathfrak{E}\setminus\bar{e}^0$

$$(4) \qquad y'_1=f(\bar{x}'_i) \quad (i=1, 2);$$

dabei ist f eine Bijektion von $\mathbb{R}$ auf sich.

Wir behaupten: $f=id_{\mathbb{R}}$. – Es sei g eine Gerade, nicht durch $\bar{E}^2$. Sie hat in den Koordinaten $\bar{x}_j$ eine Gleichung $\Sigma b_j\bar{x}_j=0$; daß g nicht durch $\bar{E}^2$ geht, ist gleichbedeutend mit $b_2\neq 0$. Setzen wir $b_0/b_2=:\lambda_0$ und $b_1/b_2=:\lambda_1$, so hat die um den Punkt $g\bar{e}^0$ verminderte Gerade g die Gleichung $\bar{x}'_2=\lambda_1\bar{x}'_1+\lambda_0$. Analog hat sie in den Koordinaten y_i eine Gleichung $y'_2=\mu_1y'_1+\mu_0$. – Es folgt $f(\lambda_1\bar{x}'_1+\lambda_0)=$

[7] Der folgende Beweis ist weitgehend eine Nachbildung des Beweises für den Satz, daß jede bijektive Abbildung einer projektiven Ebene auf sich, welche Gerade auf Gerade abbildet (Kollineation), durch ein lineares Gleichungssystem (1) mit regulärer Matrix (a_{ij}) beschrieben wird. (Vgl. z.B. G. Pickert: Analytische Geometrie. Leipzig 1953, S. 259 ff.)

$f(\bar{x}_2') = y_2' = \mu_1 f(\bar{x}_1') + \mu_0$ für jeden Punkt $\notin \bar{e}^0$ von g. – Für den Schnittpunkt von g mit $\bar{e}^1$ ist $\bar{x}_1 = 0 = y_1$, also $\bar{x}_1' = 0 = y_1'$. Folglich ist $f(\lambda_0) = \mu_0$. – Zwei Gerade g und $\hat{g}$ (nicht durch $\bar{E}^2$) schneiden sich auf $\bar{e}^0$ genau dann, wenn $\lambda_1 = \hat{\lambda}_1$ ist und ebenso genau dann, wenn $\mu_1 = \hat{\mu}_1$ ist. Folglich ist $\lambda_1 = \hat{\lambda}_1$ genau dann, wenn $\mu_1 = \hat{\mu}_1$ ist. Daher hängt μ_1 nur von λ_1, nicht aber von λ_0 ab. Für jede Gerade g durch $\bar{E}^0$ (nicht durch $\bar{E}^2$) ist $\lambda_0 = 0 = \mu_0$. Für jeden Punkt $\notin \bar{e}^0$ einer solchen Geraden ist daher $f(\lambda_1 \bar{x}_1') = \mu_1 f(\bar{x}_1')$. Der Punkt $\bar{x}_1' = 1$ der Geraden liefert somit $f(\lambda_1) = \mu_1$. – Für jeden Punkt $\notin \bar{e}^0$ jeder Geraden g, nicht durch $\bar{E}^2$, ist also $f(\lambda_1 \bar{x}_1' + \lambda_0) = f(\lambda_1) f(\bar{x}_1') + f(\lambda_0)$. – Nun seien a, b zwei beliebige reelle Zahlen. Dann liefert der Punkt $\bar{x}_1' = 1$ der Geraden $\bar{x}_2' = a\bar{x}_1' + b$ die Gleichung $f(a+b) = f(a) + f(b)$ und der Punkt $\bar{x}_1 = b$ der Geraden $\bar{x}_2' = a\bar{x}_1'$ die Gleichung $f(ab) = f(a) f(b)$. Hieraus und der Tatsache, daß f eine Bijektion von $\mathbb{R}$ auf sich ist, folgt $f = id_{\mathbb{R}}$.

Für jeden Punkt P von $\mathfrak{E} \backslash \bar{e}^0$ ist also $y_i / y_0 = \bar{x}_i / \bar{x}_0$ nach (4), folglich

$$\bar{x}_0 : \bar{x}_1 : \bar{x}_2 = (\Sigma b_{0j} x_j) : (\Sigma b_{1j} x_j) : (\Sigma b_{2j} x_j). \tag{5}$$

Nun sei P_0 ein Punkt $\neq \bar{E}^2$ von $\bar{e}^0$. Wir legen eine Gerade $g \neq \bar{e}^0$ durch P_0 und $\bar{E}^0$. Auf $g \backslash \bar{E}^0$ ist sowohl $\bar{x}_1 / \bar{x}_2$ als auch y_1 / y_2 konstant; nach (5) ist andererseits $\bar{x}_1 / \bar{x}_2 = = y_1 / y_2$ für jeden Punkt $P \neq \bar{E}^0, P_0$ von g. Also gilt diese Gleichung und damit auch (5) für P_0. – Daß schließlich (5) auch für $\bar{E}^2$ gilt, ist trivial. – Folglich gilt (5) für alle Punkte P von $\mathfrak{E}$.

C. Wir definieren $a_{ij} := B^{-1/3} b_{ij}$. Dann ist $\det(a_{ij}) = 1$ und statt (5) können wir schreiben

$$\bar{x}_i = \rho(P) \cdot \Sigma a_{ij} x_j \qquad (i = 0, 1, 2) \tag{6}$$

mit $\rho(P) > 0$.

D. Wir betrachten nun folgenden Spezialfall: $e^2 = \bar{e}^2$. Dann ist auch $E^2 = \bar{E}^2$, da E^2 der Pol von e^2 und $\bar{E}^2$ der Pol von $\bar{e}^2$ ist. Aus $e^2 = \bar{e}^2$ folgt $a_{20} = a_{21} = 0$. Aus $E^2 = \bar{E}^2$ folgt $a_{02} = a_{12} = 0$. Die Koordinaten x_0, x_1 in e^2 gehören zu einer Parametrisierung von e^2. Der Parameter heiße α. Der Punkt $\bar{E}^0$ habe den Parameterwert α^0. Die Koordinaten $\bar{x}_0, \bar{x}_1$ von $\bar{e}^2 = e^2$ gehören dann zu einer der beiden Parametrisierungen von $\bar{e}^2$, deren Parameter $\bar{\alpha} = \varepsilon\alpha - \varepsilon\alpha^0$ $(\varepsilon = \pm 1)$ sind. Es folgt $\bar{x}_0 = \cos\alpha^0 \cdot x_0 + \varepsilon \sin\alpha^0 \cdot x_1$, $\bar{x}_1 = -\varepsilon \sin\alpha^0 \cdot x_0 + \cos\alpha^0 \cdot x_1$. Daher lauten die Gleichungen (6) für jeden Punkt P der Ebene jetzt so:

$$\bar{x}_0 = \cos\alpha^0 \cdot x_0 + \varepsilon \sin\alpha^0 \cdot x_1, \quad \bar{x}_1 = -\varepsilon \sin\alpha^0 \cdot x_0 + \cos\alpha^0 \cdot x_1, \quad \bar{x}_2 = x_2.$$

Nun liege der allgemeine Fall vor. Es sei $\bar{\bar{E}}^0$ gemeinsamer Punkt von e^2 und $\bar{e}^2$; sei $\bar{\bar{E}}^1$ der zu $\bar{\bar{E}}^0$ polare Punkt auf e^2. Sind nun $\bar{\bar{x}}_0, \bar{\bar{x}}_1, \bar{\bar{x}}_2$ die Koordinaten eines der vier[8] Koordinatensysteme mit den Fundamentalpunkten $\bar{\bar{E}}^0$, $\bar{\bar{E}}^1$, $\bar{\bar{E}}^2 = E^2$

[8] Vgl. (9.3)

(dann ist auch $\bar{\bar{e}}^2 = e^2$), so ist nach dem Spezialfall die Transformation der Koordinaten x_0, x_1, x_2 in die Koordinaten $\bar{\bar{x}}_0, \bar{\bar{x}}_1, \bar{\bar{x}}_2$ linear orthogonal (mit Determinante $=1$) Also genügt es zu beweisen, daß die Transformation der Koordinaten $\bar{\bar{x}}_0, \bar{\bar{x}}_1, \bar{\bar{x}}_2$ in die Koordinaten $\bar{x}_0, \bar{x}_1, \bar{x}_2$ linear orthogonal (mit Determinante $=1$) ist. Analog können wir das System der Koordinaten $\bar{x}_0, \bar{x}_1, \bar{x}_2$ ersetzen durch ein Koordinatensystem mit $\bar{e}^2$ als einer Achse und $\bar{\bar{E}}^0$ als einem Fundamentalpunkt. Damit ist der allgemeine Fall zurückgeführt auf den Fall, daß $E^0 = \bar{E}^0$ ist. Dann ist aber auch $e^0 = \bar{e}^0$. Es liegt also jetzt wieder der Spezialfall vor. Damit ist der Satz bewiesen.

Aufgabe.
Man zeige mittels des bewiesenen Satzes, daß sich die Linienkoordinaten folgendermaßen transformieren: $\xi_i = a_{i0}\xi_0 + a_{i1}\xi_1 + a_{i2}\xi_2$ $(i=0, 1, 2)$.

(9.5) Nach (9.3) ist ein Koordinatensystem durch die Fundamentalpunkte E^0, E^1, E^2 noch nicht bestimmt, sondern erst durch eines der vier Dreiecke mit den Ecken E^0, E^1, E^2. Es gibt also zu einem geordneten Tripel (E^0, E^1, E^2) paarweise polarer Punkte genau vier Koordinatensysteme mit den Fundamentalpunkten E^0, E^1, E^2. Aus (9.4), C folgt nun, daß sich aus einem von ihnen die drei anderen ergeben durch die drei Transformationen mit folgenden Gleichungen:

1) $\bar{x}_0 = x_0, \quad \bar{x}_1 = -x_1, \quad \bar{x}_2 = -x_2;$

2) $\bar{x}_0 = -x_0, \quad \bar{x}_1 = x_1, \quad \bar{x}_2 = -x_2;$

3) $\bar{x}_0 = -x_0, \quad \bar{x}_1 = -x_1, \quad \bar{x}_2 = x_2.$

Aufgabe.
Man beweise die folgende Umkehrung des Satzes in (9.4). Ist $\rho: S^2 \to \mathfrak{E}$ ein kanonisches Koordinatensystem, (a_{ij}) eine Matrix aus $\mathfrak{D}^+$ und $\tau: S^2 \to S^2$ die durch (1) definierte bijektive Abbildung, so ist $\bar{\rho} := \rho\tau^{-1}$ ein kanonisches Koordinatensystem. Welches sind, in den Koordinaten des Systems ρ ausgedrückt, die Achsen $\bar{e}^i$, die Fundamentalpunkte $\bar{E}^i$ und der Einheitspunkt $\bar{M}$ von $\bar{\rho}$.

§ 10. Metrik. Eindeutigkeit der elliptischen Ebene

(10.1) Für die folgenden Untersuchungen ist es angenehm, für zwei beliebige (reelle) Zahlentripel x_0, x_1, x_2 und y_0, y_1, y_2 die folgende Abkürzung zu ververwenden:

$$x_0 y_0 + x_1 y_1 + x_2 y_2 =: \Omega_e(x, y).$$

Die hiermit definierte Bilinearform Ω_e wird sich für die Metrik der elliptischen Ebene $\mathfrak{E}$ als sehr wichtig herausstellen.

Wir geben die im folgenden zu verwendenden Eigenschaften von Ω_e an. Transformiert man die Tripel x_0, x_1, x_2 und y_0, y_1, y_2 mittels einer orthogonalen Matrix in Tripel x'_0, x'_1, x'_2 und y'_0, y'_1, y'_2, so ist $\Omega_e(x, y) = \Omega_e(x', y')$. Die Form Ω_e ist also invariant gegenüber orthogonalen Transformationen.
Ist z_0, z_1, z_2 ein drittes, ebenfalls beliebiges Zahlentripel, so ergibt sich durch direktes Ausrechnen die Gleichung

(1) $$\Omega_e(x, y)\,\Omega_e(z, z) - \Omega_e(x, z)\,\Omega_e(z, y) = \Omega_e(E, F)$$

mit

$$E_0 := \begin{vmatrix} z_1 & z_2 \\ x_1 & x_2 \end{vmatrix}, \quad E_1 := \begin{vmatrix} z_2 & z_0 \\ x_2 & x_0 \end{vmatrix}, \quad E_2 := \begin{vmatrix} z_0 & z_1 \\ x_0 & x_1 \end{vmatrix};$$

$$F_0 := \begin{vmatrix} z_1 & z_2 \\ y_1 & y_2 \end{vmatrix}, \quad F_1 := \begin{vmatrix} z_2 & z_0 \\ y_2 & y_0 \end{vmatrix}, \quad F_2 := \begin{vmatrix} z_0 & z_1 \\ y_0 & y_1 \end{vmatrix}.$$

Speziell ist also

(2) $$\Omega_e(x, x)\,\Omega_e(y, y) - \Omega_e^2(x, y) = \Omega_e(D, D)$$

mit

$$D_0 := \begin{vmatrix} x_1 & x_2 \\ y_1 & y_2 \end{vmatrix}, \quad D_1 := \begin{vmatrix} x_2 & x_0 \\ y_2 & y_0 \end{vmatrix}, \quad D_2 := \begin{vmatrix} x_0 & x_1 \\ y_0 & y_1 \end{vmatrix}.$$

Schließlich gilt nach der Schwarzschen Ungleichung

(3) Ist $\Omega_e(x, x) = 1$ und $\Omega_e(y, y) = 1$, so ist $|\Omega_e(x, y)| \leqq 1$.

(10.2) In der Ebene $\mathfrak{E}$ liege ein kanonisches Koordinatensystem vor. Es seien $P = [x_0, x_1, x_2]$ und $Q = [y_0, y_1, y_2]$ zwei verschiedene Punkte von $\mathfrak{E}$. Wir setzen $(1 + \Omega_e(x, y) \sin 2\varphi)^{-1/2} := k$. Dann ist die Gerade PQ die Menge aller Punkte $[t_0, t_1, t_2]$ mit

(1) $$t_j = k \cdot (\cos\varphi \cdot x_j + \sin\varphi \cdot y_j)$$

(dabei ist k lediglich ein Normierungsfaktor, der sicherstellt, daß $\Omega_e(t, t) = 1$ ist). Die Menge aller Punkte R mit $0 < \varphi < \pi/2$ ist eine der beiden Strecken mit den Endpunkten P und Q: wir bezeichnen sie mit $|xy|$. (Die komplementäre Strecke $|xy|^{\times}$ besteht aus allen Punkten R mit $\pi/2 < \varphi < \pi$.) Wir behaupten:

(2) $$\cos l(|xy|) = \Omega_e(x, y).$$

Zum Beweis transformieren wir das Koordinatensystem mittels einer Matrix aus $\mathfrak{O}^+$ so, daß erstens $x_0 = 1, x_1 = 0, x_2 = 0$ (insbesondere also $[x_0, x_1, x_2] = E^0$) ist, zweitens $y_2 = 0$ ist (also $|xy|$ in der Achse e^2 liegt) und drittens der Durchschnitt von $|xy|$ mit der Seite $|E^0E^1|$ des Fundamentaldreiecks den Punkt E^0 als Endpunkt hat. Schreiben wir $y_0=\cos\alpha$, $y_1=\sin\alpha$, so besteht $|xy|$ aus allen Punkten $[\cos\beta, \sin\beta, 0]$ mit $0<\beta<\alpha$. Die Länge $l(|xy|)$ ist dann nach (8.2) und (9.1) gleich α. Andererseits ist $\Omega_e(x,y)=\cos\alpha$. Also gilt (2). Aus (2) folgt

(3) $$\cos d(P,Q)=|\Omega_e(x,y)|$$

und hieraus

(4) P und Q sind genau dann polar, wenn $\Omega_e(x,y)=0$ ist.

(10.3) In der Ebene $\mathfrak{E}$ seien $g=[\xi_0, \xi_1, \xi_2]$ und $h=[\eta_0, \eta_1, \eta_2]$ zwei verschiedene Gerade. Die Menge aller Geraden $[\tau_0, \tau_1, \tau_2]$ mit

(1) $$\tau_j=k\cdot(\cos\varphi\cdot\xi_j+\sin\varphi\cdot\eta_j) \qquad (0<\varphi<\pi/2)$$

ist einer der beiden Winkel mit den Schenkeln g und h. Wir bezeichnen ihn mit $|\xi\eta|$. Es ist

(2) $$\cos w(|\xi\eta|)=\Omega_e(\xi,\eta).$$

Schließlich gilt:

(3) g und h sind genau dann orthogonal, wenn $\Omega_e(\xi,\eta)=0$ ist.

Die Beweise verlaufen analog zu denen in (10.2).

(10.4) In der Ebene $\mathfrak{E}$ seien $A=[x_0, x_1, x_2]$, $B=[y_0, y_1, y_2]$ und $C=[z_0, z_1, z_2]$ drei nicht kollineare Punkte. Sie spannen vier Dreiecke auf. Wir fragen, wie wir diese Dreiecke mittels der Koordinaten der Ecken präzise angeben können. Es werde $(1+\Omega_e(y,z)\sin 2\varphi)^{-1/2}:=k_a$, $(1+\Omega_e(z,x)\sin 2\varphi)^{-1/2}:=k_b$ und $(1+\Omega_e(x,y)\sin 2\varphi)^{-1/2}:=k_c$ gesetzt. Dann sei $|yz|$, bzw. $|zx|$, bzw. $|xy|$ die Strecke, bestehend aus allen Punkten $[t_0, t_1, t_2]$ mit

$$t_j=k_a\cdot(\cos\varphi\cdot y_j+\sin\varphi\cdot z_j)$$

bzw. $$t_j=k_b\cdot(\cos\varphi\cdot z_j+\sin\varphi\cdot x_j)$$

bzw. $$t_j=k_c\cdot(\cos\varphi\cdot x_j+\sin\varphi\cdot y_j) \qquad (0<\varphi<\pi/2).$$

Wir behaupten, daß $\{|yz|, |zx|, |xy|\}$ ein Dreieck $\triangle=\triangle ABC$ ist und daß wir die drei Nebendreiecke von $\triangle$ erhalten, wenn wir x_0, x_1, x_2 durch $-x_0, -x_1, -x_2$, bzw. y_0, y_1, y_2 durch $-y_0, -y_1, -y_2$, bzw. z_0, z_1, z_2 durch $-z_0, -z_1, -z_2$ ersetzen. Zum Beweis sei (a_{ij}) die zur Matrix

$$\begin{pmatrix} x_0 & y_0 & z_0 \\ x_1 & y_1 & z_1 \\ x_2 & y_2 & z_2 \end{pmatrix}$$

(links-) inverse Matrix. Sodann sei ρ die (projektive) Abbildung von $\mathfrak{E}$ auf sich, welche jeden Punkt $R=[r_0, r_1, r_2]$ abbildet auf denjenigen Punkt $R'=[r'_0, r'_1, r'_2]$, dessen Koordinaten r'_0, r'_1, r'_2 proportional sind zu den drei Zahlen

$$s_i := a_{i0} r_0 + a_{i1} r_1 + a_{i2} r_2 .$$

Diese Abbildung ρ bildet die drei Strecken $|yz|, |zx|, |xy|$ ab auf die drei Seiten des Fundamentaldreiecks unseres Koordinatensystems. Ist nun l eine Gerade, welche mindestens eine der Strecken schneidet, aber durch keinen ihrer Endpunkte A, B, C geht, so schneidet ihre Bildgerade $\rho(l)$ mindestens eine, also genau zwei Seiten des Fundamentaldreiecks. Folglich schneidet l noch genau eine zweite der drei Strecken $|yz|, |zx|, |xy|$. Also ist $\{|yz|, |zx|, |xy|\}$ ein Dreieck $\triangle = \triangle ABC$. Ersetzen wir nun etwa x_0, x_1, x_2 durch $-x_0$, $-x_1$, $-x_2$, so gehen die Strecken $|zx|$ und $|xy|$ in ihre Komplemente $|zx|^{\times}$ und $|xy|^{\times}$ über, also $\triangle$ in das Nebendreieck, das mit $\triangle$ die Seite $|yz|$ gemein hat. Damit ist die obige Behauptung bewiesen.

Wir können schließlich auch die Winkel des Dreiecks $\triangle ABC$, etwa den Winkel γ bei C angeben. Mit den Bezeichnungen von (10.1) definieren wir für $i=0, 1, 2$:

$$\xi_i := \frac{F_i}{\sqrt{\Omega_e(F,F)}}, \quad \eta_i := \frac{E_i}{\sqrt{\Omega_e(E,E)}} .$$

Dann sind $[\xi_0, \xi_1, \xi_2]$ und $[\eta_0, \eta_1, \eta_2]$ die Geraden BC und CA. Man bestätigt nun durch direktes Nachrechnen, daß die Verbindungsgeraden des Punktes $C=[z_0, z_1, z_2]$ mit den Punkten $[t_0, t_1, t_2]$ der Dreiecksseiten $|xy|$ die Geraden des Winkels $|\xi\eta|$ sind. Also ist $|\xi\eta|$ der Winkel γ.

(10.5) Es seien $\mathfrak{E}$ und $\mathfrak{E}^*$ zwei elliptische Ebenen. Wir wählen in ihnen kanonische Koordinaten x_i und x_i^* ($i=0, 1, 2$) und ordnen jedem Punkt $[x_0, x_1, x_2]$ von $\mathfrak{E}$ den Punkt $[x_0^*, x_1^*, x_2^*]$ von $\mathfrak{E}^*$ mit $x_i^* = x_i$ zu. Diese Abbildung $\varphi: \mathfrak{E} \to \mathfrak{E}^*$ ist zunächst eine Bijektion von $\mathfrak{E}$ auf $\mathfrak{E}^*$ und bildet wegen (9.2) die Geraden g von $\mathfrak{E}$ ab auf die Geraden g^* von $\mathfrak{E}^*$. Da nach Kap. II, (3.3), Satz 2 jede Gerade g von $\mathfrak{E}$ und ebenso ihre Bildgerade $g^* = \varphi(g)$ eine kongruente Kopie der Kreislinie S ist, folgt aus (10.2), (3) und der analogen Gleichung in $\mathfrak{E}^*$, daß durch φ jede Gerade g sogar kongruent auf ihre Bildgerade g^* abgebildet wird. Hieraus folgt, daß jede Strecke in $\mathfrak{E}$ durch φ auf eine gleichlange Strecke in $\mathfrak{E}^*$ abgebildet wird. Analog zeigt man mittels Kap. II, (3.3) und (10.3), (2), daß jeder Winkel in $\mathfrak{E}$ durch φ auf einen Winkel in $\mathfrak{E}^*$ mit gleichem Winkelmaß abgebildet wird. Es gehen also durch φ je zwei kongruente Strecken (Winkel) in $\mathfrak{E}$ über in zwei kongruente Strecken (Winkel) in $\mathfrak{E}^*$.

Wir können hiernach kurz sagen: Je zwei elliptische Ebenen sind kongruent. In diesem Sinne ist es gerechtfertigt, von *der* elliptischen Ebene zu sprechen.

Aufgabe.
Wir haben in (10.5), ohne besonders darauf hinzuweisen, folgenden Satz benutzt: Es sei $\chi: S \to S$ eine Bijektion des Kreises S auf sich mit $d(s, s') = d(\chi(s), \chi(s'))$ für je zwei Punkte $s, s' \in S$ ($d(s, s'):=$ Länge des nicht längeren der beiden Kreisbogen mit den Endpunkten s und s'); dann bildet χ jeden Kreisbogen $\subset S$ auf einen gleichlangen Kreisbogen $\subset S$ ab. Man beweise dies.

§ 11. Bewegungen

(11.1) In $\mathfrak{E}$ liege ein kanonisches Koordinatensystem $\rho: S^2 \to \mathfrak{E}$ vor. Wir behaupten folgenden Satz, durch den die Bewegungen in $\mathfrak{E}$ der Rechnung zugänglich gemacht werden.

Satz. A. *Zu jeder Bewegung φ in $\mathfrak{E}$ existiert in $\mathfrak{D}^+$ genau eine Matrix (a_{ij}) derart, daß φ die durch $[x_0, x_1, x_2] \mapsto [x'_0, x'_1, x'_2]$ mit*

$$(*) \qquad x'_i = a_{i0} x_0 + a_{i1} x_1 + a_{i2} x_2 \qquad (i = 0, 1, 2)$$

definierte bijektive Abbildung von $\mathfrak{E}$ auf sich ist.
B. *Die durch $\varphi \mapsto (a_{ij})$ definierte Abbildung ist ein Isomorphismus der Bewegungsgruppe von $\mathfrak{E}$ auf die Gruppe $\mathfrak{D}^+$.*
Beweis. A. Eindeutigkeit. Es genügt zu zeigen: Die durch (*) definierte Abbildung $\mathfrak{E} \to \mathfrak{E}$ sei die Identität; dann ist (a_{ij}) die Einheitsmatrix. Nun liefert Einsetzen der Fundamentalpunkte E^i in (*), daß $a_{ii} = \varepsilon_i = \pm 1$ und $a_{ij} = 0$ für $i \neq j$ ist; wegen $\det(a_{ij}) = 1$ ist dabei $\varepsilon_0 \varepsilon_1 \varepsilon_2 = +1$. Einsetzen des Einheitspunktes M liefert weiter $\varepsilon_0 : \varepsilon_1 : \varepsilon_2 = 1:1:1$. Es folgt $\varepsilon_0 = \varepsilon_1 = \varepsilon_2 = \pm 1$. – Existenz. Nach Kap. II, (7.1) ist φ bijektiv und bildet jede Gerade g kongruent auf die Gerade $g' = \varphi(g)$ ab. Es sei $[b_{0j}, b_{1j}, b_{2j}]$ das Bild $\varphi(E^j)$ des Fundamentalpunktes E^j ($j = 0, 1, 2$). Da die Punkte E^j paarweise den Abstand $\pi/2$ haben, gilt dasselbe für die Bildpunkte. Es folgt wegen (10.1), daß die Matrix (b_{ij}) orthogonal ist. Wegen $[b_{0j}, b_{1j}, b_{2j}] = [-b_{0j}, -b_{1j}, -b_{2j}]$ können wir weiter annehmen, daß $\det(b_{ij}) = 1$ ist. Nun sei ψ die Bewegung, definiert durch

$$x'_i = b_{i0} x_0 + b_{i1} x_1 + b_{i2} x_2 \qquad (i = 0, 1, 2).$$

Sie bildet ebenfalls E^j auf $[b_{0j}, b_{1j}, b_{2j}]$ ab ($j = 0, 1, 2$). Dann ist $\psi^{-1}\varphi$ eine Bewegung, die jeden Punkt E^j auf sich und damit jede Achse e^j kongruent auf sich abbildet. Das Bild Δ' von Δ ist gleich Δ oder ein Nebendreieck von Δ. Ist $\Delta' = \Delta$, so sei $\iota := id_{\mathfrak{E}}$. Anderenfalls sei ι diejenige Bewegung, definiert durch Gleichungen vom Typus der Gleichungen in (9.4), für welche $\iota(\Delta') = \Delta$ ist. Dann ist $\chi := \iota\psi^{-1}\varphi$ eine Bewegung, die jede Achse e^j identisch auf sich abbildet. Schließlich sei P ein beliebiger Punkt von $\mathfrak{E}$, der auf keiner Achse e^j liegt. Es seien g_1 und g_2 zwei Gerade mit dem Schnittpunkt P. Da die Schnittpunkte von g_i mit den Achsen durch χ auf sich abgebildet werden, ist $\chi(g_i)=g_i (i=1, 2)$. Es folgt $\chi(P)=P$. Die Bewegung χ ist daher $=id_{\mathfrak{E}}$. Also ist $\varphi=\varepsilon^{-1}\psi$.

B. Da der Komposition zweier Bewegungen in $\mathfrak{E}$ die Multiplikation der zugeordneten Matrizen in $\mathfrak{D}^+$ entspricht, genügt es zu zeigen, daß die durch $\varphi \mapsto (a_{ij})$ definierte Abbildung der Bewegungsgruppe von $\mathfrak{E}$ in die Gruppe $\mathfrak{D}^+$ bijektiv ist. Sie ist injektiv; denn ist die einer Bewegung φ zugeordnete Matrix (a_{ij}) die Einheitsmatrix, so ergibt (∗), daß $\varphi=id_{\mathfrak{E}}$ ist. Sie ist auch surjektiv; denn es sei (a_{ij}) eine Matrix aus $\mathfrak{D}^+$; durch $[x_0, x_1, x_2] \mapsto [x'_0, x'_1, x'_2]$ mit (∗) ist dann eine Abbildung φ von $\mathfrak{E}$ auf sich definiert; aus (10.1) folgt, daß φ eine Bewegung ist.

(11.2) Nach Kap. II, (7.6), Satz 1 kann jede Bewegung φ als Komposition von höchstens drei Geradenspiegelungen dargestellt werden. Wir behaupten, daß in der elliptischen Ebene $\mathfrak{E}$ jede Bewegung φ sogar als Komposition von höchstens zwei Geradenspiegelungen dargestellt werden kann. Ist $\varphi=id_{\mathfrak{E}}$, so ist $\varphi=\sigma_g\sigma_g$ für jede Gerade g. Ist $\varphi \neq id_{\mathfrak{E}}$ und involutorisch, so ist φ nach Kap. II, (7.5) eine Geradenspiegelung σ_g oder eine Punktspiegelung σ_P, was in der elliptischen Ebene dasselbe ist (g die Polare von P). Nun ist nach Kap. II, (7.7) eine Rotation die Komposition an zwei (nicht orthogonalen) Geraden g, h und sie ist $\neq id_{\mathfrak{E}}$ und nicht involutorisch. Also genügt es zu zeigen, daß in der elliptischen Ebene $\mathfrak{E}$ hiervon auch die Umkehrung gilt:

Satz. *Jede nicht involutorische Bewegung $\varphi \neq id_{\mathfrak{E}}$ ist eine Rotation.*

Beweis. Zunächst hat auch jede solche Bewegung mindestens einen Fixpunkt. Denn weil die in (11.1) definierte Matrix (a_{ij}) orthogonal und det $(a_{ij})=+1$ ist, hat das charakteristische Polynom von (a_{ij}) die Gestalt $1-a\lambda+a\lambda^2-\lambda^3$ (mit $a=a_{00}+a_{11}+a_{22}$); daher ist $+1$ ein Eigenwert von (a_{ij}). Nach passender Koordinatentransformation ist der Punkt $E^0=[1, 0, 0]$ Fixpunkt von φ. Dann können die Gleichungen (∗) in (11.1) folgendermaßen geschrieben werden:

$$x'_0=x_0, \quad x'_1=\cos\alpha\cdot x_1-\sin\alpha\cdot x_2, \quad x'_2=\sin\alpha\cdot x_1+\cos\alpha\cdot x_2$$

Da φ nicht involutorisch ist, ist $\alpha \neq \pi$. – Nun sei l eine Gerade durch den Punkt E^0. Ihre Linienkoordinaten seien $0, \xi_1, \xi_2$. Die Spiegelung σ_l an l ist gleich der Spiegelung σ_L am Pol L von l. Der Punkt L hat die Punktkoordinaten $0, \xi_1, \xi_2$. Die Spiegelung σ_L (und damit auch σ_l) ist die Abbildung $[x_0, x_1, x_2] \mapsto (x'_0, x'_1, x'_2]$ mit

$$x'_0=-x_0, \quad x'_1=(\xi_1^2-\xi_2^2)\cdot x_1+2\xi_1\xi_2\cdot x_2, \quad x'_2=2\xi_1\xi_2\cdot x_1+(\xi_2^2-\xi_1^2)\cdot x_2.$$

Denn ist $P=[x_0, x_1, x_2]$ ein beliebiger Punkt $\neq L$ und $P'=[x'_0, x'_1, x'_2]$ sein Bild, so sind erstens die drei Punkte P, L, P' kollinear, da sie der linearen Gleichung $a_0y_0+a_1y_1+a_2y_2=0$ mit $a_0=\xi_1x_2-\xi_2x_1$ $a_1=\xi_2x_0$, $a_2=-\xi_1x_0$ genügen;

wegen (10.2), (3) ist zweitens $\cos d(P, L) = |\xi_1 x_1 + \xi_2 x_2| = \cos d(P', L)$, also $d(P, L) = d(P', L)$. Hieraus ergeben sich für die Spiegelung σ_g an der Geraden $g := e^2 = [0, 0, 1]$ die Gleichungen

$$x'_0 = -x_0, \quad x'_1 = -x_1, \quad x'_2 = x_2$$

und für die Spiegelung σ_h an der Geraden $h := [0, -\sin \alpha/2, \cos \alpha/2]$ die Gleichungen

$$x'_0 = -x_0, \quad x'_1 = -\cos\alpha \cdot x_1 - \sin\alpha \cdot x_2, \quad x'_2 = -\sin\alpha \cdot x_1 + \cos\alpha \cdot x_2.$$

Also ist φ die Rotation $\sigma_h \sigma_g$ mit dem Zentrum E^0. (Übrigens ist h die Halbierende des Winkels $|e^2 \varphi(e^2)|$ mit dem Maß $\min(\alpha, 2\pi - \alpha)$).

§ 12. Trigonometrie

(12.1) Um die im folgenden herzuleitenden Formeln zu entlasten und um ihnen das übliche Aussehen zu geben, treffen wir folgende Verabredung. Ist f eine Kreisfunktion (cos, sin, ...) und a eine Strecke bzw. α ein Winkel, so definieren wir

$$fa := f(l(a)) \quad ; \quad f\alpha := f(w(\alpha)).$$

Nun liege ein Dreieck $\triangle = \triangle ABC$ vor; seine Seiten seien a, b, c, seine Winkel α, β, γ.
Wir behaupten zunächst folgenden

Cosinussatz:

(1) $$\cos c = \cos a \cos b + \sin a \sin b \cos \gamma.$$

Beweis. In der Ebene $\mathfrak{E}$ liege ein kanonisches Koordinatensystem vor. Es sei $A = [x_0, x_1, x_2]$, $B = [y_0, y_1, y_2]$ und $C = [z_0, z_1, z_2]$. Dabei wählen wir auf Grund von (10.4) von den beiden Koordinatentripeln für A und B diejenigen, für welche gilt: $a = |yz|$, $b = |zx|$, $c = |xy|$; $\gamma = |\xi\eta|$. Nach (10.2), (2) und (10.3), (2) ist

$$\cos c = \Omega_e(x, y), \quad \cos a = \Omega_e(y, z), \quad \cos b = \Omega_e(z, x), \quad \cos\gamma = \Omega_e(\xi, \eta).$$

Nach (10.1), (1) ist wegen $\Omega_e(z, z) = 1$

$$\Omega_e(x, y) - \Omega_e(x, z)\,\Omega_e(z, y) = \Omega_e(E, F) = \sqrt{\Omega_e(E, E)}\sqrt{\Omega_e(F, F)}\,\Omega_e(\xi, \eta).$$

Nach (10.1), (2) und (3) ist $\Omega_e(E, E) = 1 - \Omega_e^2(y, z)$, $\Omega_e(F, F) = 1 - \Omega^2(z, x)$, wegen $0 < l(a) < \pi$ und $0 < l(b) < \pi$ schließlich $\sqrt{\Omega_e(E, E)} = \sin a$, $\sqrt{\Omega_e(F, F)} = \sin b$.

Weiter behaupten wir folgenden

Sinussatz:

(2) $$\sin a : \sin b = \sin \alpha : \sin \beta.$$

Beweis. Aus den beiden der Gleichung (1) entsprechenden Gleichungen für $\cos a$ und $\cos b$ ergibt sich durch Elimination von $\cos c$ und $\sin c$ eine Gleichung, die nach einfacher formaler Umrechnung auf die Gestalt $\sin^2 a : \sin^2 b = \sin^2 \alpha : \sin^2 \beta$ gebracht werden kann. Wegen $0 < l(a)$, $l(b)$, $w(\alpha)$, $w(\beta) < \pi$ folgt hieraus (2).

Schließlich sei das Dreieck $\triangle ABC$ rechtwinklig, etwa mit rechtem Winkel γ. Die Gleichung (1) geht dann über in die elliptische Form des Satzes von Pythagoras:

(3) $$\cos c = \cos a \cos b.$$

Aus (3) und der zu (1) analogen Gleichung für $\cos b$ folgt

(4) $$\tan a = \tan c \cos \beta.$$

Aus (3) und (4) folgen weiter die Gleichungen

(5) $\sin b = \sin c \sin \beta$, (6) $\sin a = \tan b \operatorname{cotan} \beta$,

(7) $\cos c = \operatorname{cotan} \alpha \operatorname{cotan} \beta$, (8) $\cos \beta = \cos b \sin \alpha$.[10]

Aufgaben.

1. Man vergleiche die Formeln (1)–(8) mit den entsprechenden Formeln in der euklidischen Ebene $\mathbb{R}^2$. Formal erhält man diese aus (1)–(8), indem man die Kreisfunktionen der Seiten durch ihre Potenzreihen ersetzt und die Glieder höherer Ordnung wegläßt; insbesondere geht auf diese Weise die Formel (3) in den Satz von Pythagoras über.
2. Man stelle die Formeln (1)–(8) für das zu $\triangle$ polare Dreieck auf und rechne sie um in Formeln für $\triangle$.

(12.2) In (2.2) haben wir den Beweis angekündigt, daß es zu jeder Zahl w mit $\pi < w < 3\pi$ Dreiecke mit der „Winkelsumme" w und zu jeder Zahl u mit $0 < u < 2\pi$ Dreiecke mit dem Umfang u gibt. Diesen Beweis können wir jetzt führen. Wir beginnen mit der zweiten Behauptung. Wir gehen aus von einem Polardreieck $\triangle = \triangle ABC$. Es sei M der Mittelpunkt von $\triangle$. Ist nun $|MA|$ die Strecke $\subset Fl(\triangle)$ mit den Endpunkten M und A, so sei für jedes reelle r mit $0 < r < \pi/2$ die zu $|MA|$ nicht fremde Strecke mit der Länge r und dem Endpunkt M mit $|MA_r|$ bezeichnet; hierdurch ist der Punkt A_r definiert. Analog werden die Punkte B_r und C_r definiert. Dann sei $\triangle_r = \triangle A_r B_r C_r$ das Dreieck mit den Ecken A_r, B_r, C_r und dem Mittelpunkt M. Das Teildreieck $\triangle A_r B_r M$ von $\triangle_r$ wird durch die Halbierende des Winkels bei M in zwei rechtwinklige Dreiecke zerlegt. Die Anwendung von

[10] Man beachte, daß, wenn A der Pol von BC ist, die Formeln (4) und (6) sinnlos sind. In diesem Fall sind die Formeln (5), (7) und (8) in trivialer Weise richtig.

(12.1), (5) auf eines von ihnen ergibt für den Umfang u von Δ_r die Gleichung $\sin u/6 = \sin r \sin \pi/3$. Durchläuft nun r das Intervall $]0, \pi/2[$, so durchläuft u das Intervall $]0, 2\pi[$. Damit ist die zweite Behauptung bewiesen. – Durchläuft der Umfang u der Dreiecke Δ_r das Intervall $]0, 2\pi[$, so durchläuft die „Winkelsumme" w der zu den Δ_r polaren Dreiecke das Intervall $]\pi, 3\pi[$ (vgl. den zweiten Teil des Beweises des Satzes in (2.2)). Damit ist auch die erste Behauptung bewiesen.

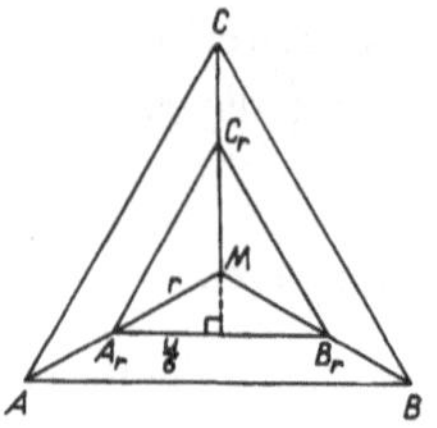

(12.3) Die Formel (12.1), (2) gibt uns die Möglichkeit, die Transformationsgleichungen aufzustellen, die die kanonischen Koordinaten mit den Polarkoordinaten verknüpfen.

Wir greifen auf die Einführung der kanonischen Koordinaten in (9.1) zurück. Es sei $P = [x_0, x_1, x_2]$ ein Punkt $\neq \mathfrak{O} := E^0$. Sein Abstand von $\mathfrak{O}$ heiße r. Der Schnittpunkt P^0 von $E^0 P$ mit e^0 habe in e^0 den Parameterwert φ, der Schnittpunkt P^2 von $E^2 P$ mit e^2 habe in e^2 der Parameterwert ψ. Dann sind φ, r Polarkoordinaten von P (bzgl. O als Ursprung und e^2 als Achse). Nach (8.2) und (8.5) ist $u_2/u_1 = \tan \varphi$ und $w_1/w_0 = \tan \psi$; nach (12.1), (4) ist weiter $\tan \psi = \tan r \cos \varphi$. Hieraus folgt (wenn wir nötigenfalls noch x_0, x_1, x_2 durch $-x_0, -x_1, -x_2$ ersetzen):

$$x_0 = \cos r, \qquad x_1 = \sin r \cos \varphi, \qquad x_2 = \sin r \sin \varphi.$$

Dies ist die gesuchte Transformation von Polarkoordinaten in kanonische Koordinaten.

§ 13. Bogenlänge

(13.1) In der Ebene $\mathfrak{E}$ (mit kanonischen Koordinaten) liege eine stetig differenzierbare Kurve $k: I \to \mathfrak{E}$ vor ($I = [a, b]$ ein Intervall der Zahlengeraden); es sei also $k(t) = [x_0(t), x_1(t), x_2(t)]$, wobei x_0, x_1, x_2 drei stetig differenzierbare, reelle Funktionen auf I sind mit $\Sigma_i x_i^2(t) = 1$ für jedes $t \in I$. Wir wollen die Länge $l(k)$ von k bestimmen.

Für eine Zerlegung $\mathfrak{Z}=(a=t_0<t_1<\ldots<t_{n+1}=b)$ von I sei d_ν der Abstand der Punkte $k(t_\nu)$ und $k(t_{\nu+1})$. Dann definiert man

$$l(k):=\sup_{\mathfrak{Z}} \Sigma_\nu d_\nu.$$

Wir setzen $x_i(t_\nu)=:x_{i,\nu}$. Wegen $\Sigma_i x_i^2(t)=1$ ist, falls die Differenzen $t_{\nu+1}-t_\nu$ hinreichend klein sind, was wir nach Kap. II, (6.2) voraussetzen können,

$\Sigma_i x_{i,\nu} x_{i,\nu+1}>0$ für $\nu=0, \ldots, n+1$. Nach (10.2), (2) ist[11]

$\Sigma_i x_{i,\nu} x_{i,\nu+1}=\cos d_\nu=1-\frac{1}{2}d_\nu^2+o(d_\nu^2)$, also

$\Sigma_i (x_{i,\nu}-x_{i,\nu+1})^2=2-2\Sigma_i x_{i,\nu} x_{i,\nu+1}=d_\nu^2+o(d_\nu^2)$, folglich

$(\Sigma_i (x_{i,\nu}-x_{i,\nu+1})^2)^{1/2}=d_\nu+o(d_\nu)$.

Dies ergibt[12] die gesuchte Formel für die Länge der Kurve:

$$l(k)=\int_a^b (\Sigma_i \dot{x}_i^2(t))^{1/2}\,dt. \tag{1}$$

Für das „Linienelement" in $\mathfrak{E}$ gilt also:

$$ds^2=dx_0^2+dx_1^2+dx_2^2 \tag{2}$$

Die Transformation in Polarkoordinaten (vgl. (12.3)) ergibt

$$ds^2=\sin^2 r\,d\varphi^2+dr^2. \tag{3}$$

Die Länge eines Kreisbogens $\{(\varphi, r): r=\text{konst}<\pi/2;\ \varphi_0\leqq\varphi\leqq\varphi_1\}$ ist hiernach

$$\int_{\varphi_0}^{\varphi_1}\sin r\,d\varphi=(\varphi_1-\varphi_0)\sin r.$$

Insbesondere hat der Kreis mit dem Radius $r<\pi/2$ den Umfang $2\pi\sin r$.

Aufgaben.

1. Betrachtet man die Polare $x_0=0$ des Koordinatenursprungs als ausgearteten Kreis mit dem Radius $r=\pi/2$, so liefert die letzte Formel für seinen Umfang den Wert 2π. Andererseits hat die Polare, wie jede Gerade, die Länge π. Wie ist dieser scheinbare Widerspruch zu erklären?
2. Es sei k wieder die Kurve in (13.1); dabei sei aber jetzt der Parameter t die Bogenlänge s auf k. Man beweise: die Tangente der Kurve im Punkt $k(s)$ hat die Gleichung
$$(x_1(s)\dot{x}_2(s)-x_2(s)\dot{x}_1(s))\,x_0+(x_2(s)\dot{x}_0(s)-x_0(s)\dot{x}_2(s))\,x_1+(x_0(s)\dot{x}_1(s)-x_1(s)\dot{x}_0(s))\,x_2=0$$
und ihre Normale in $k(s)$ die Gleichung $\dot{x}_0(s)\,x_0+\dot{x}_1(s)\,x_1+\dot{x}_2(s)\,x_2=0$.
3. Man beweise, daß ein Kreis jede seiner Achsen orthogonal schneidet.

[11] $F(r)=o(r)$ bedeutet: $\dfrac{F(r)}{r}\to 0$ für $r\to 0$.

[12] Nach denselben Schlüssen wie im euklidischen $\mathbb{R}^3$ (aufgrund der Dreiecksungleichung (Kap. II, (6.1)).

(13.2) Nach (13.1), (3) sind für Polarkoordinaten die Koeffizienten der ersten differentialgeometrischen Fundamentalform von $\mathfrak{E}$: $E=\sin^2 r$, $F=0$, $G=1$; daher gilt nach dem theorema egregium von Gauß: Die elliptische Ebene $\mathfrak{E}$ hat in jedem ihrer Punkte die Krümmung $K=+1$. (Dies gilt zunächst nur für jeden Punkt P, verschieden vom Koordinatenursprung O; da man jedoch O beliebig wählen kann, gilt die Behauptung für jeden Punkt P.) Die elliptische Ebene $\mathfrak{E}$ ist also, wörtlich genommen, gar keine „Ebene", sondern eine gekrümmte Fläche im Sinne der Riemannschen Geometrie. Dies ist nicht besonders überraschend, wenn man sich an das Beispiel in Kap. I, (3.2) erinnert.

(13.3) Man sagt, eine einfach geschlossene Kurve $k\subset\mathfrak{E}$ (homöomorphes Bild des Kreises) zerlege $\mathfrak{E}$, wenn zwei nicht leere, in offene, fremde Mengen O_1 und O_2 derart existieren, daß $\mathfrak{E}\backslash k=O_1\cup O_2$ ist. Jede Gerade g in $\mathfrak{E}$ ist als Kopie des Kreises S eine einfach geschlossene Kurve; trotzdem zerlegt sie $\mathfrak{E}$ nicht; denn für je zwei nicht auf g liegende Punkte A und B ist (mindestens) eine der beiden Strecken mit den Endpunkten A und B fremd zu g.[13] Wohl aber zerlegt jeder Kreis die Ebene $\mathfrak{E}$. Allgemeiner gilt folgender

Satz. *Jede einfach geschlossene Kurve $k\subset\mathfrak{E}$, deren Länge $l(k)<\pi$ ist, zerlegt $\mathfrak{E}$.*
Beweis. Wir wählen ein kanonisches Koordinatensystem so, daß der Punkt $P=[1,0,0]$ auf k liegt. Es sei Q ein Punkt von k mit maximalem Abstand d von P. Jede der beiden Teilkurven von k mit den Endpunkten P und Q hat eine Länge $\geqq d$. Also hat k eine Länge $\geqq 2d$. Folglich ist $d<\pi/2$. Die Polare p von P, mit der Gleichung $x_0=0$, ist daher fremd zu k. Ordnen wir jedem Punkt $[x_0, x_1, x_2]$ von $\mathfrak{E}\backslash p$ den Punkt $(x_1/x_0, x_2/x_0)$ der cartesischen xy-Ebene $\mathbb{R}^2$ zu, so ist diese Abbildung φ ein Homöomorphismus von $\mathfrak{E}\backslash p$ auf $\mathbb{R}^2$. Da k einfach geschlossen ist, wird $\mathbb{R}^2$ nach dem Jordanschen Kurvensatz durch $\varphi(k)$ zerlegt: $\mathbb{R}^2\backslash\varphi(k)=$ $=O'_1\cup O'_2$, wobei O'_2 und O'_2 nicht leer, offen in $\mathbb{R}^2$ und fremd sind und $O'_1\cup\varphi(k)$ kompakt ist. Dann ist $\mathfrak{E}\backslash k=O_1\cup O_2$ mit $O_1:=\varphi^{-1}(O'_1)$ und $O_2:=\varphi^{-1}(O'_2)\cup p$; dabei sind O_1 und O_2 nicht leer, offen in $\mathfrak{E}$ und fremd.[14]

§ 14. Flächeninhalt

(14.1) In der Ebene $\mathfrak{E}$ sei eine Borelsche Punktmenge M gegeben. Wir wollen definieren, was unter dem Flächeninhalt $I(M)$ (oder dem Maß) dieser Menge zu verstehen ist.

[13] Der Jordansche Kurvensatz gilt also in der elliptischen Ebene nicht.

[14] Wir haben mehr bewiesen, als im Satz behauptet wird, nämlich: Jede einfach geschlossene Kurve $k\subset\mathfrak{E}$ mit einem Durchmesser $<\pi/2$ zerlegt $\mathfrak{E}$.

Hierzu wählen wir in $\mathfrak{E}$ kanonische Koordinaten x_0, x_1, x_2, normiert durch $x_0 \geqq 0$. Dann hängt $x_0 = (1 - x_1^2 - x_2^2)^{1/2}$ stetig von x_1 und x_2 ab. Die durch $(x_1, x_2) \mapsto [x_0, x_1, x_2]$ definierte Abbildung f der abgeschlossenen Einheitskreisscheibe K der cartesischen $x_1 x_2$-Ebene $\mathbb{R}^2$ auf $\mathfrak{E}$ ist also nach (10.1), (2) stetig. Für jede Borelsche Punktmenge M in $\mathfrak{E}$ ist daher das f-Urbild $N := f^{-1}(M)$ eine Borelsche Punktmenge in $\mathbb{R}^2$. Als Flächeninhalt einer solchen Menge M definieren wir nun

$$I(M) := \int_N \frac{d\lambda}{x_0},$$

wobei λ das Lebesgue-Maß in $\mathbb{R}^2$ ist.[15]

Diese Definition ist gerechtfertigt. Denn erstens bleibt $I(M)$ unberührt von der Transformation der kanonischen Koordinaten x_0, x_1, x_2 in neue kanonische Koordinaten $\bar{x}_0, \bar{x}_1, \bar{x}_2$ und zweitens ist $I(M) = I(\varphi(M))$ für jede Bewegung φ in $\mathfrak{E}$; beides ergibt sich aus den Sätzen in (9.4) und (11.1) und der Substitutionsregel für mehrfache Integrale.

Bemerkung. Die soeben angegebene Definition des Flächeninhalts $I(M)$ mutet recht willkürlich an. Sie steht jedoch mit der differentialgeometrischen Definition $I(M) := \int_N (EG - F)^{1/2} d\lambda$ im Einklang. Denn nach (13.1), (1) ist

$$ds^2 = \frac{x_0^2 + x_1^2}{x_0^2} dx_1^2 + 2\frac{x_1 x_2}{x_0^2} dx_1 dx_2 + \frac{x_0^2 + x_2^2}{x_0^2} dx_2^2.$$

Es ist also $E := \frac{x_0^2 + x_1^2}{x_0^2}$, $F := \frac{x_1 x_2}{x_0^2}$, $G := \frac{x_0^2 + x_2^2}{x_0^2}$ zu setzen. Dann ergibt sich

$$(EG - F^2)^{1/2} = 1/x_0.$$

(14.2) Transformieren wir die kanonischen Koordinaten in Polarkoordinaten, so ergeben die Transformationsformeln in (12.3) und die Substitutionsregel für mehrfache Integrale:

$$I(M) = \int_{N_0} \sin r \, d\lambda_0;$$

[15] Die Borelschen Mengen eines metrischen Raumes sind folgendermaßen definiert. Mit $\mathfrak{B}$ sei jedes System von Mengen des Raumes bezeichnet, das folgende drei Eigenschaften hat: (1) jede offene Menge liegt im System; (2) für jede Menge des Systems liegt auch das Komplement im System; (3) für je abzählbar viele Mengen des Systems liegt auch der Durchschnitt im System. Beispielsweise ist das System aller Mengen des Raumes ein System $\mathfrak{B}$. Der Durchschnitt $\mathfrak{B}_0$ aller Systeme $\mathfrak{B}$ ist das kleinste System $\mathfrak{B}$. Die Mengen B aus $\mathfrak{B}_0$ heißen die Borelschen Mengen des Raumes. – Jede Borelsche Menge der euklidischen Ebene $\mathbb{R}^2$ ist Lebesgue-meßbar.

dabei bedeutet N_0 das Urbild von M in der φr-Ebene und λ_0 das Lebesgue-Maß in dieser Ebene. Hiernach ist der Flächeninhalt
des Kreissektors mit dem Radius $r<\pi/2$ und dem Zentriwinkel α:

$$\int_0^{w(\alpha)}\int_0^r \sin\rho\, d\rho \;=\; 2w(\alpha)\sin^2 r/2;$$

der Winkelfläche $Fl(\alpha)$:

$$\lim_{r\to\pi/2} 4w(\alpha)\sin^2 r/2 = 2w(\alpha);$$

der Kreisscheibe mit dem Radius $r<\pi/2$:

$$\int_0^{2\pi}\int_0^r \sin\rho\, d\rho\, d\varphi = 4\pi\sin^2 r/2;$$

der elliptischen Ebene $\mathfrak{E}$:

$$\lim_{r\to\pi/2} 4\pi\sin^2 r/2 = 2\pi.$$

(14.3) Es sei $\triangle=\triangle ABC=\{|BC|, |CA|, |AB|\}$ ein Dreieck. Unter dem Flächeninhalt $I(\triangle)$ von $\triangle$ verstehen wir den Flächeninhalt der Dreiecksfläche $Fl(\triangle)$, also

$$I(\triangle):=I(Fl(\triangle)).$$

Zwischen dem Flächeninhalt und den Winkeln von $\triangle$ besteht ein überraschender Zusammenhang:

Satz *Ist $\triangle$ ein Dreieck und sind α, β, γ sein Winkel, so ist*

$$(+)\qquad I(\triangle)=w(\alpha)+w(\beta)+w(\gamma)-\pi.$$

Der Flächeninhalt eines Dreiecks ist also gleich seinem Exzess. Hiernach hat beispielsweise jedes Polardreieck den Flächeninhalt $\pi/2$.

Beweis Wir unterscheiden drei Fälle.

I: $\triangle$ hat mindestens zwei rechte Winkel, etwa bei A und B. Dann ist $l(b)=\pi/2=l(a)$. Der Durchschnitt von $Fl(\triangle)$ mit der Kreisscheibe mit dem Mittelpunkt C und dem Radius $r<\pi/2$ ist ein Kreissektor mit dem Zentriwinkel γ. Nach (14.2) hat dieser Kreissektor den Flächeninhalt $2\,w(\gamma)\sin^2 r/2$. Folglich ist

$$I(\triangle)=\lim_{r\to\pi/2} 2\,w(\gamma)\sin^2 r/2 = w(\gamma) = \pi/2+\pi/2+w(\gamma)-\pi.$$

II: $\triangle$ hat genau einen rechten Winkel, etwa bei B. Von den vier Dreiecken $\triangle_0, \triangle_1, \triangle_2, \triangle_3$ mit den Ecken A, B, C (und genau einem rechten Winkel bei B)

hat eines, etwa $\triangle_0$, die Eigenschaft, daß für die Kathete a mit den Endpunkten B, C und die Kathete c mit den Endpunkten A, B gilt $l(c) \leqq l(a) \leqq \pi/2$, hierbei aber höchstens einmal das Zeichen $=$ steht. Der Winkel von $\triangle_0$ bei A heiße α, der bei C heiße γ. Wir wählen ein Koordinatensystem so, daß $A = [1, 0, 0]$, $B = [x_0, x_1, 0]$ mit $x_0 \geqq 0$, $x_1 > 0$ und $C = [y_0, y_1, y_2]$ mit $y_0 \geqq 0$, $y_2 > 0$ ist. Aufgrund dieses Koordinatensystems führen wir Polarkoordinaten φ, r ein wie in (12.3). Für jeden Punkt der Kathete a von $\triangle_0$ ist r durch φ eindeutig bestimmt: $r = r(\varphi)$, und zwar ist $\tan c_0 = \tan r(\varphi) \cos\varphi$ nach (12.1), (2), also $\cos r(\varphi) = (\cos^2\varphi + \tan^2 c)^{-1/2}\cos\varphi$. Es folgt

$$I(\triangle_0) = \int_0^{w(\alpha_0)} \Big(\int_0^{r(\varphi)} \sin r\, dr\Big)\, d\varphi = \int_0^{w(\alpha_0)} (1 - \cos r(\varphi))\, d\varphi =$$

$$w(\alpha) - \int_0^{w(\alpha_0)} \cos r(\varphi)\, d\varphi = w(\alpha) - \arcsin(\sin\alpha \cos c).$$

Nun ist $\sin\alpha\cos c = \cos\gamma = \sin(\pi/2 - w(\gamma))$ nach (12.1), (6). Also ist $I(\triangle_0) = w(\alpha) + \pi/2 + w(\gamma) - \pi$. Das Dreieck $\triangle_1$ ist ein Nebendreieck von $\triangle_0$. Für seine Winkel α_1 und γ_1 bei A und C gilt also $w(\alpha_1) = w(\alpha)$ und $w(\gamma_1) = \pi - w(\gamma)$. Wegen $Fl(\alpha_0) = Fl(\triangle_0) \cup a_0 \cup Fl(\triangle_1)$ ist daher zufolge (14.2)

$$I(\triangle_1) = I(Fl(\alpha)) - I(\triangle_0) = w(\alpha_1) + \pi/2 + w(\gamma_1) - \pi\,.$$

Analog ergibt sich die Richtigkeit der Formel (+) für $\triangle_2$ und $\triangle_3$.

III: $\triangle$ hat keinen rechten Winkel. Es sei d das Lot von C auf AB und D sein Fußpunkt. Liegt D auf $|AB|$, so wird $\triangle$ durch d in zwei Teildreiecke $\triangle'$ und $\triangle''$ mit rechten Winkeln bei D zerlegt. Die Gleichungen (+) für $\triangle'$ und $\triangle''$ ergeben durch Addition die Gleichung (+) für $\triangle$. Liegt D auf $|AB|^{\times}$, so ist $\triangle$ Teildreieck eines der vier Dreiecke mit den Ecken A, B, D und rechten Winkeln bei D. Dieses Dreieck $\triangle'$ wird durch AC zerlegt in $\triangle$ und ein Dreieck $\triangle''$ (letzteres mit den Ecken A, C, D und rechtem Winkel bei D). Die Subtraktion der Gleichungen (+) für $\triangle'$ und $\triangle''$ ergibt die Gleichung (+) für $\triangle$.

§ 15. Beziehungen zur Geometrie der Sphäre[16]

(15.1) Es sei $S^2 := \{(x_0, x_1, x_2): x_0^2 + x_1^2 + x_2^2 = 1\}$ die Einheitssphäre im $x_0 x_1 x_2$-Raum $\mathbb{R}^3$. In der Ebene $\mathfrak{E}$ liege ein kanonisches Koordinatensystem vor.
Wir ordnen jedem Punkt (x_0, x_1, x_2) der S^2 den Punkt $[x_0, x_1, x_2]$ von $\mathfrak{E}$ zu. Diese Abbildung $\Phi: S^2 \to \mathfrak{E}$ ist surjektiv, und zwar hat jeder Punkt $[x_0, x_1 x_2]$ von $\mathfrak{E}$ genau zwei Urbildpunkte auf der S^2, nämlich die antipodischen Punkte (x_0, x_1, x_2) und $(-x_0, -x_1, -x_2)$. Jede Gerade g in $\mathfrak{E}$ hat als Urbild einen Großkreis $\hat{g}$ auf der S^2; umgekehrt wird jeder Großkreis $\hat{g}$ der S^2 auf eine Gerade g in abgebildet.

(15.2) Sind $P = (x_0, x_1, x_2)$ und $Q = (y_0, y_1, y_2)$ zwei verschiedene, nicht antipodische Punkte der S^2, und ist $|\hat{P}\hat{Q}|$ der kürzere der beiden offenen Großkreisbogen mit den Endpunkten P, Q, so gilt für die Länge $l(|\hat{P}\hat{Q}|)$ dieses Bogens die Gleichung $\cos l(|\hat{P}\hat{Q}|) = \Omega_e(x, y)$. Hieraus folgt mittels (10.1), (2) für die Länge $l(|PQ|)$ der Bildstrecke $|PQ| = \Phi(|\hat{P}\hat{Q}|)$ die Gleichung

$$l(|PQ|) = l(|\hat{P}\hat{Q}|).$$

Sind $\hat{g}$ und $\hat{h}$ zwei verschiedene Großkreise auf der S^2 und ist $|\hat{g}\hat{h}|$ einer der beiden Winkel mit den „Schenkeln" $\hat{g}, \hat{h}$[17], so ist das Maß $w(|\hat{g}\hat{h}|)$ dieses Winkels gleich der Länge jedes der beiden Großkreisbogen, bestehend aus den Schnittpunkten der Großkreise $\subset |\hat{g}\hat{h}|$ mit dem Äquator zu den beiden Schnittpunkten von $\hat{g}$ und $\hat{h}$ als Polen. Hieraus folgt mittels Kap. II, (3.6) für das Maß des Bildwinkels $|gh| = \Phi(|\hat{g}\hat{h}|)$ die Gleichung

$$w(|gh|) = w(|\hat{g}\hat{h}|)$$

(15.3) Jeder Satz in der elliptischen Ebene induziert einen analogen Satz in der Sphäre S^2. Beispielsweise folgt aus den Sätzen in Kap. II, (9.1)–(9.4), daß sich bei einem sphärischen Dreieck in der S^2 mit Seitenlängen $< \pi$ die Winkelhalbierenden, Mittellote, Höhen oder Seitenhalbierenden in je einem antipodischen Punktepaar schneiden. Die Formeln (1)–(8) in (12.1) übertragen sich unverändert auf die sphärischen Dreiecke in der S^2 mit Seitenlängen $< \pi$.

[16] Vgl. Kap. I, (3.2)

[17] Wir definieren die beiden Winkel als die beiden zusammenhängenden Mengen von Großkreisen, in welche das durch $\hat{g}$ und $\hat{h}$ erzeugte Kreisbüschel durch $\hat{g}$ und $\hat{h}$ zerlegt wird. Das Maß jedes solchen Winkels ist $< \pi$.

IV. Die nichtelliptischen Ebenen

In diesem kurzen Kapitel beweisen wir einige typische Eigenschaften einer nichtelliptischen Ebene $\mathfrak{E}$, vor allem, daß $\mathfrak{E}$ durch jede Gerade zerlegt wird und daß $\mathfrak{E}$ orientierbar ist. Weiter leiten wir Kriterien dafür her, daß $\mathfrak{E}$ euklidisch bzw. hyperbolisch ist (§ 6); aus ihnen folgt, daß in jeder absoluten Ebene eines der drei Parallelenaxiome VII_1, VII_2, VII_3 gilt.

§ 1. Zerlegung der Ebene durch eine Gerade

(1.1) Es sei g eine Gerade. Sind X und Y nicht auf g liegende Punkte, so bedeute $X \sim Y$, daß $X = Y$ ist oder daß die (eindeutig bestimmte) Strecke $|XY|$ von g nicht geschnitten wird. Da es Strecken $|XY|$ gibt, die von g nicht geschnitten werden, gibt es Punkte X, Y mit $X \not\sim Y$. Es ist $X \sim X$ und aus $X \sim Y$ folgt $Y \sim X$. Da für je drei verschiedene, nicht auf g liegende Punkte X, Y, Z die Gerade g von den drei Strecken $|YZ|$, $|ZY|$, $|XY|$ keine oder genau zwei schneidet (vgl. Kap. I, (2.4)), folgt erstens, daß die Relation $\sim$ auch transitiv, also eine Äquivalenzrelation ist, und zweitens, daß $\mathfrak{E} \backslash g$ in höchstens, also genau zwei Äquivalenzklassen bzgl. $\sim$ zerfällt. Wir nennen diese beiden Äquivalenzklassen die beiden *Halbebenen* (mit der Randgeraden g), in welche die Ebene $\mathfrak{E}$ durch die Gerade g zerlegt wird. Wir bezeichnen sie mit $\mathfrak{E}_g$ und $\mathfrak{E}_g^\times$. Ist $X \in \mathfrak{E}_g$, $Y \in \mathfrak{E}_g^\times$ (d.h. $X \not\sim Y$), so heißen X und Y durch g *getrennt*. Ebenso heißen zwei Mengen $M \subset \mathfrak{E}_g$ und $N \subset \mathfrak{E}_g^\times$ durch g getrennt.

(1.2) Weiter sei h eine Gerade und A ein Punkt von h. Ist g eine Gerade $\neq h$ durch A, so sind die Durchschnitte $h_A := h \cap \mathfrak{E}_g$ und $h_A^\times := h \cap \mathfrak{E}_g^\times$ beide nichtleer. Sind X und Y zwei verschiedene Punkte $\neq A$ von h, so gilt: ist $A \in |XY|$, so ist $X \in \mathfrak{E}_g$ und $Y \in \mathfrak{E}_g^\times$ oder umgekehrt; ist $A \notin |XY|$, so liegen X und Y beide in $\mathfrak{E}_g$ oder beide in $\mathfrak{E}_g^\times$. Also sind die beiden Mengen h_A und $h_A^\times$ von der Geraden g unabhängig. Sie heißen die beiden *Halbgeraden* von h mit dem Endpunkt A.

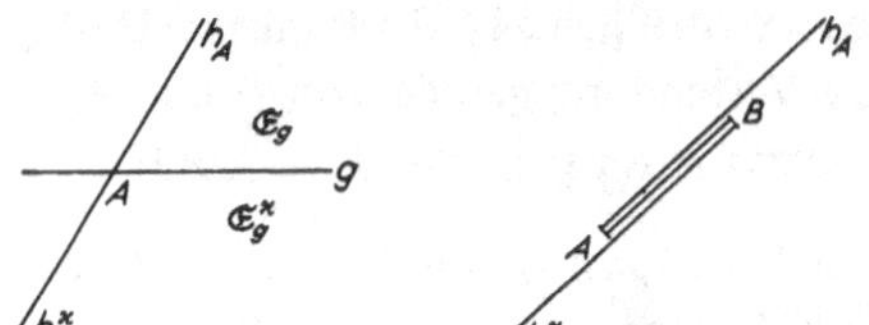

Es sei $|AB|$ eine Strecke der Geraden h. Der Punkt B liegt dann in h_A oder $h_A^\times$, etwa in h_A; der Punkt A liegt in h_B oder $h_B^\times$, etwa in $h_B^\times$. Es folgt $|AB| = h_A \cap h_B^\times$. Aus Axiom IV.3 ergibt sich: Ist $|A'B'|$ eine Strecke einer Geraden g' und g_A eine Halbgerade, so existiert genau ein Punk $B \in g_A$ mit $|AB| \equiv |A'B'|$.

(1.3) Nun seien h_P und k_P zwei Halbgerade mit gemeinsamem Endpunkt P, aber mit $h \neq k$. Wir bezeichnen mit $|h_P k_P|$ die Menge aller Geraden durch P, welche h_P und k_P trennen. Ist H ein Punkt von h_P und K ein Punkt von k_P, so ist $|h_P k_P|$ gleich der Menge aller Geraden durch P, welche $|HK|$ schneiden, also gleich einem (eindeutig bestimmten) der beiden Winkel mit den Schenkeln h und k; bezeichnen wir diesen Winkel mit $|hk|$, so ist also $|h_P k_P| = |hk|$. – Sei umgekehrt ein Winkel $|hk|$ gegeben. Seine Spitze sei P. Es sei h_P eine der beiden Halbgeraden von h mit dem Endpunkt P. Ist nun H ein beliebiger Punkt von h_P, so schneidet das Lot l von H auf die Winkelhalbierende g von $|hk|$ den Schenkel k in einem Punkt K. Der Winkel $|hk|$ besteht nun aus allen Geraden durch P, welche die Strecke $|HK|$ schneiden. Ist also k_P die den Punkt K enthaltende Halbgerade von k mit dem Endpunkt P, so besteht $|hk|$ aus allen Geraden durch P, welche h_P und k_P trennen. Es ist also $|hk| = |h_P k_P|$. – Da jede die Halbgeraden h_P und k_P trennende Gerade durch P auch die Halbgeraden $h_P^\times$ und $k_P^\times$ trennt und umgekehrt, ist $|h_P k_P| = |h_P^\times k_P^\times|$; also gilt auch $|hk| = |h_P^\times k_P^\times|$. – Das Lot $\bar{l}$ von $H \in h_P$ auf die Halbierende $\bar{g}$ von $|hk|^\times$ schneidet k in einem Punkt $\bar{K}$. Ist $\bar{k}_P$ die den Punkt $\bar{K}$ enthaltende Halbgerade von k mit dem Endpunkt P, so folgt (analog wie soeben) die Gleichung $|hk|^\times = |h_P \bar{k}_P|$. Also ist $\bar{k}_P \neq k_P$, also $\bar{k}_P = k_P^\times$. Mithin ist $|hk|^\times = |h_P k_P^\times|$ und (wegen $|hk|^\times = |kh|^\times = |k_P h_P^\times| = |h_P^\times k_P|$) auch $|hk|^\times = |h_P^\times k_P|$.

Ist $\triangle ABC$ ein Dreieck und ist h_A bzw. k_A die den Punkt C bzw. B enthaltende Halbgerade mit dem Endpunkt A, so ist $\alpha = |h_A k_A|$.

(1.4) **Satz.** *Ist $|h'k'|$ ein Winkel (mit Spitze P'), $\mathfrak{E}_h$ eine Halbebene (mit der Randgeraden h) und h_P eine Halbgerade von h, so existiert genau eine Halbgerade $k_P \subset \mathfrak{E}_h$ mit $|h'k'| \equiv |h_P k_P|$.*

Beweis. Existenz. Ist $|h'k'|$ ein Rechter, so sei k das Lot auf h durch P und $k_P := k \cap \mathfrak{E}_h$. Dann ist $|h_P k_P|$ ein Rechter, also zu $|h'k'|$ kongruent. Nun sei $|h'k'|$ kein Rechter. Wir wählen auf k' einen Punkt $K' \neq P'$. Das Lot l' von K' auf h' schneidet h' in einem Punkt $H' \neq P'$. Wir unterscheiden zwei Fälle. 1. Fall: $|h'k'| = \sphericalangle H'P'K'$. Es sei H der Punkt von h_P mit $|P'H'| \equiv |PH|$. Sodann sei l das Lot auf h durch H. Schließlich sei K der Punkt der Halbgeraden $l \cap \mathfrak{E}_h$ mit $|H'K'| \equiv |HK|$; k die Verbindungsgerade von P und K; k_P die Halbgerade $k \cap \mathfrak{E}_h$. Nach Kongruenzsatz 1 ist $\triangle P'H'K' \equiv \triangle PHK$. Also ist $|h'k'| \equiv \sphericalangle HPK$.

Wegen $H \in h_P$ und $K \in k_P$ ist $\sphericalangle HPK = |h_P k_P|$. Also ist $|h'k'| \equiv |h_P k_P|$. 2. Fall: $\sphericalangle H'P'K' = |h'k'|^\times$. Dann wählen wir $H \in h_P^\times$, verfahren im übrigen wie im 1. Fall und erhalten eine Halbgerade $k_P \subset \mathfrak{E}_P^\times$ mit $|h'k'|^\times \equiv |h_P^\times k_P|$. Nach (1.3) ist dann $|h'k'| \equiv |h_P k_P|$.

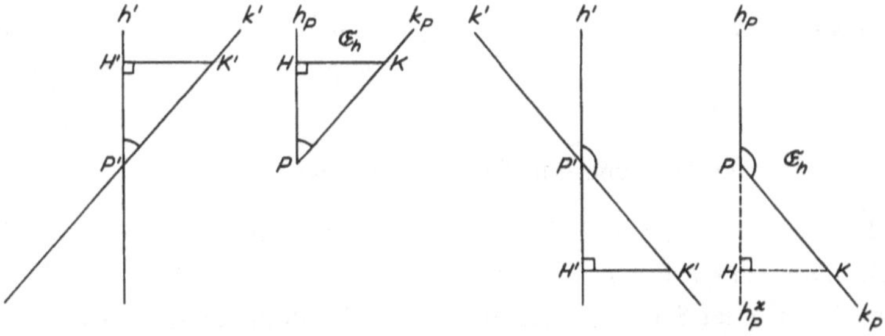

Eindeutigkeit. Es sei $\bar{k}_P$ eine Halbgerade $\subset \mathfrak{E}_h$ verschieden von k_P. Dann ist entweder $\bar{k} \in |hk|$ oder $\bar{k} \in |hk|^\times$. Sei nun H ein Punkt von h_P, K ein Punkt von k_P und $\bar{H}$ ein Punkt von $h_P^\times$. Ist $\bar{k} \in |hk|$, so schneidet $\bar{k}$ die Strecke $|HK|$ in einem Punkt $\bar{K}$; also zerlegt $\bar{k}$ den Winkel $|h_P k_P|$ in die beiden Winkel $|h_P \bar{k}_P|$ und $|\bar{k}_P k_P|$. Folglich ist nicht $|h_P \bar{k}_P| \equiv |h_P k_P|$, also nicht $|h_P \bar{k}_P| \equiv |h'k'|$. Nun sei $\bar{k} \in |hk|^\times$. Dann schneidet $\bar{k}$ die Strecke $|\bar{H}K|$ in einem Punkt $\bar{K}$ und daher schneidet k die Strecke $|H\bar{K}|$. Folglich zerlegt k den Winkel $|h_P \bar{k}_P|$ und daher ist nicht $|h_P k_P| \equiv |h_P \bar{k}_P|$, also nicht $|h_P \bar{k}_P| \equiv |h'k'|$.[1]

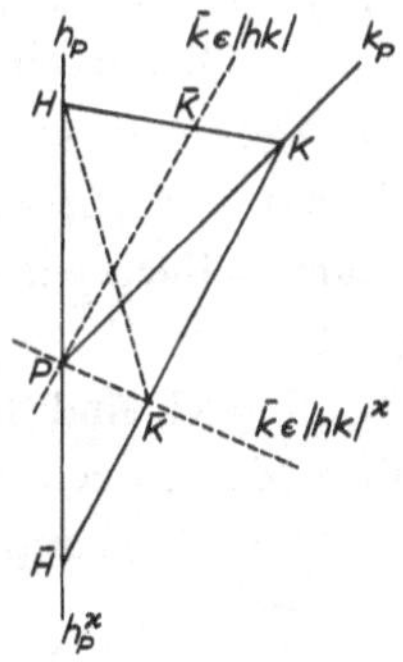

[1] Im folgenden werden wir anstelle der etwas unhandlichen Axiome III, IV. 3 und V. 3 meist die Ergebnisse des § 1 verwenden.

§ 2. Lote. Parallele

(2.1) **Satz 1.** *Ist g eine Gerade und P ein Punkt, nicht auf g, so existiert mindestens eine Parallele h zu g durch P.*

Beweis. Da g nichtgeschlossen ist, ist $S\setminus\Psi_P(g)\neq\emptyset$. Für jede Gerade h des Büschels $*P$ mit $\Phi_P(h)\in S\setminus\Psi_P(g)$ (und nur für diese) ist $g\cap h=\emptyset$. Jede solche Gerade h ist also zu g parallel.

Im folgenden Satz wird eine Parallele explizit angegeben.

Satz 2. *Ist g eine Gerade, P ein Punkt, nicht auf g, und l das Lot auf g durch P, so ist das Lot h auf l durch P parallel zu g.*

Beweis. Es sei S der Schnittpunkt von l und g. Angenommen, h hätte mit g einen Schnittpunkt S'. Dieser wäre dann $\neq S$ wegen $h\neq l$ und das Dreieck $\triangle PSS'$ hätte bei P und S rechte Winkel, entgegen Kap. II, (5.1), Satz 1.

Zwei Gerade g und h mit (mindestens) einem gemeinsamen Lot sind also parallel.

Eine Verallgemeinerung dieser Aussage liefert der folgende Satz 3.
Es seien g und h zwei Gerade und k eine dritte Gerade, die von g und h in zwei verschiedenen Punkten G und H geschnitten wird. Die Gerade k zerlegt die Ebene in zwei Halbebenen $\mathfrak{E}_k$ und $\mathfrak{E}_k^*$. Es sei G' ein Punkt von $g\cap\mathfrak{E}_k$ und H' ein Punkt von $h\cap\mathfrak{E}_k^*$. Dann heißen die Winkel $\sphericalangle HGG'$ und $\sphericalangle GHH'$ *Gegenwinkel.*

Satz 3. *Werden zwei verschiedene Gerade g und h von (mindestens) einer Geraden k unter kongruenten Gegenwinkeln geschnitten, so sind g und h parallel.*

Beweis. Der Fall, daß die Gegenwinkel Rechte sind, ist durch den Satz 2 erledigt. Die Gegenwinkel seien also keine Rechte. Es sei M der Mittelpunkt der Strecke $|GH|$. Dann wählen wir den Punkt G' speziell als den Schnittpunkt von g mit dem Lot l auf g durch M. Sodann wählen wir den Punkt H' speziell so, daß $|GG'|\equiv|HH'|$ ist. Aus Kongruenzsatz 1 folgt $\triangle GMG'\equiv\triangle HMH'$. Also ist erstens $\sphericalangle GMG'\equiv\sphericalangle HMH'$; folglich sind die Punkte G', M, H' kollinear; daher ist $H'\in l$. Zweitens ist mit $\sphericalangle MG'G$ auch $\sphericalangle MH'H$ ein Rechter. Also ist l Lot auch auf h. Der Satz 2 liefert nun die Behauptung.

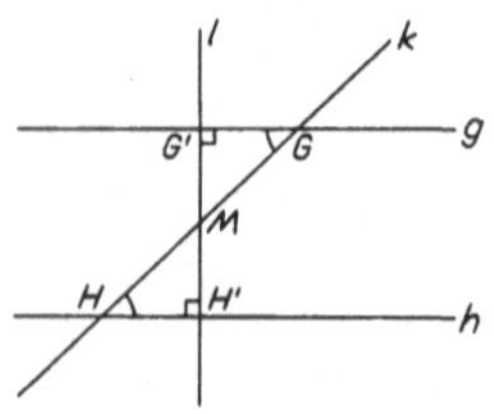

(2.2) Bei einem Dreieck $\triangle\, ABC$ nennt man die Winkel α, β, γ auch *Innenwinkel* und die Winkel $\alpha^{\times}, \beta^{\times}, \gamma^{\times}$ *Außenwinkel.* Über die Beziehungen zwischen Innen- und Außenwinkeln gilt der

Satz 1. *Bei einem Dreieck* $\triangle\, ABC$ *ist* $w(\alpha^{\times}) > w(\beta)$.

Beweis. Angenommen, es wäre $w(\alpha^{\times}) \leqq w(\beta)$. Dann existiert ein zu $\alpha^{\times}$ kongruenter Winkel $|g'k| \subset |gk| = \beta$. Der Schenkel g' schneidet h, im Widerspruch zu (2.1), Satz 3.

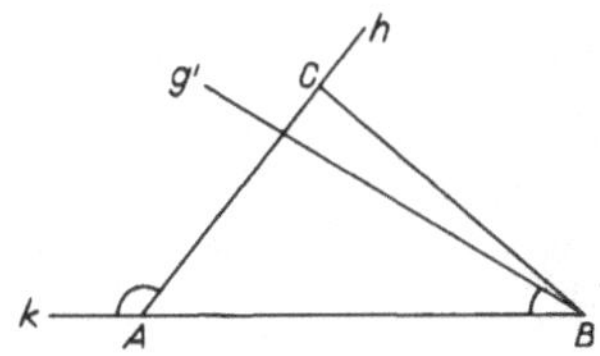

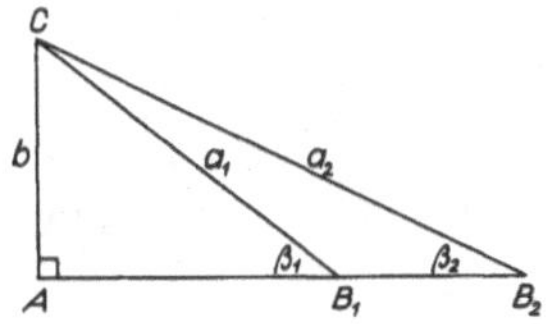

Satz 2. *Es seien* $\triangle\, AB_1C$ *und* $\triangle\, AB_2C$ *zwei Dreiecke mit rechtem Winkel bei A und* $B_1 \in |AB_2|$. *Für die Winkel* β_1, β_2 *bei* B_1, B_2 *und die Seiten* $b = |CA|$, $a_1 = |B_1C|$, $a_2 = |B_2C|$ *gilt dann*

$$\pi/2 > w(\beta_1) > w(\beta_2); \qquad l(b) < l(a_1) < l(a_2).$$

Beweis. Aus Kap. II, (5.1), Satz 1 folgt $\pi/2 > w(\beta_1)$. Aus obigem Satz 1 folgt $w(\beta_1) > w(\beta_2)$. – Aus $\pi/2 > w(\beta_1)$ folgt $l(b) < l(a_1)$ nach Kap II, (5.3). Im Dreieck $\triangle\, B_2CB_1$ ist der Winkel bei B_1 der Winkel $\beta_1^{\times}$; es ist $w(\beta_1^{\times}) = \pi - w(\beta_1) > \pi/2 > w(\beta_2)$; es folgt also $l(a_2) > l(a_1)$.

§ 3. Winkelsumme eines Dreiecks

(3.1) **Satz.** *Ist* $\triangle = \triangle\, ABC$ *ein Dreieck mit den Winkeln* α, β, γ, *so ist die „Winkelsumme"*

$$w(\alpha) + w(\beta) + w(\gamma) \leqq \pi.$$

Beweis. Die Bezeichnung sei so gewählt, daß $w(\alpha) \leqq w(\beta) \leqq w(\gamma)$ ist. Es sei D der Mittelpunkt der Seite $|BC|$. Auf der Verbindungsgeraden von A und D wählen wir den Punkt E so, daß D der Mittelpunkt der Strecke $|AE|$ ist. Nach dem Kongruenzsatz 1 ist dann $\triangle\, ADB \equiv \triangle\, EDC$ und $\triangle\, ADC \equiv \triangle\, EDB$. Es ist $w(\sphericalangle BAD) + w(\sphericalangle CAD) = w(\alpha)$. Also ist einer der beiden Summanden

$\leqq 2^{-1}\ w(\alpha)$, der andere $\geqq 2^{-1}\ w(\alpha)$. Ist $w(\sphericalangle BAD) \leqq 2^{-1}\ w(\alpha)$, so sei (1): $A = :A_1$, $E = :B_1$, $B = :C_1$; anderenfalls sei (2): $A = :A_1$, $E = :B_1$, $C = :C_1$. Für das Dreieck $\triangle A_1 B_1 C_1$ mit den Winkeln $\alpha_1, \beta_1, \gamma_1$ gilt dann

$$w(\alpha_1) \leqq 2^{-1}\ w(\alpha), \qquad w(\alpha_1) + w(\beta_1) = w(\alpha), \qquad w(\gamma_1) = w(\beta) + w(\gamma),$$

(also auch $w(\alpha_1) \leqq w(\beta_1) \leqq w(\gamma_1)$). Die Wiederholung der Konstruktion liefert ein Dreieck $\triangle A_2 B_2 C_2$ mit

$$w(\alpha_2) \leqq 2^{-1}\ w(\alpha_1), \qquad w(\alpha_2) + w(\beta_2) = w(\alpha_1), \qquad w(\gamma_2) = w(\beta_1) + w(\gamma_1),$$

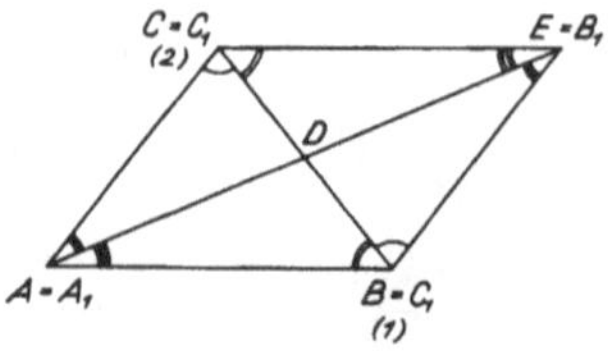

(also auch $w(\alpha_2) \leqq w(\beta_2) \leqq w(\gamma_2)$). Usw. Beim $(n+1)$-ten Schritt erhalten wir ein Dreieck $\triangle A_{n+1} B_{n+1} C_{n+1}$ mit

$$w(\alpha_{n+1}) \leqq 2^{-1}\ w(\alpha_n), \ w(\alpha_{n+1}) + w(\beta_{n+1}) = w(\alpha_n), \ w(\gamma_{n+1}) = w(\beta_n) + w(\gamma_n).$$

Es folgt

$$w(\alpha_n) \leqq 2^{-n}\ w(\alpha), \ w(\beta_n) + \ldots + w(\beta_1) = w(\alpha) - w(\alpha_n),$$

$$w(\beta_n) + \ldots + w(\beta_1) + w(\beta) + w(\gamma) = w(\gamma_{n+1}).$$

Also ist

$$w(\alpha) + w(\beta) + w(\gamma) = w(\gamma_{n+1}) + w(\alpha_n) \leqq w(\gamma_{n+1}) + 2^{-n}\ w(\alpha) < (1 + 2^{-n})\,\pi,$$

letzteres wegen $w(\gamma_{n+1}) < \pi$ und $w(\alpha) < \pi$. Da $n \in \mathbb{N}$ beliebig ist, folgt

$$w(\alpha) + w(\beta) + w(\gamma) \leqq \pi.$$

(3.2) **Satz.** *Es sei $\triangle ABC$ ein Dreieck. Dann schneidet das Mittellot von $|AB|$ die Verbindungsgerade f der Mittelpunkte G und H von $|BC|$ und $|CA|$ unter einem rechten Winkel.*

Beweis. Da A, B, C nicht kollinear sind, geht die Gerade f durch keinen der Punkte A, B, C und gilt für die Projektionen A', B', C' von A, B, C in f nicht $A' = B' = C'$. Weiter ist $A' \neq B'$. Denn angenommen, es wäre $A' = B'$. Dann ist $A' = B' \in AB$. Nach Kongruenzsatz 4 ist $\triangle BGB' \equiv \triangle CGC'$ und $\triangle AHA' \equiv \triangle CHC'$. Es folgt $|BB'| (\equiv |CC'|) \equiv |AA'|$. Also ist $A' = B'$ der Mittelpunkt von $|AB|$. Die Gerade f hat daher nicht nur mit den Dreiecksseiten $|BC|$ und $|CA|$, sondern auch mit $|AB|$ einen Punkt gemein, entgegen der Definition eines Dreiecks.

Es ist also $A' \neq B'$, wie behauptet wurde. – Wir behaupten nun: $|AA'| \equiv |BB'|$. Ist $A' = C'$, so ist $A' = C' = H$, also $|AA'| \equiv |CC'|$. Nach Kongruenzsatz 4 ist $\triangle CC'G \equiv \triangle BB'G$, also $|CC'| \equiv |BB'|$. – Analog im Falle $C' = B'$. – Ist $A' \neq C' \neq B'$, so ist $\triangle AA'H \equiv \triangle CC'H$ und $\triangle CC'G \equiv \triangle BB'G$ nach dem Kongruenzsatz 4. – Schließlich sei M der Mittelpunkt von $|AB|$ und M' der Mittelpunkt von $|A'B'|$. Nach Kongruenzsatz 1 ist $\triangle AA'M' \equiv \triangle BB'M'$, also $|AM'| \equiv |BM'|$. Nach Kongruenzsatz 3 folgt $\triangle AMM' \equiv \triangle BMM'$. Hieraus folgt erstens, daß $\sphericalangle AMM' \equiv \sphericalangle BMM'$ ist. Zweitens folgt $\sphericalangle AM'M \equiv \sphericalangle BM'M$; da auch $\sphericalangle A'M'A \equiv \sphericalangle B'M'B$ ist, folgt $\sphericalangle A'M'M \equiv \sphericalangle B'M'M$.

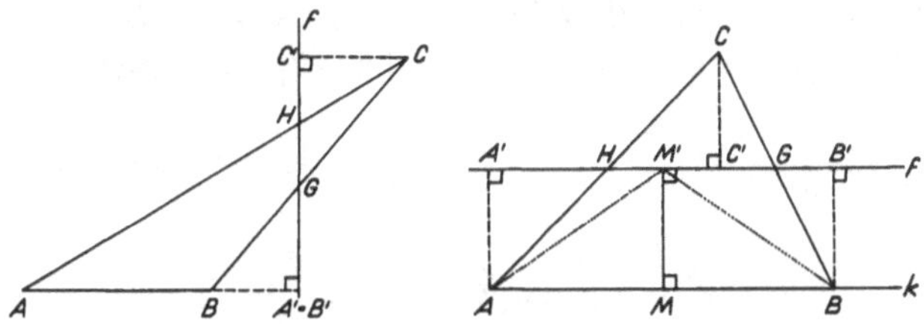

Korollar. $w(\alpha) + w(\beta) + w(\gamma) = 2\,w(\sphericalangle MAA')$.

Beweis. Aus den Kongruenzen des vorstehenden Beweises folgt $w(\alpha) + w(\beta) + w(\gamma) = w(\sphericalangle MAA') + w(\sphericalangle MBB')$ und $w(\sphericalangle MAA') = w(\sphericalangle MBB')$.

§ 4. Orientierung der Ebene

(4.1) Es sei g eine Gerade. Für jede natürliche Parametrisierung $\Lambda: \mathbb{R} \to g$ von g ist das Λ-Bild von $\mathbb{R}^+ := \{\lambda : \lambda > 0\}$ eine Halbgerade g_0 von g (mit $0 = \Lambda(0)$); umgekehrt existiert zu jeder Halbgeraden g_0 von g (genau) ein Λ derart, daß $g_0 = \Lambda(\mathbb{R}^+)$ ist. Zwischen den Parametrisierungen Λ von g und den Halbgeraden von g besteht somit eine eineindeutige Korrespondenz. Die durch ein Λ repräsentierte Orientierung von g wird daher auch durch die korrespondierende Halbgerade g_0 von g repräsentiert; jede Halbgerade von g repräsentiert dabei genau eine der beiden Orientierungen; zwei Halbgerade repräsentieren dieselbe Orientierung, wenn ihr Durchschnitt eine Halbgerade ist (m.a.W. wenn eine von ihnen die andere enthält). – Ist $\mathfrak{E}_l$ eine Halbebene und $g_0 = g \cap \mathfrak{E}_l$, so sagen wir, die durch g_0 repräsentierte Orientierung von g werde durch $\mathfrak{E}_l$ induziert. Es seien $\vec{g}$ und $\vec{h}$ zwei orientierte, parallele Gerade. Wir behaupten: werden ihre Orientierungen induziert durch eine und dieselbe Halbebene $\mathfrak{E}_{l_0}$, so werden sie für jede g und h schneidende Gerade l induziert durch eine und dieselbe Halbebene mit der Randgeraden l. Sind G_0 und H_0 die Schnittpunkte von g und h mit l_0, sowie G und H Schnittpunkte von g und h mit l, so genügt es, die Behauptung für die Gerade l_1 durch G_0 und H zu beweisen. Für jeden Punkt X bzw. Y von g bzw. h bezeichne g_X bzw. h_Y die die Orientierung $\rightarrow$ von g bzw. h repräsentierende Halbgerade von g mit dem Endpunkt X bzw. von h mit dem Endpunkt Y. Ist nun $g_{G_0} \subset \mathfrak{E}_{l_1}$, so haben wir zu zeigen, daß auch $h_H \subset \mathfrak{E}_{l_1}$ ist. Sei f eine Gerade, welche einen Punkt $G' \in g_{G_0}$ mit einem Punkt $H' \in h_{H_0} \cap h_H$ verbindet. Dann schneidet f die Strecken $|G_0 H_0|$ und $|H_0 H|$ nicht. Also schneidet f auch die Strecke $|H G_0|$ nicht: $f \cap |H G_0| = \emptyset$. Ist $\mathfrak{E}_g$ die h enthaltende Halbebene mit der Randgeraden g und $\mathfrak{E}_h$ die g enthaltende Halbebene mit der Randgeraden h, so ist $|H G_0| = l_1 \cap \mathfrak{E}_g \cap \mathfrak{E}_h$ und $|G' H'| = f \cap \mathfrak{E}_g \cap \mathfrak{E}_h$. Aus $f \cap |H G_0| = \emptyset$ folgt also $l_1 \cap |G' H'| = \emptyset$. Daher werden G' und H' durch l_1 nicht getrennt. Folglich gilt $h_H \subset \mathfrak{E}_{l_1}$.

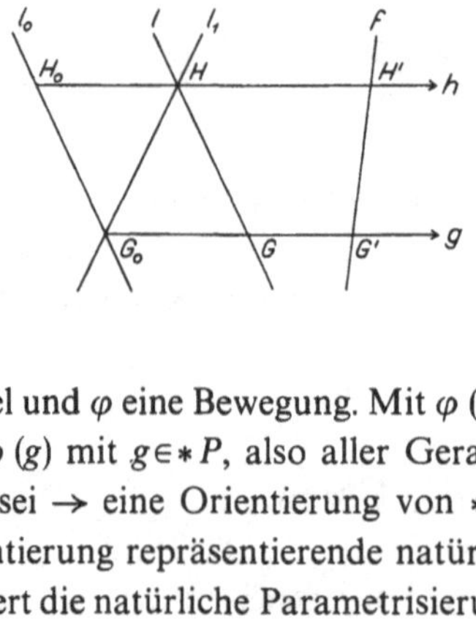

(4.2) Es sei $*P$ ein Büschel und φ eine Bewegung. Mit $\varphi(*P)$ bezeichnen wir das Büschel aller Geraden $\varphi(g)$ mit $g \in *P$, also aller Geraden durch $\varphi(P)$; kurz $\varphi(*P) := *\varphi(P)$. Weiter sei $\rightarrow$ eine Orientierung von $*P$ (vgl. Kap. II, (3.7)). Es sei Λ eine diese Orientierung repräsentierende natürliche Parametrisierung von $*P$. Dann repräsentiert die natürliche Parametrisierung $\varphi\Lambda$ von $\varphi(*P)$ eine Orientierung von $\varphi(*P)$. Wir bezeichnen diese Orientierung des Büschels $\varphi(*P)$ mit $\varphi(\rightarrow)$. – Ist ψ eine zweite Bewegung, so ist $\psi(\varphi(\rightarrow)) = (\psi\varphi)(\rightarrow)$. – Als orientiertes Büschel $*P$ haben wir (Kap. II, (3.7)) das Paar $(*P, \rightarrow)$ definiert. Als Bild von $\overrightarrow{*P}$ unter φ definieren wir nun $\varphi(\overrightarrow{*P}) := (\varphi(*P), \varphi(\rightarrow))$. Das φ-Bild des orientierten Büschels $\overrightarrow{*P}$ ist also das Büschel $\varphi(*P)$, orientiert durch $\varphi(\rightarrow)$. Ist φ speziell die Spiegelung σ_f an einer Geraden f durch P, so ist $\sigma_f(\rightarrow)$ die zu $\rightarrow$ entgegengesetzte Orientierung von $*P$. M.a.W. bei Spiegelung an f durch P wird $*P$ zwar auf sich abgebildet; die Orientierung $\rightarrow$ von $*P$ geht jedoch in die entgegengesetzte über; in Zeichen: $\sigma_f(\overrightarrow{*P}) = \overleftarrow{*P}$ für jede Gerade f durch P.

(4.3) Die Ebene $\mathfrak{E}$ heiße *orientierbar*, wenn für jedes Büschel $*P$ eine Orientierung, wir bezeichnen sie mit $\rightarrow$, so gewählt werden kann, daß gilt:

$$\sigma_f(\overrightarrow{*P}) = \overleftarrow{\sigma_f(*P)} \quad \text{für jede Gerade } f$$

(wobei $\leftarrow$ die zur gewählten Orientierung $\rightarrow$ von $\sigma_f(*P)$ entgegengesetzte Orientierung von $\sigma_f(*P)$ ist). Anders ausgedrückt: bezeichnen wir für jeden Punkt P die gewählte Orientierung $\rightarrow$ von $*P$ mit $\mathfrak{o}(P)$, so soll $\sigma_f(\mathfrak{o}(P))$ entgegengesetzt sein zu $\mathfrak{o}(\sigma_f(P))$ oder, was damit gleichbedeutend ist,

(+) $\sigma_f(\mathfrak{o}(P)) \neq \mathfrak{o}(\sigma_f(P))$ für jede Gerade f und jeden Punkt P.

Wir nennen jede Funktion $\mathfrak{o}$, die jedem Punkt P von $\mathfrak{E}$ eine der beiden Orientierungen von $*P$ zuordnet und die Eigenschaft (+) hat, eine *Orientierung* der Ebene $\mathfrak{E}$. Die Orientierbarkeit von $\mathfrak{E}$ ist gleichbedeutend mit der Existenz mindestens einer Orientierung von $\mathfrak{E}$. Wir werden in (4.4) zeigen, daß $\mathfrak{E}$ orientierbar ist.

(4.4) *Hilfssatz.* Es sei $\mathfrak{E}$ eine nichtleere Menge. Jedem Element P von $\mathfrak{E}$ sei eine zweielementige Menge $\mathfrak{O}(P)$ zugeordnet. Für je zwei Elemente P und Q von $\mathfrak{E}$, verschieden oder nicht, sei eine Bijektion $\rho_{Q,P}: \mathfrak{O}(P) \rightarrow \mathfrak{O}(Q)$ derart definiert, daß gilt: für jedes P ist a) $\rho_{P,P} \neq id_{\mathfrak{o}(P)}$; für je drei Elemente P, Q, R von $\mathfrak{E}$, verschieden oder nicht, ist b) $\rho_{P,R}\rho_{R,Q}\rho_{Q,P} = \rho_{P,P}$. Nun sei P_0 ein festes Element von $\mathfrak{E}$ und $\mathfrak{o}_0$ ein festes Element von $\mathfrak{O}(P_0)$. Wir definieren für jedes Element P von $\mathfrak{E}$ das Element $\mathfrak{o}(P)$ durch: c) $\rho_{P,P_0}(\mathfrak{o}_0) \neq \mathfrak{o}(P) \in \mathfrak{O}(P)$. Wir behaupten: für je zwei Elemente P, Q von $\mathfrak{E}$, verschieden oder nicht, gilt: d) $\rho_{Q,P}(\mathfrak{o}(P)) \neq \mathfrak{o}(Q)$.
Beweis. Aus b) folgt für $R = P$ die Gleichung $\rho_{P,P}\,\rho_{P,Q}\,\rho_{Q,P} = \rho_{P,P}$. Da $\rho_{P,P}$ eine Bijektion der zweielementigen Menge $\mathfrak{O}(P)$ auf sich ist, ist $\rho_{P,P}\rho_{P,P} = id_{\mathfrak{o}(P)}$. Also gilt: *e*) $\rho_{P,Q}\rho_{Q,P} = id_{\mathfrak{o}(P)}$. Nun seien P, Q beliebig gegeben. Nach b) ist $\rho_{P_0,Q}\rho_{Q,P}\rho_{P,P_0} = \rho_{P_0,P_0}$, nach e) also $\rho_{Q,P} = \rho_{Q,P_0}\rho_{P_0,P_0}\rho_{P_0,P}$. Nach c) und e) ist $\rho_{P_0 P}(\mathfrak{o}(P)) \neq \mathfrak{O}_0$, nach a) also $\rho_{P_0,p_0}(\rho_{P_0,P}(\mathfrak{o}(P)) = \mathfrak{o}_0$, nach c) folglich $\rho_{Q,P}(\mathfrak{o}(P)) = \rho_{Q,P_0}(\mathfrak{o}_0) \neq \mathfrak{o}(Q)$.

Satz. *Die Ebene $\mathfrak{E}$ ist orientierbar.*

Beweis. Für jeden Punkt P von $\mathfrak{E}$ sei $\mathfrak{O}(P)$ die Menge, bestehend aus den beiden Orientierungen des Büschels $*P$. Für $P, Q \in \mathfrak{E}$ definieren wir die Bijektion $\rho_{Q,P}: \mathfrak{O}(P) \rightarrow \mathfrak{O}(Q)$ durch

1) $$\rho_{Q,P}(\mathfrak{o}) := \sigma_f(\mathfrak{o}), \qquad \mathfrak{o} \in \mathfrak{O}(P);$$

dabei sei f die Mittellinie von P und Q wenn $P \neq Q$ ist, hingegen f eine beliebige Gerade durch P, wenn $P = Q$ ist. – $\rho_{P,P}$ ist nach (4.2) von f durch P unabhängig und zwar gilt die Voraussetzung a) des Hilfssatzes. Daß auch b) gilt, folgt ebenfalls aus (4.2) (im Falle $P \neq Q \neq R \neq P$ unter Zuhilfenahme von Kap. II. (9.2), Korollar). – Nun sei P_0 ein fester Punkt von $\mathfrak{E}$ und $\mathfrak{o}_0$ eine der beiden Orientierungen des Büschels $*P_0$. Dann lautet die Definition c) des Hilfssatzes wegen 1) folgendermaßen:

2) $$\sigma_f(\mathfrak{o}_0) \neq \mathfrak{o}(P) \in \mathfrak{O}(P),$$

wobei f die Mittellinie von P und P_0 ist im Falle $P \neq P_0$, hingegen f eine beliebige Gerade durch P ist, wenn $P = P_0$. Nach (4.2) ist dann $\mathfrak{o}(P_0) = \mathfrak{o}_0$ und aus der Behauptung d) des Hilfssatzes folgt wegen 1) die Gültigkeit von (+) in (4.3). Also ist die durch 2) definierte Funktion $\mathfrak{o}$ eine Orientierung der Ebene $\mathfrak{E}$.

Aufgabe.
Man beweise:
1. Eine nichtelliptische Ebene $\mathfrak{E}$ besitzt genau zwei Orientierungen.
2. Die elliptische Ebene ist nicht orientierbar.

§ 5. Vierecke

(5.1) Es sei (A_1, A_2, A_3, A_4) ein geordnetes Quadrupel von Punkten, von denen keine drei kollinear sind. Wir setzen noch $A_4 =: A_0$ und $A_1 =: A_5$. Wir nennen das Streckenquadrupel $\{|A_i A_{i+1}|\}_{i=1,2,3,4}$ ein *Viereck*, in Zeichen $\square A_1 A_2 A_3 A_4$, mit den Seiten $|A_i A_{i+1}|$, den Ecken A_i und den Diagonalen $|A_1 A_3|$ und $|A_2 A_4|$. Ein Viereck heiße *konvex*, wenn jede Gerade g, die durch keine Ecke geht, keine oder genau zwei Seiten des Vierecks schneidet.

Satz. *Es sei $\square A_1 A_2 A_3 A_4$ ein Viereck. Dann sind folgende drei Aussagen äquivalent:* 1) *das Viereck ist konvex;* 2) *die beiden Diagonalen haben einen Schnittpunkt;* 3) *für kein $i = 1, 2, 3, 4$ trennt die Gerade g_i durch A_i und A_{i+1} die beiden anderen Ecken.*

Beweis. 1) $\Rightarrow$ 2). Es sei s die Gerade durch A_1 und A_3 sowie t die Gerade durch A_2 und A_4. Die Gerade s trennt die Punkte A_2 und A_4. Denn angenommen dies wäre nicht der Fall, dann liegen A_2 und A_4 in einer der beiden Halbebenen mit der Randgeraden s; sie heiße $\mathfrak{E}_s$. Dann liegen alle vier Seiten des Vierecks in $\mathfrak{E}_s$. Sei nun D ein Punkt der Diagonale $|A_1 A_3|$ und $u \neq s$ eine Gerade durch D, nicht durch A_2 und nicht durch A_4. Dann schneidet die Halbgerade $u_C : u \cap \mathfrak{E}_s$ die Seite

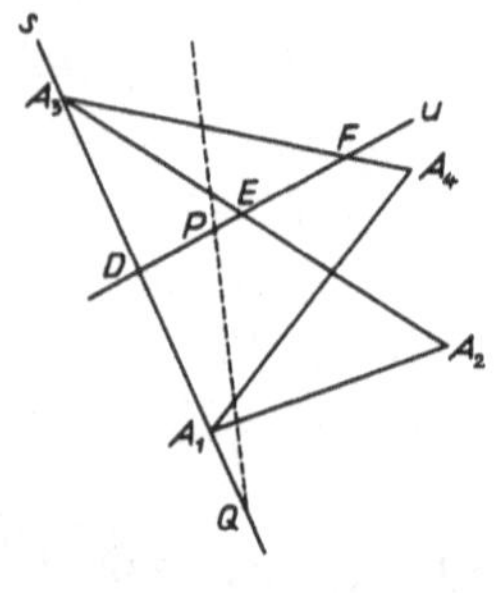

$|A_1 A_2|$ oder die Seite des Dreiecks $\triangle A_1 A_2 A_3$ in einem Punkt E und die Seite $|A_1 A_4|$ oder die Seite $|A_4 A_3|$ von $\triangle A_1 A_4 A_3$ in einem Punkt F. Ist nun P ein Punkt der Strecke $|DE||DF|$ und Q ein Punkt von s, verschieden von A_1 und A_3, nicht in $|A_1 A_3|$ so schneidet die Gerade durch P und Q alle vier Seiten des Vierecks. Dies ist ein Widerspruch zur Konvexität des Vierecks. Also werden A_2 und A_4 durch s getrennt. Daher haben $|A_2 A_4|$ und s einen Punkt H gemein. Analog gilt: $|A_1 A_3|$ und t haben einen Punkt K gemein. Dann ist $H=K$ gemeinsamer Punkt von $|A_2 A_4|$ und $|A_1 A_3|$. –

2) $\Rightarrow$ 3). Sei S der Schnittpunkt der Diagonalen. Für beliebiges i liegt S in einer der beiden Halbebenen $\mathfrak{E}_{g_i}$ oder $\mathfrak{E}^{\times}_{g_i}$, etwa in $\mathfrak{E}_{g_i}$. Dann liegen auch die beiden anderen Ecken in $\mathfrak{E}_{g_i}$. – 3) $\Rightarrow$ 1). Angenommen, das Viereck wäre nicht konvex. Haben dann zwei Seiten einen nichtleeren Durchschnitt, so gilt 3) trivialerweise nicht. Seien also die Seiten paarweise fremd. Da das Viereck nicht konvex ist, existiert eine Gerade g, die durch keine Ecke geht und mit genau einer oder genau drei oder allen vier Seiten einen Punkt gemein hat. Bei jeder Verteilung der vier Ecken auf die beiden Halbebenen $\mathfrak{E}_g$ und $\mathfrak{E}^{\times}_g$ ergibt sich eine gerade Anzahl von Schnittpunkten von g mit den Seiten des Vierecks. Also hat g mit allen vier Seiten $|A_i A_{i+1}|$ einen Schnittpunkt B_i gemein ($i=1, 2, 3, 4$). Die Punkte A_1 und A_3 liegen in $\mathfrak{E}_g$ und die Punkte A_2 und A_4 in $\mathfrak{E}^{\times}_g$ oder umgekehrt. Trennt nun B_i die Punkte B_j und B_k in g, so trennt g_i die von A_i und A_{i+1} verschiedenen Ecken.

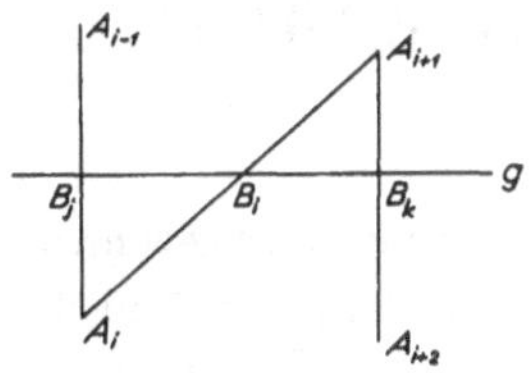

(5.2) Ist das Viereck $\square A_1 A_2 A_3 A_4$ konvex, so nennen wir den Winkel mit der Spitze A_i, bestehend aus allen Geraden durch A_i, welche die Diagonale $|A_{i-1} A_{i+1}|$ schneiden, den Viereckswinkel bei A_i, in Zeichen $\sphericalangle A_i$ oder $\sphericalangle A_{i-1} A_i A_{i+1}$. Ist das Viereck mit $\square ABCD$ bezeichnet, so bezeichnen wir die Winkel bei A, B, C, D auch mit $\alpha, \beta, \gamma, \delta$.

Für die „Winkelsumme“ $w(\alpha)+w(\beta)+w(\gamma)+w(\delta)$ eines konvexen Vierecks $\square ABCD$ gilt folgende Ungleichung: $w(\alpha)+w(\beta)+w(\gamma)+w(\delta) \leqq 2\pi$. Denn nach dem Satz in (5.1) zerlegt die Diagonale $|AC|$ die Viereckswinkel α und γ. Die Anwendung des Satzes in (3.1) auf die Dreiecke $\triangle ABC$ und $\triangle ADC$ ergibt die Behauptung.

(5.3) *Beispiele.* 1. Ein Viereck $\square A_1 A_2 A_3 A_4$ heißt ein Parallelogramm, wenn für die Verbindungsgeraden g_i der Punkte A_i und A_{i+1} gilt: g_1 und g_3 sind parallel; g_2 und g_4 sind parallel. Nach dem Satz in (4.1) ist ein Parallelogramm konvex. – 2. Es seien g_2 und g_4 zwei Gerade, welche eine Gerade g_1 in Punkten A_1 und A_2 rechtwinklig schneidet; es sei g_3 das Lot auf g_2 durch einen Punkt A_4 von g_4; der Schnittpunkt von g_3 und g_4 heiße A_3. Dann ist $\square A_1 A_2 A_3 A_4$ ein Parallelogramm mit rechten Winkeln bei A_1, A_2, A_3. Der Winkel bei A_4 ist nach (5.2) spitz oder ebenfalls ein Rechter. Im ersten Fall heißt das Parallelogramm ein *Spitzeck*, im zweiten Fall ein *Rechteck*. Beim Rechteck ist $|A_1 A_2| \equiv |A_3 A_4|$ und $|A_4 A_1| \equiv |A_2 A_3|$. (Denn sei M der Mittelpunkt der Strecke $A_2 A_3$, h das Lot von M auf g_4 und N der Schnittpunkt von h und g_4. Aus (5.2), angewandt auf die beiden Vierecke $\square A_2 M N A_1$ und $\square A_3 M N A_4$ liefert, daß h auch auf g_2 senkrecht steht. Daher geht bei Spiegelung an h das Viereck $\square A_1 A_2 A_3 A_4$ in sich über.) – 3. Ein konvexes Viereck $\square A_1 A_2 A_3 A_4$ heißt ein *Saccheri-Viereck* über $|A_1 A_2|$, wenn $\sphericalangle A_1$ und $\sphericalangle A_2$ Rechte sind und $|A_1 A_4| \equiv |A_2 A_3|$ ist. (Dann ist auch $\sphericalangle A_3 \equiv \sphericalangle A_4$; denn es ist $\triangle A_1 A_2 A_3 \equiv \triangle A_2 A_1 A_4$ nach Kongruenzsatz 1, also $|A_1 A_3| \equiv |A_2 A_4|$ und $\sphericalangle A_3 A_1 A_4 \equiv \sphericalangle A_4 A_2 A_3$, nach Kongruenzsatz 1 also $\triangle A_1 A_4 A_3 \equiv \triangle A_2 A_3 A_4$. – Aus (5.2) folgt weiter $w(\sphericalangle A_3) = w(\sphericalangle A_4) \leqq \pi/2$).

§ 6. Kennzeichnung der euklidischen und der hyperbolischen Ebene

In Kap. I, (2.3) haben wir behauptet, daß jede nichtelliptische Ebene $\mathfrak{E}$ entweder euklidisch oder hyperbolisch ist. Hiermit ist nach (2.1), Satz 1 folgendes gleichbedeutend: wenn in der nichtelliptischen Ebene eine Gerade g_0 und ein Punkt P_0, nicht auf g_0, derart existiert, daß es höchstens eine Parallele zu g_0 durch P_0 gibt, so gibt es zu jeder Geraden g und jedem Punkt P, nicht auf g, höchstens eine Parallele durch P. Dieses wollen wir nun beweisen. Wir beweisen allgemeiner für die nichtelliptische Ebene $\mathfrak{E}$ folgenden

Satz. *Die folgenden sechs Aussagen sind äquivalent:*

(1) *für mindestens eine Gerade g und mindestens einen nicht auf g liegenden Punkt P existiert höchstens eine Parallele durch P zu g;*

(2) *für jede Gerade g und jeden nicht auf g liegenden Punkt P existiert höchstens eine Parallele durch P zu g;*

(3) *für mindestens ein Dreieck* $\triangle ABC$ *ist* $w(\alpha)+w(\beta)+w(\gamma)=\pi$;

(4) *für jedes Dreieck* $\triangle ABC$ *ist* $w(\alpha)+w(\beta)+w(\gamma)=\pi$;

(5) *es existiert mindestens ein Rechteck;*

(6) *jedes Viereck mit drei Rechten ist ein Rechteck;*

Beweis. (5) $\Rightarrow$ (6). Vorbemerkung. Es sei $\square\, EFGH$ ein Rechteck; dann ist jedes Lot l auf der Geraden EF auch ein Lot auf der Geraden GH. Es sei nämlich U ein Punkt von EF; l das Lot von U auf GH; V der Schnittpunkt von l mit GH. Es genügt zu zeigen, daß GH und l sich in U unter einem Rechten schneiden. Hierzu spiegeln wir l an der Geraden EH und an der Geraden FG. Die Bildgeraden l' und l'' schneiden EF in Punkten U' und U'', die Gerade GH in Punkten V' und V''. Die drei Vierecke $\square\, VV'U'U$, $\square\, V'V''U''U'$, $\square\, VV''U''U$ sind Saccheri-Vierecke. Aus (5.3), 3 folgt, daß die Winkel bei U, U', U'' kongruent, also Rechte sind. – Nun existiere ein Rechteck $\square\, A_0B_0C_0D_0$. Es sei $\square\, ABCD$ ein beliebiges Viereck mit rechten Winkeln bei A, B, C. Wir setzen $A=:A_1$. Auf der Geraden AB bzw. AD wählen wir den Punkt B_1 bzw. D_1 so, daß $|A_0B_0|\equiv$ $\equiv|A_1B_1|$ bzw. $|A_0D_0|\equiv|A_1D_1|$ ist. Das Lot auf AB in B_1 schneidet das Lot auf AD in D_1 in einem Punkt C_1. Das Viereck $\square\, A_1B_1C_1D_1$ ist zum Viereck $\square\, A_0B_0C_0D_0$ kongruent, also ein Rechteck. Nach der Vorbemerkung schneidet die Gerade BC die Gerade C_1D_1 in einem Punkt C' unter einem rechten Winkel. Also ist $\square\, ABC'D_1$ ein Rechteck. Nochmalige Anwendung der Vorbemerkung liefert, daß der Winkel bei D ein Rechter ist. –

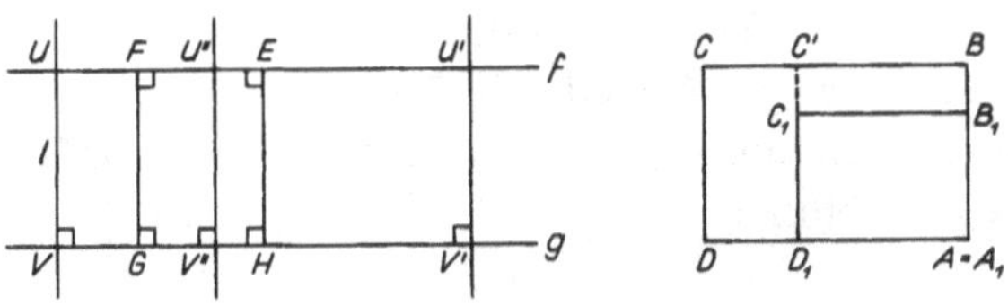

(6) $\Rightarrow$ (4). Nach (3.2), Korollar existiert zu jedem Dreieck $\triangle\, ABC$ ein Viereck $\square\, A'M'MA$ mit rechten Winkeln bei A', M', M und mit $2w(\sphericalangle MAA')=$ $w(\alpha)+w(\beta)+w(\gamma)$. – (4) $\Rightarrow$ (3). Dies ist trivial. – (3) $\Rightarrow$ (5). Dieselbe Begründung wie für (6) $\Rightarrow$ (4). – (6) $\Rightarrow$ (2). Es sei k das Lot auf g durch P; sein Fußpunkt heiße G und die den Punkt G enthaltende Halbgerade von k mit dem Endpunkt P heiße k_P. Weiter sei h das Lot in P auf k. Dann ist h parallel zu g. Nun sei l eine Gerade durch P, verschieden von h. Wir haben zu zeigen, daß l und g sich schneiden. Für eine der beiden Halbgeraden von l mit dem Endpunkt P, sie heiße l_P, ist der Winkel $|k_P l_P|$ spitz. Wir machen die Annahme, daß l_P die Gerade g nicht schneidet. Wir setzen $P=H^0=K^0=L^0$ und $G=G^0$. Wir wählen einen Punkt $L^1\in l_P$ beliebig und sodann sukzessive für $n=1, 2, \ldots$ den Punkt $L^{n+1}\in l_P$ so, daß $L^n\in|L^{n-1}L^{n+1}|$ und $|L^0L^1|\equiv|L^nL^{n+1}|$ ist. Für jedes n sei H^n, K^n, G^n die Projektion von L^n in die Gerade h, k, g. Infolge unserer Annahme liegen alle Punkte K^n

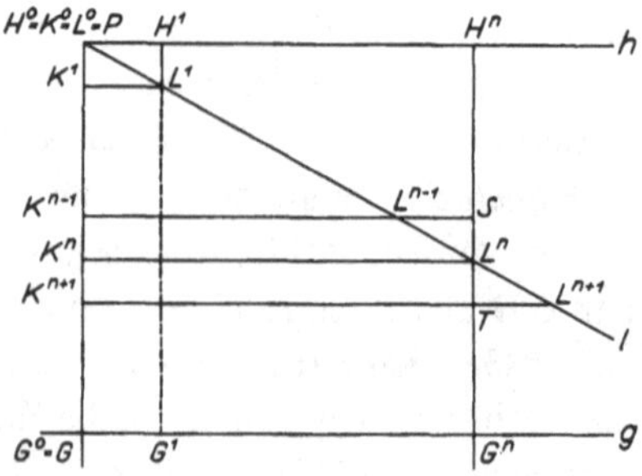

in der Strecke $|PG|$. Außerdem gilt $K^n \in |K^{n-1}K^{n+1}|$. Also sind die Strecken $|K^0K^1|$, $|K^1K^2|$, … paarweise fremd. Wenn wir noch zeigen können, daß diese Strecken paarweise kongruent sind, haben wir den gesuchten Widerspruch gegen Axiom IV.4. Nun sind wegen (6) die Vierecke $\square L^n H^n P K^n$ und $\square L^n G^n G K^n$ Rechtecke, also H^n, L^n und G^n kollinear. Nach der obigen Vorbemerkung schneidet die Verbindungsgerade von K^{n-1} und L^{n-1} bzw. von K^{n+1} und L^{n+1} die Strecke $|G^nH^n|$ in einem Punkt S bzw. T unter einem rechten Winkel. Wegen (4.3), 3 folgt $|K^nK^{n+1}| \equiv |L^nT|$ und $|K^{n-1}K^n| \equiv |SL^n|$. Nun ist $\triangle L^nTL^{n+1} \equiv \triangle L^nSL^{n-1}$ nach Kongruenzsatz 4. Also ist $|K^nK^{n+1}| \equiv |K^{n-1}K^n|$. – (2) ⇒ (1). Dies ist trivial. – (1) ⇒ (5). Es sei: f das Lot von P auf g und S sein Fußpunkt; h das Lot auf f in P (also h die (einzige) Parallele durch P zu g); Q ein Punkt $\neq P$ auf h; l das Lot von Q auf G und R sein Fußpunkt; schließlich k das Lot von P auf l. Dann ist k parallel zu g. Also $k = h$, also der Winkel bei Q ein Rechter. Folglich ist $\square PQRS$ ein Rechteck.

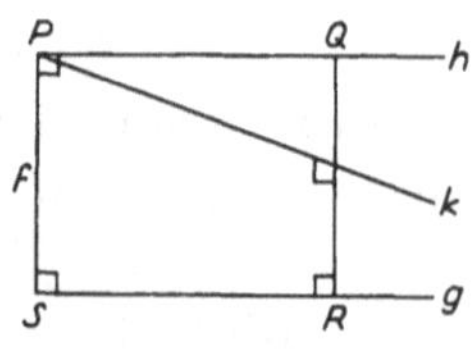

Aufgabe.

Man beweise, daß man den soeben bewiesenen Satz ergänzen kann durch folgende zwei Aussagen: (7) es existiert eine Gerade h und dazu eine Abstandslinie g, die ebenfalls eine Gerade ist; (8) für jede Gerade h ist jede Abstandslinie g eine Gerade.

V. Die hyperbolische Ebene

Nun sei $\mathfrak{E}$ eine hyperbolische Ebene; es gelte also neben den Axiomen I–VI das Parallelenaxiom VII_3. Unsere Hauptaufgabe besteht darin, in $\mathfrak{E}$ Weierstraßsche Koordinaten einzuführen. Wichtige Hilfsmittel hierfür sind die Grenzparallelen und die Geradenbüschel dritter Art.

§ 1. Kongruenzsatz 6. Winkelsumme im Dreieck

(1.1) Neben den Kongruenzsätzen 1–5 gilt in der hyperbolischen Ebene noch ein sechster. Sind nämlich $\triangle = \triangle ABC$ und $\triangle' = \triangle A'B'C'$ zwei Dreiecke und α, β, γ bzw. α', β', γ' ihre Winkel, so gilt folgender

Kongruenzsatz 6. *Aus* $\alpha \equiv \alpha'$, $\beta \equiv \beta'$, $\gamma \equiv \gamma'$ *folgt* $\triangle \equiv \triangle'$.[2]

Beweis. Angenommen, es wäre nicht $|CA| \equiv |C'A'|$. Wir setzen $C = C''$ und wählen auf der A bzw. B enthaltenden Halbgeraden mit dem Endpunkt C den Punkt A'' bzw. B'' so, daß $|B''C''| \equiv |B'C'|$ bzw. $|C''A''| \equiv |C'A'|$ ist. Dann ist $A'' \neq A$. Nach Kongruenzsatz 1 ist $\triangle A'B'C' \equiv \triangle A''B''C''$. Also ist $\alpha'' \equiv \alpha$ und $\beta'' \equiv \beta$. Hieraus folgt nach Kap. IV, (2.1), Satz 3 erstens, daß die Verbindungsgerade k'' von A'' und B'' parallel ist zur Verbindungsgeraden k von A und B, daß also $A'' \neq A$ ist. Zweitens folgt mittels des Kongruenzsatzes 4, daß die Lote vom Mittelpunkt von $|AA''|$ auf k und k'' gleich sind und ebenso die Lote vom Mittelpunkt von $|BB''|$ auf k und k''. Also hätten k und k'' zwei verschiedene gemeinsame Lote und es gäbe daher in der hyperbolischen Ebene $\mathfrak{E}$ ein Rechteck, was nach Kap. IV, § 6 nicht der Fall ist. Es ist also $|CA| \equiv |C'A'|$. Jetzt folgt die Behauptung aus Kongruenzsatz 2.

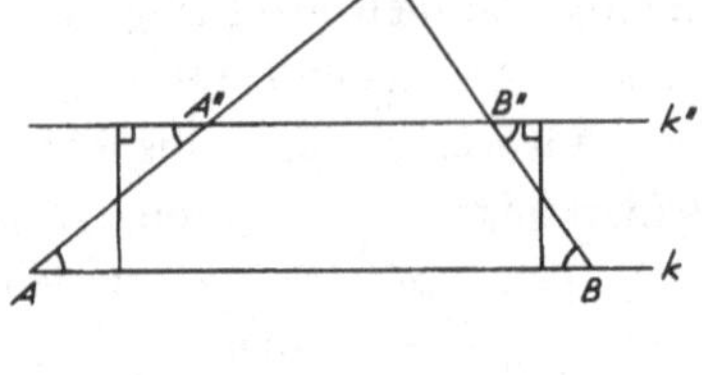

[2] Das in Kap. III, (2.1), Fußnote 1 Gesagte gilt auch hier.

(1.2) Aus Kap. IV, (3.1) und § 6 folgt der für die hyperbolische Ebene charakteristische

Satz. *Ist $\triangle$ ein Dreieck und sind α, β, γ seine Winkel so gilt für die „Winkelsumme" $w(\alpha)+w(\beta)+w(\gamma)$ die Ungleichung*

$$0<w(\alpha)+w(\beta)+w(\gamma)<\pi.$$

Wir werden in (8.5) zeigen, daß diese Schranken für die Winkelsumme scharf sind, sogar genauer, daß es zu jeder Zahl w mit $0<w<\pi$ Dreiecke mit der Winkelsumme w gibt. Insbesondere existieren also in der hyperbolischen Ebene Dreiecke mit beliebig kleiner Winkelsumme. Die Differenz $\partial\triangle=\partial ABC:=\pi-(w(\alpha)+w(\beta)+w(\gamma))$ heißt der *Defekt* des Dreiecks $\triangle=\triangle ABC$. Er ist additiv im folgenden Sinne. Wird das Dreieck $\triangle$ durch die Verbindungsgerade einer Ecke mit einem Punkt der gegenüberliegenden Seite in zwei Teildreiecke $\triangle'$ und $\triangle''$ zerlegt, so ist $\partial\triangle=\partial\triangle'+\partial\triangle''$.

§ 2. Grenzparallele

(2.1) Es seien g eine Gerade und P ein Punkt, nicht auf g. Da die Ebene $\mathfrak{E}$ hyperbolisch ist, existieren mindestens zwei Parallele zu g durch P. Folglich enthält die Menge $S\backslash\Psi_g(g)$ mindestens zwei Punkte. Nach Axiom II.1 ist also $\Psi_g(g)$ ein eigentlicher, offener Kreisbogen. Daher ist die Menge aller g schneidenden Geraden durch P ein Winkel $|hk|$ mit der Spitze P. Seine Schenkel h, k und die Geraden des Komplementärwinkels $|hk|^{\times}$ sind die sämtlichen Parallelen zu g durch P. Die Menge dieser Parallelen wird also „begrenzt" durch h und k. Daher heißen die Geraden h und k die *Grenzparallelen* zu g durch P.[3]

Nun sei l das Lot von P auf g, Q sein Fußpunkt und $p=l(|PQ|)$ die Länge der Strecke $|PQ|$. Das Lot l halbiert den Winkel $|hk|$. Die beiden Winkel $|hl|\subset|hk|$ und $|lk|\subset|hk|$ heißen die *Parallelwinkel* zu g und P. Ihr Maß wird mit $\Pi(p)$ bezeichnet (es ist $0<\Pi(p)<\pi/2$). Diese Bezeichnung ist gerechtfertigt. Denn bei jeder Bewegung gehen die Parallelwinkel zu g und P über in die Parallelwinkel zu den Bildern g' und P'. Also hängt $\Pi(p)$ von g und P nicht ab; vielmehr ist $\Pi(p)$ durch p bestimmt. Wir werden später die Funktion Π genau angeben. Vorerst nur folgende Bemerkung: Aus $p'>p$ folgt $\Pi(p')\leqq\Pi(p)$. Denn sei Q' der Punkt von l mit $l(|PQ'|)=p'$ und $Q\in|PQ'|$; außerdem sei g' das Lot zu l durch Q'. Dann sind h und k auch zu g' parallel.

[3] Man findet in der Literatur auch die Bezeichnung „Parallele" statt „Grenzparallele" und „Überparallele" statt „Parallele".

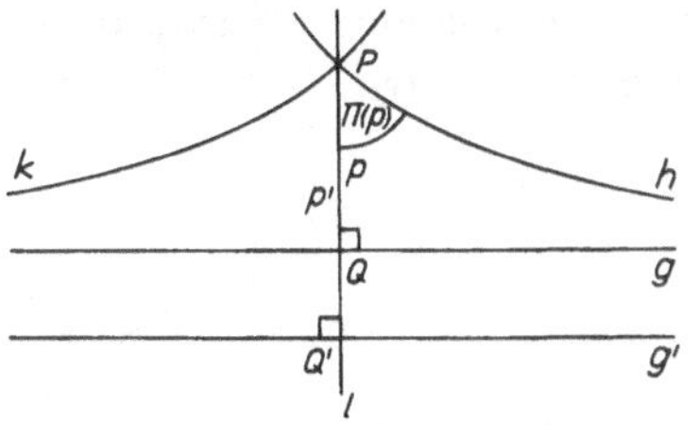

(2.2) Für das Studium der Grenzparallelen bedeutet es eine gewisse Schwierigkeit, daß es zu g und P nicht nur eine, sondern zwei Grenzparallele gibt. Diese Schwierigkeit kann umgangen werden durch Orientierung der Geraden.
Die die Gerade g enthaltenden Halbebenen $\mathfrak{E}_k$ und $\mathfrak{E}_h$ liefern die Halbgeraden $h_P := h \cap \mathfrak{E}_k$ und $k_P := k \cap \mathfrak{E}_h$. Es ist $|h_P k_P| = |hk|$. Die Gerade l trennt h_P und k_P; ist also die Projektion von h_P in g enthalten in der Halbgeraden g_Q, so ist die Projektion von k_P in g enthalten in $g_Q^{\times}$. Wir bezeichnen nun die durch h_P bzw. g_Q repräsentierte Orientierung von h bzw. g mit $\rightarrow$ und die durch k_P bzw. $g_Q^{\times}$ repräsentierte Orientierung von k bzw. g mit $\leftarrow$. Dann heißt $\vec{h}$ die (orientierte) Grenzparallele zu $\vec{g}$ durch P und $\overleftarrow{k}$ die (orientierte) Grenzparallele zu $\overleftarrow{g}$ durch P. Hiernach existiert also zu jeder (orientierten) Geraden $\vec{g}$ und jedem nicht darauf liegenden Punkt P genau eine (orientierte) Grenzparallele $\vec{h}$.

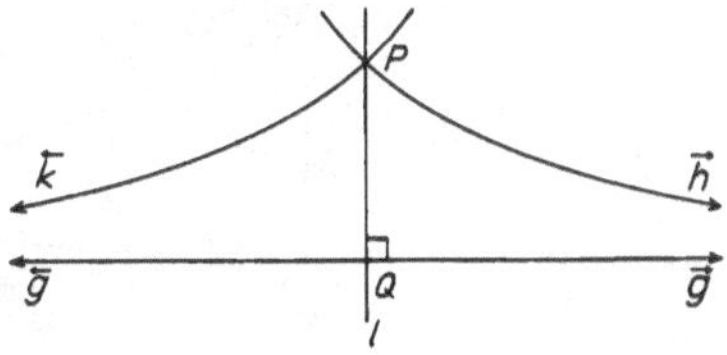

(2.3) Es sei $\vec{h}$ die Grenzparallele zu $\vec{g}$ durch $P \notin g$. Weiter sei P' ein Punkt $\neq P$ von h. Wir behaupten, daß $\vec{h}$ auch die Grenzparallele zu $\vec{g}$ durch P' ist. Es sei nämlich l' das Lot von P' auf g, Q' sein Fußpunkt und $l'_{P'}$ die Q' enthaltende Halbgerade. Weiter sei $h_{P'}$ die Halbgerade mit $h_{P'} \subset h_P$ oder $h_P \subset h_{P'}$. Schließlich sei s' eine Gerade des Winkels $|h'_{P'} l'_{P'}|$. Wir haben zu zeigen, daß s' die Gerade g schneidet. Hierzu unterscheiden wir zwei Fälle. I: $P' \in h_P$. Sei P'' ein Punkt von h_P mit $P' \in |PP''|$. Dann schneidet s' die Strecke $|QP''|$ in einem Punkt R. Die Gerade durch P und R liegt im Parallelwinkel $|hl|$, schneidet also g. Dann schneidet s' die Strecke $|QS|$. – II: $P \in h_{P'}$. Schneidet s' die Strecke $|Q'Q|$ oder geht s' durch Q, so sind wir fertig. Anderenfalls schneidet s' die Strecke $|PQ|$. Nun sei $s'_{P'}$ die Halbgerade $s' \cap \mathfrak{E}_h$ und s_P die Halbgerade $\subset \mathfrak{E}_h$ derart, daß $s'_{P'} h_{P'} \equiv s_P h_P$ ist.

Dann sind s und s' parallel. Die Gerade s schneidet die Gerade g in einem Punkt S. Daher schneidet s' die Strecke $|QS|$. –

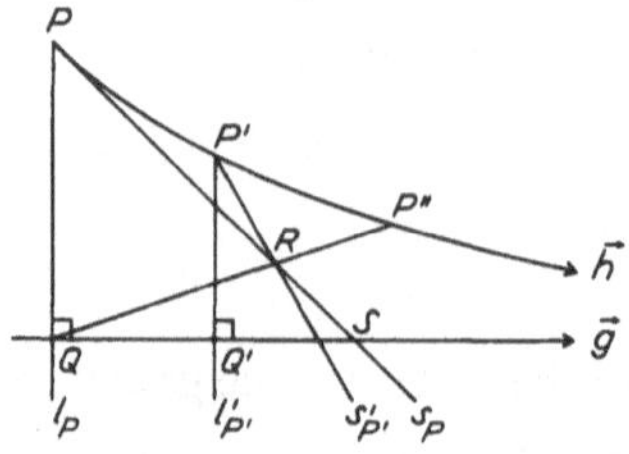

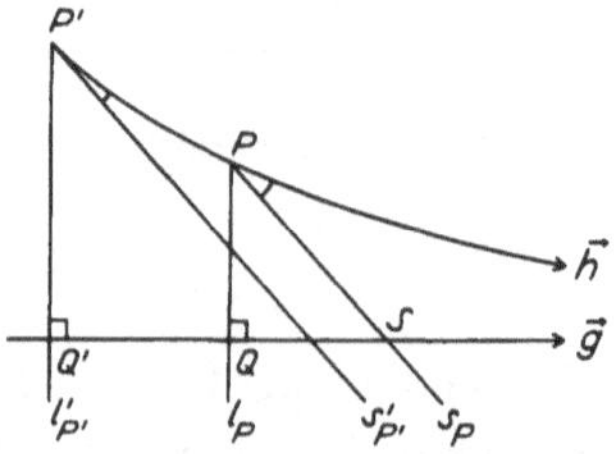

Die Gerade $\vec{h}$ ist also die Grenzparallele zu $\vec{g}$ durch jeden Punkt P von h. Wir können daher von jetzt an $\vec{h}$ grenzparallel zu $\vec{g}$ nennen (ohne den Zusatz „durch P").

(2.4) Es seien $\vec{g}$ und $\vec{h}$ zwei orientierte Parallele. Ist l eine Gerade, welche g und h schneidet – die Schnittpunkte seien Q und P –, ist weiter l_P die Q enthaltende Halbgerade und h_P Repräsentant der Orientierung von $\vec{h}$, so sei $\mathfrak{A}_l$ die folgende Aussage: 1) die Orientierungen von $\vec{g}$ und $\vec{h}$ werden durch dieselbe Halbebene $\mathfrak{E}_l$ induziert; 2) jede Gerade des Winkels $|h_P l_P|$ schneidet g. Aus (2.2), (2.3) und Kap. IV, (4.1) folgt: damit $\vec{h}$ grenzparallel ist zu $\vec{g}$, ist hinreichend, daß $\mathfrak{A}_l$ für mindestens ein l, und notwendig, daß $\mathfrak{A}_l$ für alle l gilt.

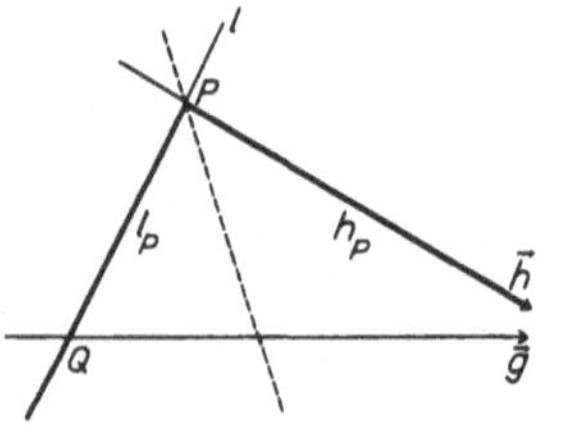

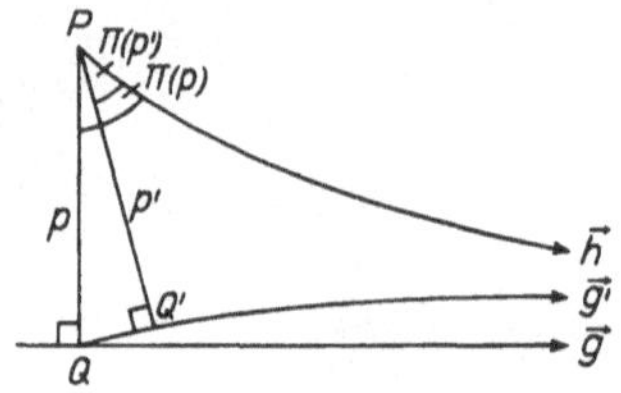

(2.5) Ist $\vec{h}$ grenzparallel zu $\vec{g}$, so ist $\vec{g}$ grenzparallel zu $\vec{h}$. Zum Beweis seien: P ein Punkt von h; l das Lot von P auf g und Q sein Fußpunkt; l_Q die P enthaltende Halbgerade; g_Q ein Repräsentant der Orientierung von $\vec{g}$. Nach (2.4) genügt es, zu zeigen, daß jede Gerade des Winkels $|l_Q g_Q|$ die Gerade h schneidet. Angenommen, dies wäre falsch. Ist dann $\vec{g}$ die Grenzparallele zu $\vec{h}$ durch Q, so liegt g' im Winkel $|l_Q g_Q|$. Es sei l' das Lot von P auf g', Q' sein Fußpunkt und $p' = l(|PQ'|)$. Dann ist einerseits $p' < p$, andererseits $\Pi(p') < \Pi(p)$. Dies ist nach (2.1) ein Widerspruch.

Wir können also von jetzt an einfach sagen: $\vec{g}$ und $\vec{h}$ sind grenzparallel, in Zeichen: $\vec{g} \parallel \vec{h}$. Da die Orientierung $\rightarrow$ von h durch die Aussage $\vec{g} \parallel \vec{h}$ festgelegt ist, sagen wir auch h sei zu $\vec{g}$ grenzparallel, in Zeichen $\vec{g} \parallel h$ oder $h \parallel \vec{g}$.

(2.6) Aus $\vec{g} \parallel \vec{h} \parallel \vec{k}$ folgt $\vec{g} \parallel \vec{k}$ oder $\vec{g} = \vec{k}$.
Denn sei $\vec{g} \neq \vec{k}$. Wäre $g = k$, so wäre $\overleftarrow{g} = \vec{k}$, also $\vec{g} \parallel \vec{h} \parallel \overleftarrow{g}$, was nicht möglich ist. Also ist $g \neq k$. Angenommen weiter, g und k hätten einen Schnittpunkt Q. Dann hätte $\vec{h}$ die beiden Grenzparallelen $\vec{g}$ und $\vec{k}$ durch Q, was ebenfalls falsch ist. Also $g \parallel k$. Da g, h, k paarweise parallel sind, trennt eine von ihnen die beiden anderen. Verbinden wir zwei Punkte der letzteren durch eine Gerade l, so schneidet l auch die dritte. Es seien G, H, K die Schnittpunkte von l mit g, h, k. Aus (2.4) folgt, daß eine der beiden Halbebenen mit der Randgeraden l, sie heiße $\mathfrak{E}_l$, die Orientierungen $\rightarrow$ von $\vec{g}, \vec{h}, \vec{k}$ induziert: $g_G = g \cap \mathfrak{E}_l$; $h_H = h \cap \mathfrak{E}_l$; $k_K = h \cap \mathfrak{E}_l$. Wir unterscheiden drei Fälle. I: k trennt g und h. Es sei l_G die die Punkte K und H enthaltende Halbgerade. Da $\vec{g}$ und $\vec{h}$ grenzparallel sind, schneidet nach (2.4) jede Gerade s des Winkels $| g_G l_G |$ die Halbgerade h_H. Da k die Geraden g und h trennt, schneidet s auch die Halbgerade k_K. Nach (2.4) sind also $\vec{g}$ und $\vec{k}$ grenzparallel. – II: h trennt g und k. Dann sei $\vec{k}'$ die Grenzparallele zu $\vec{g}$ durch K. Nach I, angewandt auf $\vec{k}', \vec{g}, \vec{h}$ statt $\vec{g}, \vec{h}, \vec{k}$ ist $\vec{k}' \parallel \vec{h}$ und damit $\vec{k}' = \vec{k}$. – III. g trennt h und k. Analog wie I.

§ 3. Gemeinsame Parallele und gemeinsames Lot zweier Geraden

(3.1) Es seien h und k zwei verschiedene, nicht orthogonale Gerade. Sind B', B'' zwei verschiedene Punkte von h und A', A'' ihre (Orthogonal-) Projektionen in k, so ist die Strecke $| A' A'' |$ die Projektion in k der Strecke $| B' B'' |$. Für eine beliebige Strecke aus h ist also die Projektion in k wieder eine Strecke. Hingegen ist die Projektion k_0 in k der ganzen Geraden h keineswegs die ganze Gerade k. Vielmehr gilt folgender

Hilfssatz. Es seien h und k zwei verschiedene Gerade und es sei k_0 die Projektion von h in k. Diese Projektion k_0 ist 1) einpunktig, wenn h und k orthogonal sind; 2) eine Strecke, wenn h und k nicht orthogonal und nicht grenzparallel sind; 3) eine Halbgerade, wenn h und k grenzparallel sind (und zwar repräsentiert k_0 die Orientierung $\rightarrow$ von k mit $h \parallel \vec{k}$).
Beweis. 1) ist trivial. – 2) Wir betrachten zwei Unterfälle. 2a) h und k haben einen Schnittpunkt A. Angenommen k_0 wäre keine Strecke. Dann enthält k_0 eine Halbgerade k_A. Es sei B_1 ein Punkt von k_A. Er ist die Projektion eines Punktes C_1 von h. Wir wählen nun sukzessive für $n = 2, 3, \ldots$ einen Punkt B_n von k_A derart, daß $| B_{n-1} B_n | \equiv | A B_1 |$ und $B_n \in | B_{n-1} B_{n+1} |$ ist. Jeder Punkt B_n ist die Projektion eines Punktes C_n von h. Für jedes n gilt: (*) $\partial A B_n C_n \geqq n \cdot \partial A B_1 C_1$.

Für $n=1$ ist dies trivial. Vorausgesetzt, (∗) ist richtig für n. Es sei g die Verbindungsgerade von B_{n+1} und C_{n+1} sowie $g_{B_{n+1}}$ die den Punkt C_{n+1} enthaltende Halbgerade. Auf $g_{B_{n+1}}$ existiert ein Punkt E derart, daß $|B_{n+1}E| \equiv |B_1C_1|$ ist. Dann ist $\triangle B_{n+1}EB_n \equiv \triangle B_1C_1A$ nach Kongruenzsatz 2. Nach IV, (2.1), Satz 3 schneidet die Gerade durch B_n und E die Gerade h nicht. Hieraus folgt, daß E auf der Strecke $|B_{n+1}C_{n+1}|$ liegt. Aus (1.2), Bemerkung ergibt sich nun $\partial AB_{n+1}C_{n+1} = \partial B_nC_nA + \partial B_nC_{n+1}C_n + \partial B_nEC_{n+1} + \partial B_nB_{n+1}E \geqq (n+1)\cdot\partial AB_1C_1$. Also gilt (∗) für alle n. Für großes n steht aber (∗) mit $\partial AB_nC_n < \pi$ im Widerspruch. –

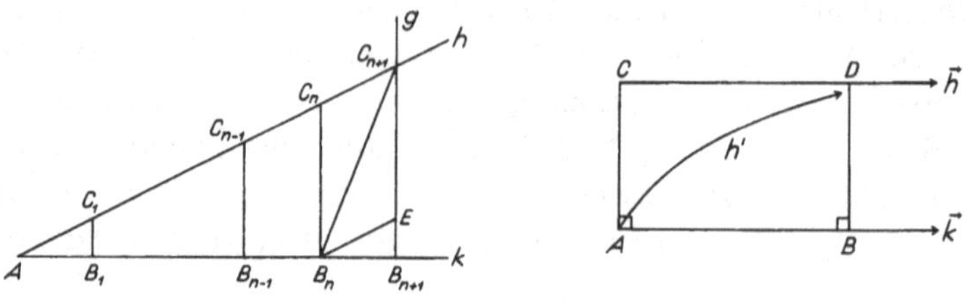

2b) h und k sind parallel. Es sei l das Lot von einem Punkt C von H auf k und A sein Fußpunkt. Angenommen wieder, k_0 wäre keine Strecke. Dann enthält k_0 eine Halbgerade k_A. Die diese Halbgerade enthaltende Halbebene $\mathfrak{E}_1$ induziert eine Orientierung $\rightarrow$ von h. Es sei $\vec{h}'$ die Grenzparallele zu $\vec{h}$ durch A. Aus 2a) folgt die Existenz eines Punktes B von k_A, der nicht Projektion eines Punktes von h' ist. Nun ist B zufolge unserer Annahme die Projektion eines Punktes D von h. Die Strecke $|BD|$ wird von h' nicht geschnitten, im Widerspruch dazu, daß h' im $\sphericalangle BAC$ liegt, also die Strecke $|BC|$ schneidet. – 3) Es seien: $\mathfrak{E}_k$ die h enthaltende Halbebene; l das Lot auf k durch einen Punkt P von h und Q sein Fußpunkt; l_Q die Halbgerade $l \cap \mathfrak{E}_k$; k_Q die die Orientierung von $\vec{k}$ repräsentierende Halbgerade. Nun sei K ein beliebiger Punkt von k_Q. Es sei m das Lot auf k durch K und m_K die Halbgerade $m \cap \mathfrak{E}_k$. Die Verbindungsgerade s eines beliebigen Punktes M von m_K mit Q hat nach (2.4) mit h einen Schnittpunkt S. Hieraus folgt, daß h mit m einen Schnittpunkt N hat. Damit ist bewiesen, daß $k_Q \subset k_0$ ist. – Das Lot n auf l durch P hat nach 2) als Projektion in k eine Strecke

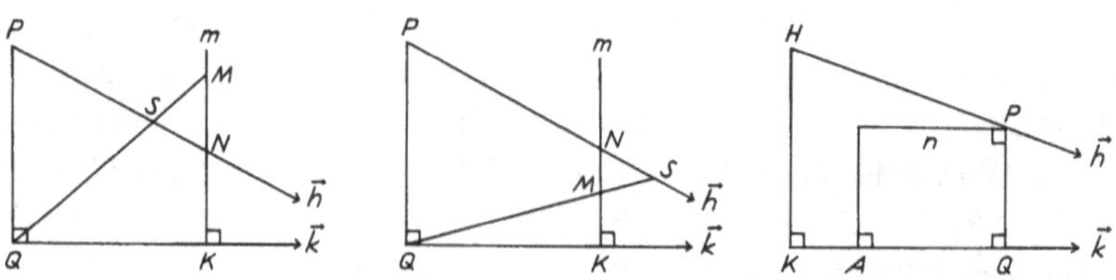

$|AB|$. Ist K ein beliebiger Punkt von $k_Q \setminus |AB|$, so liegt K nicht in k_0; denn hätte das Lot auf k durch K mit n einen Punkt H gemein, so müßte n die Strecke $|HK|$ schneiden, weil n im Winkel $\sphericalangle HPK$ liegt.

Aufgabe.
Es liege der Fall 2) vor. Sind $\rightarrow$ und $\leftarrow$ die beiden Orientierungen von h, so ist $\vec{h}$ grenzparallel zum (passend orientierten) Lot auf k durch den einen Endpunkt von k_0 und $\overleftarrow{h}$ grenzparallel zum (passend orientierten) Lot auf k durch den anderen Endpunkt von k_0.

(3.2) Wir behaupten nun die erstaunliche Tatsache, daß je zwei verschiedene Gerade h und k gemeinsame Parallelen besitzen. Genauer behaupten wir folgenden

Satz. *Es seien $\vec{h}$ und $\overleftarrow{k}$ zwei orientierte Gerade derart, daß erstens $h \neq k$ ist und zweitens nicht $\vec{h} \parallel \overleftarrow{k}$ gilt. Dann existiert genau eine Gerade g derart, daß bei passender Bezeichnung ihrer Orientierungen gilt: $\vec{g} \parallel \vec{h}$ und $\overleftarrow{g} \parallel \overleftarrow{k}$.*

Beweis. Für den Nachweis der Existenz unterscheiden wir zwei Fälle. I: h und k haben einen Schnittpunkt P. Die Orientierung von $\vec{h}$ bzw. $\overleftarrow{k}$ werde durch die Halbgerade h_P bzw. k_P repräsentiert. Es sei l die Halbierende des Winkels $|h_P k_P|$. Nach (3.1) ist die Projektion von h_P in l eine Strecke $|PQ|$ (dann ist $|PQ|$ auch die Projektion von k_P). Wir behaupten, daß das Lot g auf l in Q das Verlangte leistet. Es sei nämlich l_Q die den Punkt P enthaltende Halbgerade: $\mathfrak{E}_l$ die die Halbgerade h_P enthaltende Halbebene; $g_Q := g \cap \mathfrak{E}_l$: schließlich $\rightarrow$ die durch g_Q repräsentierte Orientierung von g. Nun sei s eine Gerade des Winkels $|g_Q l_Q|$. Es sei R ein Punkt des Durchschnittes von $|PQ|$ mit der Projektion von s in l. Das Lot t auf l in R schneidet dann h_P in einem Punkt H und die Gerade s in einem Punkt S. Folglich schneidet s die Halbgerade h_P. Nach (2.4) ist also $\vec{g} \parallel \vec{h}$. – Analog folgt $\overleftarrow{g} \parallel \overleftarrow{k}$. –

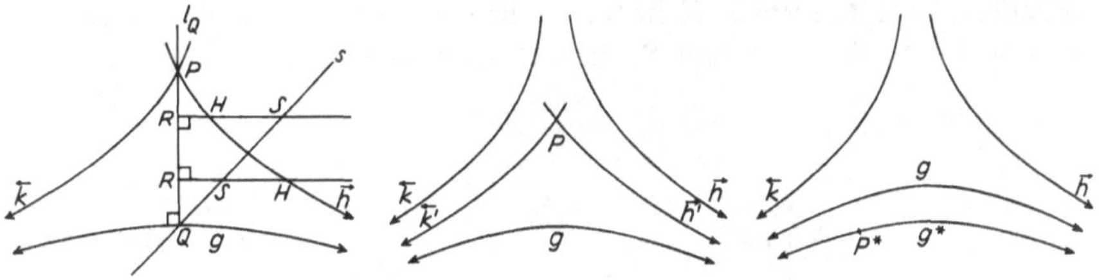

II: h und k schneiden sich nicht. Dann sei P ein Punkt, der weder auf h noch auf k liegt. Nach (2.2) existiert durch P eine Grenzparallele $\vec{h}'$ zu $\vec{h}$ und eine Grenzparallele $\overleftarrow{k}'$ zu $\overleftarrow{k}$. Nach dem 1. Fall existiert eine Gerade g derart, daß bei passender Bezeichnung ihrer Orientierungen gilt: $\vec{g} \parallel \vec{h}'$ und $\overleftarrow{g} \parallel \overleftarrow{k}'$. Nach (2.6) ist dann $\vec{g} \parallel \vec{h}$ und $\overleftarrow{g} \parallel \overleftarrow{k}$. – Eindeutigkeit. Angenommen, es gäbe neben g noch eine zweite

Gerade g^* derart, daß bei passender Bezeichnung ihrer Orientierungen $\vec{g}^* \parallel \vec{h}$ und $\overleftarrow{g}^* \parallel \overleftarrow{k}$ ist. Nach (2.6) wäre dann $\vec{g}^* \parallel \vec{g}$ und $\overleftarrow{g}^* \parallel \overleftarrow{g}$. Dies steht im Widerspruch dazu, daß nach (1.2) durch einen beliebigen Punkt P^* von g^* genau eine Grenzparallele $\vec{h}^*$ zu $\vec{g}$ und genau eine Grenzparallele $\overleftarrow{k}^*$ zu $\overleftarrow{g}$ existiert und dabei $h^* \neq k^*$ ist.

(3.3) Von großer Wichtigkeit ist die Frage, wann zwei verschiedene Gerade g_1 und g_2 ein gemeinsames Lot haben. Eine vollständige Antwort auf diese Frage gibt folgender

Satz. *Zwei verschiedene Gerade g_1 und g_2 besitzen dann und nur dann ein gemeinsames Lot l, wenn sie parallel, aber nicht grenzparallel sind. l ist dann eindeutig bestimmt.*

Beweis. Haben g_1 und g_2 ein gemeinsames Lot l, so sind sie parallel nach Kap. IV, (2.1), Satz 2, aber nicht grenzparallel nach (2.1). Zwei verschiedene gemeinsame Lote l_1 und l_2 von g_1 und g_2 können nicht existieren, weil sie ein Rechteck liefern würden, das nach Kap. IV, § 6 in der hyperbolischen Ebene nicht existiert. Wir haben also nur noch folgendes zu beweisen. Die zwei Geraden g_1 und g_2 seien parallel, aber nicht grenzparallel. Dann besitzen sie mindestens ein gemeinsames Lot l. Es sei A_1 ein beliebiger Punkt von g_1. Weiter sei k' das Lot von A_1 auf g_2 und A_2' sein Fußpunkt. Ist k' auch Lot auf g_1, so sind wir fertig. Anderenfalls ist einer der beiden Winkel bei A_1 mit den Schenkeln g_1 und k' spitz – sein Maß sei $w < \pi/2$ –, der andere stumpf. Nun wählen wir auf g_2 eine Strecke $|A_2 A_2''|$ mit dem Mittelpunkt A_2' so, daß das gleichschenklige Dreieck $\triangle A_2 A_1 A_2''$ an der Spitze A_1 einen Winkel mit einem Maß $< \pi/2 - w$ hat. Indem wir nötigenfalls die Zeichen A_2 und A_2'' vertauschen, können wir annehmen, daß die Gerade k durch A_1 und A_2 im vorhin genannten stumpfen Winkel bei A_1 liegt. Nun sei k_{A_1} bzw. k_{A_2} die Halbgerade $\subset k$ mit dem Anfangspunkt A_1 bzw. A_2, welche den Punkt A_2 bzw. A_1 enthält. Weiter sei $\mathfrak{E}_k$ die Halbebene mit der Randgeraden k, welche den Punkt A_2' enthält. Schließlich seien die Halbgeraden $g_{1A_1} \subset g_1$ und

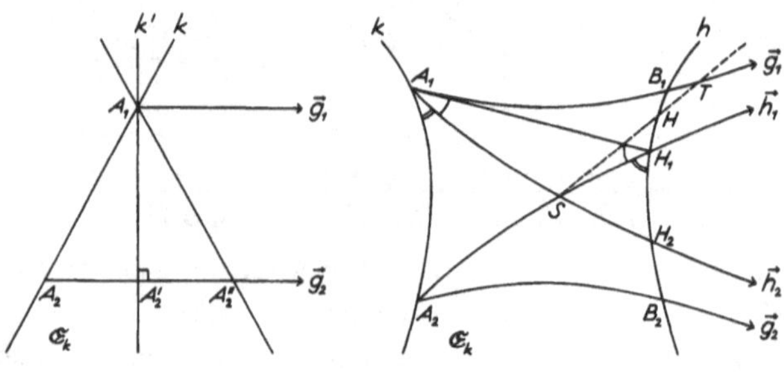

$g_{2A_2} \subset g_2$ mit den Anfangspunkten A_1 und A_2 definiert durch $g_{1A_1} := g_1 \cap \mathfrak{E}_k$ und $g_{2A_2} := g_2 \cap \mathfrak{E}_k$. Dann gilt: Die beiden Winkel $|g_{1A_1} k_{A_1}|$ und $|g_{2A_2} k_{A_2}|$ sind spitz. – Es sei $\rightarrow$ die Orientierung von g_i, induziert durch $\mathfrak{E}_k$ $(i=1, 2)$.
Wir suchen weiter auf der Halbgeraden g_{iA_i} einen Punkt B_i $(i=1, 2)$ derart, daß für das konvexe Viereck $\square\, A_1 A_2 B_2 B_1$ nicht nur die Winkel bei A_1 und A_2, sondern auch die Winkel bei B_2 und B_1 spitz sind. Hierzu sei $\vec{h}_1$ die Grenzparallele zu $\vec{g}_1$ durch A_2 und $\vec{h}_2$ die Grenzparallele zu $\vec{g}_2$ durch A_1. Aus (2.4) folgt, daß h_1 und h_2 sich in einem Punkt S von $\mathfrak{E}_k$ schneiden. Es sei H_i der Punkt von h_i, für welchen $|A_i S| \equiv |S H_i|$, $S \in |A_1 H_2|$, $S \in |A_2 H_1|$ ist. Wir behaupten, daß die Verbindungsgerade h von H_1 und H_2 die Halbgerade g_{1A_1} in einem Punkt B_1 und die Halbgerade g_{2A_2} in einem Punkt B_2 schneidet. Es sei nämlich H ein Punkt von $h \cap \mathfrak{E}_k$ derart, daß $H_1 \in |H H_2|$ ist. Wenn nun $H \in g_1$ ist oder $|H H_1|$ die Gerade g_1 schneidet, ist B_1 bereits gefunden. Anderenfalls sei s die Verbindungsgerade von S und H. Da $\vec{h}_1$ die Grenzparallele zu $\vec{g}_1$ durch S ist, folgt aus (2.4), daß s die Halbgerade g_{1A_1} in einem Punkt T schneidet. Dann schneidet die Gerade h die Seite $|A_1 T|$ des Dreiecks $\triangle\, A_1 S T$ in einem Punkt B_1. Analog erhält man den Punkt B_2. – Nun ist $\triangle\, A_1 S A_2 \equiv \triangle\, H_1 S H_2$, also $\sphericalangle\, S A_1 A_2 \equiv \sphericalangle\, S H_1 H_2$. Weiter ist $\triangle\, A_1 S H_1$ gleichschenklig, also $\sphericalangle S A_1 H_1 \equiv \sphericalangle S H_1 A_1$. Folglich ist $\sphericalangle\, A_2 A_1 H_1 \equiv \sphericalangle H_2 H_1 A_1$ und daher $\sphericalangle H_2 H_1 A_1$ spitz. Nach Kap. IV, (2.2), Satz 1 ist mithin auch $\sphericalangle B_2 B_1 A_1$ spitz. – Analog ist $\sphericalangle A_2 B_2 B_1$ spitz. – Nun sei $X_i := \{A_i\} \cup |A_i B_i| \cup \{B_i\}$ für $i=1, 2$. Da X_1 und X_2 kompakt sind, existiert ein Punktepaar $(L_1, L_2) \in X_1 \times X_2$ derart, daß $d(L_1, L_2) \leqq d(G_1, G_2)$ ist für alle Paare $(G_1, G_2) \in X_1 \times X_2$. Die Gerade $l := L_1 L_2$ ist das gesuchte gemeinsame Lot von g_1 und g_2. Denn angenommen etwa, es wäre nicht $l \perp g_1$. Dann sei l' das Lot von L_2 auf g_1 und L'_1 sein Fußpunkt. Da die Viereckswinkel bei A_1 und B_1 spitz sind, folgt aus (1.2), daß $L'_1 \in X_1$ ist. Aus Kap. II, (5.3) folgt $d(L'_1, L_2) < d(L_1, L_2)$, im Widerspruch zur Definition von L_1 und L_2.

(3.4) Unser nächstes Ziel ist die folgende Kennzeichnung der Grenzparallelität mittels der Metrik: Zwei verschiedene Gerade sind genau dann grenzparallel, wenn ihr Abstand gleich 0 ist. Hierzu beweisen wir zunächst zwei Hilfssätze.

Hilfssatz 1. Es seien G_1, G_2 zwei verschiedene Punkte und L_1, L_2 ihre Projektionen in eine Gerade l. Dann ist $d(L_1, L_2) \leqq d(G_1, G_2)$; hierbei gilt das Gleichheitszeichen nur, wenn $G_1 = L_1$ und $G_2 = L_2$ ist.
Beweis. Ist $L_1 = L_2$, so ist nichts zu beweisen. Es sei also $L_1 \neq L_2$. Wir bezeichnen mit g_1 und g_2 die Lote auf l durch G_1 und G_2. Wir wählen eine reelle Zahl $d > d(G_1, L_1) + d(G_2, L_2)$. Seien A_1, B_1 die Punkte von g_1 und A_2, B_2 die Punkte von g_2 derart, daß $L_1 \in |A_1 B_1|$ und $L_2 \in |A_2 B_2|$ gilt und $d(A_1, L_1) = d(L_1, B_1) = d(A_2, L_2) = d(L_2, B_2) = d$ ist. Dann gilt auch $G_1 \in |A_1 B_1|$ und $G_2 \in |A_2 B_2|$. Nun ist das konvexe Viereck $\square L_1 L_2 A_2 A_1$ ein Saccheri-Viereck über $|L_1 L_2|$;

folglich sind seine Winkel bei A_1 und A_2 kongruent (vgl. Kap. IV, (5.3), 3). Nach (1.2) ist in jedem konvexen Viereck die „Winkelsumme“ $<2\pi$. Folglich sind die Winkel des Vierecks bei A_1 und A_2 spitz. Analog sind im Viereck $\square L_1 L_2 B_2 B_1$ die Winkel bei B_1 und B_2 spitz. Aus dem Beweis des Satzes in (3.3) und der Eindeutigkeit des gemeinsamen Lotes l von g_1 und g_2 folgt nun $d(L_1, L_2) = \min f \leqq d(G_1, G_2)$, sowie, daß aus $d(L_1, L_2) = d(G_1, G_2)$ folgt $G_1 = L_1$ und $G_2 = L_2$.

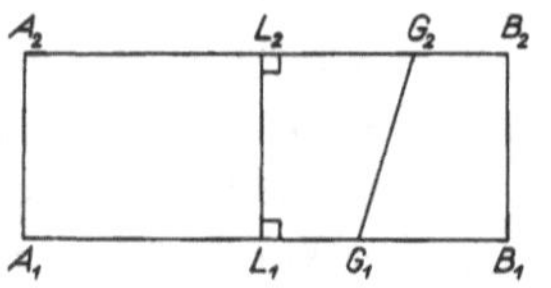

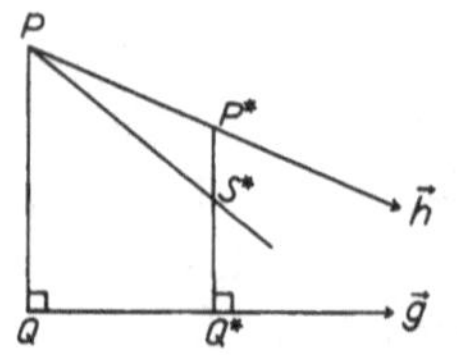

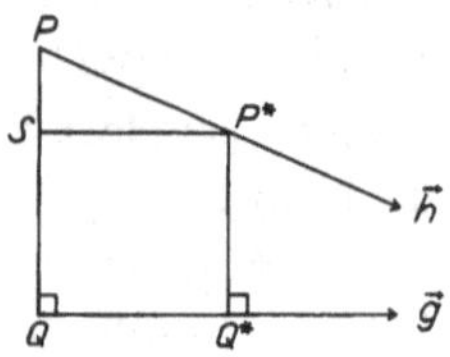

Hilfssatz 2. Es sei $\vec{g} \parallel \vec{h}$. Für jeden Punkt P von h und seine Projektion Q in g sei $p(P) := l(|PQ|)$. Dann gilt: 1) für jeden Punkt P^* der die Orientierung von h repräsentierenden Halbgeraden h_P ist $p(P) > p(P^*)$; 2) $p(P)$ hängt von P stetig ab; 3) zu jedem reellen $p > 0$ existiert ein Punkt P von h mit $p(P) = p$.

Beweis. 1) Angenommen, für ein P^* wäre $p(P) \leqq p(P^*)$. Ist dann S^* der Punkt von $|Q^* P^*| \cup \{P^*\}$ mit $|QP| \equiv |Q^* S^*|$, so ist die Gerade PS^* parallel zu g, aber nicht grenzparallel zu g, im Widerspruch zu $\vec{h} \parallel \vec{g}$. – 2) Es sei S der Punkt von $|QP|$ mit $|QS| \equiv |Q^* P^*|$. Dann ist $w(\sphericalangle PSP^*) \geqq \pi/2$ nach Kap. IV, (4.3), 3, also $p(P) - p(P^*) = d(P, S) < d(P, P^*)$ – 3) Aus 1) und 2) folgt, daß $p(h)$ ($:=$ Menge aller Zahlen $p(P)$ mit $P \in h$) eine offene Teilmenge von $\mathbb{R}^+ :=]0, \infty[$ ist. Dies gilt für jede Grenzparallele $\vec{h}$ von $\vec{g}$. Sind für zwei Grenzparallele $\vec{h}_1$ und $\vec{h}_2$ von $\vec{g}$ die Mengen $p(h_1)$ und $p(h_2)$ nicht fremd, so sind sie gleich, da h_1 und h_2 durch eine Parallelverschiebung entlang g zur Deckung gebracht werden können. Jedes $p \in \mathbb{R}^+$ liegt für ein $\vec{h}$ in $p(h)$. Da $\mathbb{R}^+$ zusammenhängend ist, folgt $p(h) = \mathbb{R}^+$ für jede Grenzparallele $\vec{h}$ zu $\vec{g}$.

Als den *Abstand* zweier Geraden g_1 und g_2 bezeichnet man die Zahl $d(g_1, g_2) := \inf_{G_i \in g_i} d(G_1, G_2)$. Es ist $0 \leqq d(g_1, g_2) < +\infty$. – Der angekündigte Satz lautet nun:

Satz. *Haben die Geraden g_1 und g_2 einen Punkt gemein, so ist $d(g_1, g_2) = 0$. Sind g_1 und g_2 grenzparallel, so ist ebenfalls $d(g_1, g_2) = 0$. Sind g_1 und g_2 parallel, aber nicht grenzparallel, so ist $d(g_1, g_2) = d(L_1, L_2) > 0$, wobei L_1 und L_2 die Schnittpunkte von g_1 und g_2 mit ihrem gemeinsamen Lot l sind.*

Beweis. Haben g_1 und g_2 einen Punkt G gemein, so ist $d(g_1, g_2) = d(G, G) = 0$. Sind g_1 und g_2 grenzparallel, so existieren nach dem Hilfssatz 2 zu jeder positiven reellen Zahl p Punkte $G_1 \in g_1$ und $G_2 \in g_2$ mit $d(G_1, G_2) = p$; also ist $d(g_1, g_2) =$

$=0$. Sind schließlich g_1 und g_2 parallel, aber nicht grenzparallel, so besitzen sie nach (3.3) ein gemeinsames Lot l; aus Hilfssatz 1 folgt $d(g_1, g_2) = d(L_1, L_2) > 0$.

Zwei Gerade sind demnach genau dann grenzparallel, wenn sie keinen Punkt gemein haben und die eine sich der anderen asymptotisch nähert.

§ 4. Geradenbüschel dritter Art

Wird sind jetzt in der Lage, den in Kap. II, (7.3) angekündigten Beweis zu führen, daß auch zwei Gerade g und k ohne gemeinsamen Punkt und ohne gemeinsames Lot eine Mittellinie besitzen. Allgemeiner behaupten wir folgenden

Hilfssatz. Zu je zwei verschiedenen Grenzparallelen $\vec{g}$ und $\vec{k}$ existiert eine Grenzparallele $\vec{f}$ mit $\sigma_f(\vec{g}) = \vec{k}$; es gilt $B(g, f, k)$.

Beweis. Es seien $G_1, G_2 \in g$ und $K_1, K_2 \in k$ Punkte derart, daß $K_1 G_1 \perp g \perp K_2 G_2$ und $G_1 K_2 \perp k$ ist. Nach (3.4), Hilfssatz 1 folgt $l(|K_1 G_1|) > l(|G_1 K_2|) > l(|K_2 G_2|)$. Daher existiert nach (3.4), Hilfssatz 2 eine Gerade $KG \perp g$ mit $K \in |K_1 K_2|$, $g \in |G_1 G_2|$ derart, daß $l(|G_1 K_2|) = l(|KG|)$ ist. Dann schneiden sich $|G_1 K_2|$ und $|KG|$ in einem Punkt S und die Parallelwinkel $\sphericalangle K_2 G_1 G_2$ und $\sphericalangle G K K_2$ sind kongruent. Nach dem Kongruenzsatz 6 ist $|SG| \equiv |SK_2|$. Hieraus folgt für die gemeinsame Grenzparallele $\vec{f}$ zu $\vec{g}$ und $\vec{k}$, daß ihre Parallelwinkel bei S kongruent sind und daher $\sigma_f(\vec{g}) = \vec{k}$ ist. Sei schließlich $R := \sigma_g(S)$ und $T := \sigma_k(S)$. Dann sind g, f, k die Mittellote des Dreiecks $\triangle RST$. Nach Kap. II, (9.2), Korollar folgt $B(g, f, k)$.

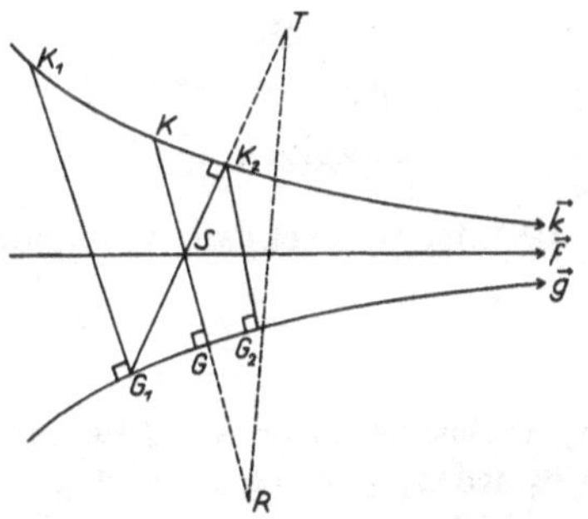

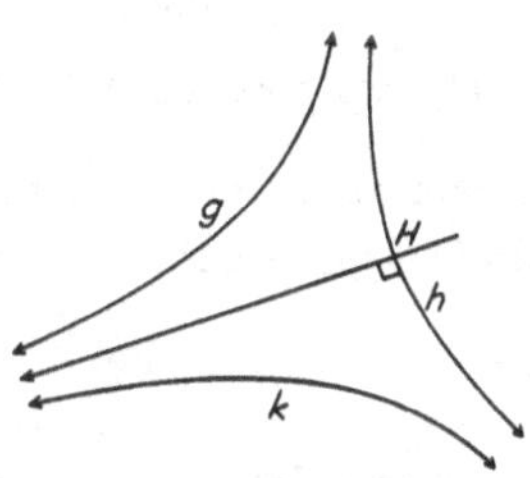

Satz 1. *Für jede orientierte Gerade $\vec{h}$ ist die Menge $\mathfrak{B}(\vec{h})$, bestehend aus h und allen zu $\vec{h}$ grenzparallelen Geraden g, ein Büschel (dritter Art).*

Beweis. Es sei $\overrightarrow{k}$ eine zu $\overrightarrow{h}$ grenzparallele Gerade. Nach Kap. II, (8.3), Satz 2 existiert genau ein Büschel $\mathfrak{B}(h, k)$ mit $h, k \in \mathfrak{B}(h, k)$. Da h und k weder einen Schnittpunkt noch ein gemeinsames Lot haben, ist $\mathfrak{B}(h, k)$ von dritter Art. – Es sei g eine Gerade $\neq h, k$ aus $\mathfrak{B}(h, k)$. Dann hat g weder mit h, noch mit k einen Schnittpunkt oder ein gemeinsames Lot. Folglich ist g grenzparallel zu h und k. Nun sei $\rightarrow$ die Orientierung von g, für welche $\overrightarrow{g}$ zu h grenzparallel ist, also $\overrightarrow{g} \| \overrightarrow{h}$ oder $\overrightarrow{g} \| \overleftarrow{h}$. Angenommen, es wäre $\overrightarrow{g} \| \overleftarrow{h}$. Da g auch zu k grenzparallel ist, gilt 1) $\overrightarrow{g} \| \overrightarrow{k}$ oder 2) $\overrightarrow{g} \| \overleftarrow{k}$ oder 3) $\overleftarrow{g} \| \overrightarrow{k}$ oder 4) $\overleftarrow{g} \| \overleftarrow{k}$. Aus 1) folgt $\overrightarrow{g} \| \overrightarrow{h}$, entgegen $\overrightarrow{g} \| \overleftarrow{h}$. Aus 2) und $\overrightarrow{g} \| \overleftarrow{h}$ folgt $\overleftarrow{h} \| \overrightarrow{k}$, entgegen $\overrightarrow{h} \| \overleftarrow{k}$. Aus 3) und $\overrightarrow{k} \| \overrightarrow{h}$ folgt $\overleftarrow{g} \| \overrightarrow{h}$, entgegen $\overrightarrow{g} \| \overleftarrow{h}$. Aus 4) ergibt sich folgendermaßen ebenfalls ein Widerspruch. Nach dem soeben bewiesenen Hilfssatz existiert eine Gerade $\overleftarrow{f}$ mit $\overleftarrow{g} \| \overleftarrow{f} \| \overleftarrow{k}$, $\sigma_f(\overleftarrow{g}) = \overleftarrow{k}$ und $B(g, f, k)$. Da wegen $g \in \mathfrak{B}(h, k)$ auch $B(g, h, k)$ gilt, folgt $B(f, h, k)$ nach Kap. II, (8.3), Satz 1. Aus $\overrightarrow{k} \| \overrightarrow{h}$ folgt nun $\overrightarrow{g} = \sigma_f(\overrightarrow{k}) \| \sigma_f(\overrightarrow{h})$ und aus $\overrightarrow{g} \| \overleftarrow{h}$ folgt $\overleftarrow{k} = \sigma_f(\overrightarrow{g}) \| \sigma_f(\overleftarrow{h})$. Da aber nach (3.2) nur genau eine Gerade h existiert mit $\overrightarrow{g} \| \overleftarrow{h}$ und $\overrightarrow{k} \| \overrightarrow{h}$, so folgt $\sigma_f(h) = h$. Daher gilt $f \perp h$. Es sei H der Schnittpunkt von f und h. Wegen $B(f, h, k)$ ist auch $H \in k$ nach Kap. II, (8.2), Korollar zu Satz 1. Aus $H \in h, k$ folgt schließlich, daß $\mathfrak{B}(h, k)$ ein Büschel erster Art ist. Damit haben wir den gesuchten Widerspruch. Es gilt also $\overrightarrow{g} \| \overrightarrow{h}$. Da durch jeden Punkt $\notin h$ genau eine zu $\overrightarrow{h}$ grenzparallele Gerade geht, folgt aus Kap. II, (8.4), daß $\mathfrak{B}(h, k)$ aus h und allen zu $\overrightarrow{h}$ grenzparallelen Geraden besteht.

Korollar. *Zu je zwei Geraden h und k ohne Schnittpunkt und ohne gemeinsames Lot existiert genau ein Büschel $\mathfrak{B}$ mit $h, k \in \mathfrak{B}$. Es besteht aus h, k und allen gemeinsamen Grenzparallelen von h und k.*

Dies ist die in Kap. II, (8.3) angekündigte geometrische Kennzeichnung der Büschel dritter Art.

Satz 2. *Sind $\mathfrak{B}_1$ und $\mathfrak{B}_2$ zwei verschiedene Büschel dritter Art, so existiert genau eine Gerade, die beiden Büscheln angehört. Sind $\mathfrak{B}_1$, $\mathfrak{B}_2$ und $\mathfrak{B}_3$ drei verschiedene Büschel dritter Art, so existiert keine Gerade, die allen drei Büscheln angehört.*

Beweis. Die erste Behauptung folgt aus (3.2), die zweite aus (2.6).

Die gemeinsame Gerade zweier verschiedener Büschel, falls vorhanden, heißt ihre *Verbindungsgerade*.

Aufgaben.

1. Es sei $\mathfrak{B}_1$ ein Büschel dritter Art und $\mathfrak{B}_2$ ein Büschel zweiter Art, bestehend aus allen Loten auf einer Geraden h. Dann haben $\mathfrak{B}_1$ und $\mathfrak{B}_2$ (genau) eine Gerade gemein, wenn und nur wenn $h \notin \mathfrak{B}_1$ ist (vgl. die Aufgabe in (3.1)).
2. Es seien $\mathfrak{A}, \mathfrak{B}, \mathfrak{C}$ drei verschiedene Büschel, jedes von erster oder dritter Art, und g, h, k die Verbindungsgerade von $\mathfrak{B}$ und $\mathfrak{C}$, bzw. $\mathfrak{C}$ und $\mathfrak{A}$ bzw. $\mathfrak{A}$ und $\mathfrak{B}$. Sind alle drei Büschel von dritter Art, so bezeichnet man das Geradentripel $\{g, h, k\}$ als dreifach asymptotisches Dreieck $\triangle\, \mathfrak{A}\mathfrak{B}\mathfrak{C}$ mit den „Ecken“ $\mathfrak{A}$, $\mathfrak{B}$, $\mathfrak{C}$ und den Seiten g, h, k. Sind von

den Büscheln $\mathfrak{A}$, $\mathfrak{B}$, $\mathfrak{C}$ nur eines oder zwei von dritter Art, so definiert man das einfach bzw. zweifach asymptotische Dreieck $\triangle\,\mathfrak{A}\mathfrak{B}\mathfrak{C}$ als Tripel, bestehend aus zwei Halbgeraden und einer Strecke bzw. zwei Halbgeraden und einer Geraden, enthalten in g, h, k; man formuliere diese Definition! Auf die so definierten ausgearteten Dreiecke übertrage man, soweit dies möglich ist, die in Kap. I und II entwickelte Theorie der Dreiecke $\triangle\,ABC$. (Dabei treten Absonderlichkeiten auf; z.B. hat man einem Dreieckswinkel in einer Ecke dritter Art das Maß 0 zuzuordnen!)

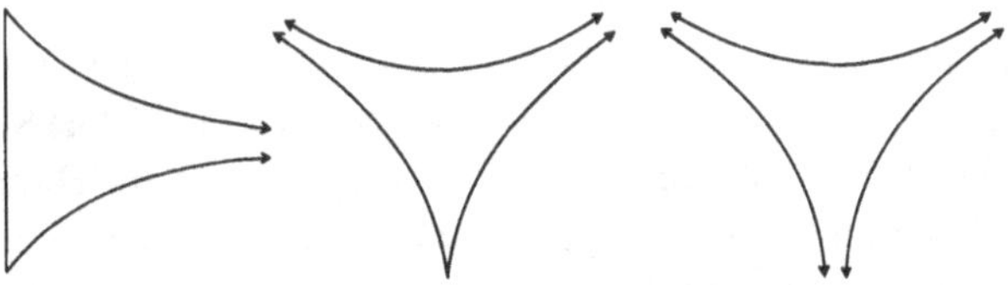

§ 5. Weierstraßsche Koordinaten

Wir wählen zwei orthogonale Gerade h und k; ihr Schnittpunkt heiße 0. Unser nächstes Ziel ist es, homogene Koordinaten mit den „Achsen“ h und k einzuführen.

(5.1) Die Gerade h liegt in zwei Büscheln dritter Art; wir bezeichnen diese Büschel mit ω und ∞. Weiter seien $\mathfrak{E}^+$ und $\mathfrak{E}^-$ die beiden Halbebenen mit der Randgeraden h. Schließlich sei $\mathfrak{K}$ die Menge aller Büschel α dritter Art mit $\alpha \neq \infty$. Wir wollen in $\mathfrak{K}$ eine totale Ordnung, eine Addition und eine Multiplikation einführen. Sind α_1 und α_2 zwei verschiedene Büschel dritter Art, so bezeichnen wir ihre Verbindungsgerade mit $\overline{\alpha_1, \alpha_2}$ (vgl. § 4, Satz 2). Speziell wird also für jedes $\alpha \in \mathfrak{K}$ mit $\overline{\alpha, \infty}$ die Verbindungsgerade von α mit ∞ bezeichnet. Es ist $\overline{\omega, \infty} = h$. Aus $\alpha_1 \neq \alpha_2$ folgt $\overline{\alpha_1, \infty} \neq \overline{\alpha_2, \infty}$. Jede Gerade des Büschels ∞ ist die Verbindungsgerade $\overline{\alpha, \infty}$

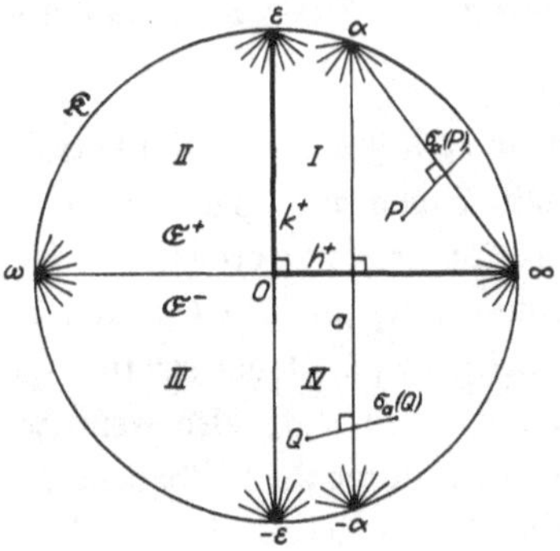

eines Büschels $\alpha \in \mathfrak{K}$ mit ∞. – Für jedes $\alpha \in \mathfrak{K}$ bezeichnen wir die Spiegelung an $\overline{\alpha, \infty}$ mit σ_α. – Schließlich heiße ein Büschel $\alpha \neq \omega$ aus $\mathfrak{K}$ positiv, wenn $\overline{\alpha, \infty} \subset \mathfrak{E}^+$ ist; α heiße negativ, wenn $\overline{\alpha, \infty} \subset \mathfrak{E}^-$ ist. Für jedes Büschel α aus $\mathfrak{K}$ bezeichnen wir mit $-\alpha$ das aus α durch Spiegelung an h hervorgehende Büschel aus $\mathfrak{K}$. Ist α positiv, so ist $-\alpha$ negativ und umgekehrt. Bezeichnen wir mit $\mathfrak{K}^+$ bzw. $\mathfrak{K}^-$ die Menge aller positiven bzw. negativen $\alpha \in \mathfrak{K}$, so gilt also: 1) $\mathfrak{K}^+ \cup \mathfrak{K}^- = \mathfrak{K} \setminus \{\omega\}$; $\mathfrak{K}^+ \cap \mathfrak{K}^- = \emptyset$; 2) aus $\alpha \in \mathfrak{K}^+$ folgt $-\alpha \in \mathfrak{K}^-$; aus $\alpha \in \mathfrak{K}^-$ folgt $-\alpha \in \mathfrak{K}^+$.

(5.2) Wir definieren in $\mathfrak{K}$ eine Addition folgendermaßen. Zu beliebigen $\alpha, \beta \in \mathfrak{K}$ existiert genau ein $\gamma \in \mathfrak{K}$ mit $\sigma_\gamma = \sigma_\beta \sigma_\omega \sigma_\alpha$. Wir setzen $\gamma =: \alpha + \beta$. Die Summe $\alpha + \beta$ ist also m.a.W. definiert durch die Gleichung $\sigma_{\alpha+\beta} = \sigma_\beta \sigma_\omega \sigma_\alpha$. Hierdurch wird $\mathfrak{K}$ zu einer additiven abelschen Gruppe mit ω als Nullelement und mit $\alpha + (-\alpha) = \omega$ für jedes $\alpha \in \mathfrak{K}$. Weil $\overline{\alpha + \beta, \infty}$ als Mittellinie von $\sigma_\alpha(h) \subset \mathfrak{E}^+$ und $\sigma_\beta(h) \subset \mathfrak{E}^+$ ebenfalls $\subset \mathfrak{E}^+$ ist, gilt: 3) aus $\alpha, \beta \in \mathfrak{K}^+$ folgt $\alpha + \beta \in \mathfrak{K}^+$.
An die in $\mathfrak{K}$ einzuführende totale Ordnung „$<$" stellen wir folgende zwei Forderungen: 4) es ist $\omega < \alpha$ genau dann, wenn $\alpha \in \mathfrak{K}^+$ ist; 5) ist $\alpha < \beta$, so ist $\alpha + \gamma < \beta + \gamma$ für alle $\gamma \in$. Hierdurch ist die totale Ordnung „$<$" in $\mathfrak{K}$ eindeutig festgelegt: 6) $\alpha < \beta$ bedeute, daß $\beta - \alpha \in \mathfrak{K}^+$ ist. Durch die hiermit in $\mathfrak{K}$ eingeführte totale Ordnung ist $\mathfrak{K}$ zu einer angeordneten, additiven abelschen Gruppe geworden.
Wir wollen noch untersuchen, wie σ_α bei beliebigem $\alpha \in \mathfrak{K}$ auf $\mathfrak{K}$ wirkt. Wir behaupten, daß für beliebiges $\beta \in \mathfrak{K}$ gilt $\sigma_\alpha(\alpha + \beta) = \alpha - \beta$ (also $\sigma_\alpha(\gamma) = 2\alpha - \gamma$). M.a.W.: σ_α wirkt auf $\mathfrak{K}$ als Spiegelung an α. Ausführlich geschrieben, lautet unsere Behauptung $\sigma_\alpha(\overline{\alpha + \beta, \infty}) = \overline{\alpha - \beta, \infty}$. Nach Kap. II, (7.6), Korollar mit $\varphi = \sigma_\alpha$, $g = \overline{\alpha + \beta, \infty}$ ist $\sigma_{\varphi(g)} = \sigma_\alpha \sigma_{\alpha+\beta} \sigma_\alpha$. Folglich ist zu zeigen: $\sigma_{\alpha-\beta} = \sigma_\alpha \sigma_{\alpha+\beta} \sigma_\alpha$, also $\sigma_{\alpha-\beta} \sigma_\alpha = \sigma_\alpha \sigma_{\alpha+\beta}$. Nun ist $\alpha - \beta + \beta = \alpha$, also $\sigma_{(\alpha-\beta)+\beta} = \sigma_\alpha$, folglich $\sigma_{\alpha-\beta} \sigma_\omega \sigma_\beta = \sigma_\alpha$, mithin $\sigma_{\alpha-\beta} = \sigma_\alpha \sigma_\beta \sigma_\omega$; andererseits ist $\sigma_{\alpha+\beta} = \sigma_\alpha \sigma_\omega \sigma_\beta$. Daher ist zu beweisen: $\sigma_\alpha \sigma_\beta \sigma_\omega \sigma_\alpha = \sigma_\alpha \sigma_\alpha \sigma_\omega \sigma_\beta$. Die linke Seite ist aber wegen der Vertauschbarkeit von Rotationen $= \sigma_\omega \sigma_\alpha \sigma_\alpha \sigma_\beta = \sigma_\omega \sigma_\beta$, also gleich der rechten Seite. Die zweimalige Anwendung dieses Ergebnisses zeigt, daß eine Rotation $\sigma_\alpha \sigma_\beta$ auf $\mathfrak{K}$ als Translation wirkt: $\sigma_\alpha \sigma_\beta(\gamma) = \gamma + (2\alpha - 2\beta)$.
Schließlich ergibt sich aus $\sigma_\alpha(\gamma) = 2\alpha - \gamma$ noch, daß aus $\gamma < \delta$ folgt $\sigma_\alpha(\gamma) > \sigma_\alpha(\delta)$ und $\sigma_\alpha \sigma_\beta(\gamma) < \sigma_\alpha \sigma_\beta(\delta)$.

(5.3) Nun definieren wir in $\mathfrak{K} \setminus \{\omega\}$ eine Multiplikation in der folgenden Weise. Wir setzen $k =: e$ und bezeichnen mit ε das Element $> \omega$ aus $\mathfrak{K}$ mit $\overline{\varepsilon, -\varepsilon} = e$. Dieses Element ε soll das Einselement werden.
Es seien α und β Elemente von $\mathfrak{K} \setminus \{\omega\}$. Die Geraden $a := \overline{\alpha, -\alpha}$ und $b := \overline{\beta, -\beta}$ sind, ebenso wie e, orthogonal zu h. Daher existiert (genau) eine, ebenfalls zu h orthogonale, Gerade d mit $\sigma_d = \sigma_b \sigma_e \sigma_a$, also wenn wir $a \cdot b$ statt d schreiben, mit $\sigma_{a \cdot b} = \sigma_b \sigma_e \sigma_a$. Es sei $\rightarrow$ die durch die Halbebene $\mathfrak{E}^+$ induzierte Orientierung von d und δ das $\vec{d}$ enthaltende Büschel aus $\mathfrak{K} \setminus \{\omega\}$ (also $d = \overline{\delta, -\delta}$). Wir definieren

nun als das Produkt $\alpha \cdot \beta$ das Büschel δ, bzw. das Büschel $-\delta$, wenn α und β beide positiv oder beide negativ sind, bzw. wenn eines positiv, das andere negativ ist. Hierdurch wird $\mathfrak{K} \setminus \{\omega\}$ zu einer multiplikativen abelschen Gruppe mit ε als Einselement. Aus $\omega < \alpha$, $\omega < \beta$ folgt $\omega < \alpha \cdot \beta$.

Bemerkung 1. $\alpha \cdot \beta = \varepsilon$ ist äquivalent mit $\alpha = \sigma_e(\beta)$; hingegen ist $\alpha \cdot \beta = -\varepsilon$ äquivalent mit $\alpha = \sigma_o(\beta)$ (also mit $O \in \overline{\alpha, \beta}$). Denn $\alpha \cdot \beta = \varepsilon$ oder $= -\varepsilon$ ist äquivalent damit, daß $(\sigma_{a \cdot b} =)\ \sigma_b \sigma_e \sigma_a = \sigma_e$ ist, also damit, daß e die Mittellinie von a und b ist, also mit: $\alpha = \sigma_e(\beta)$ oder $\alpha = \sigma_O(\beta)$; aus $\alpha = \sigma_e(\beta)$ folgt aber, daß α und β beide positiv oder beide negativ sind, aus $\alpha = \sigma_O(\beta)$ hingegen, daß α positiv, β negativ ist oder umgekehrt.

Bemerkung 2. Für beliebiges $\xi > \omega$ aus $\mathfrak{K}$ sei X_ξ der Schnittpunkt der Geraden $\overline{\xi, -\xi}$ mit der Geraden h. Wir definieren $x = x_\xi := d(O, X_\xi)$ bzw.: $= -d(O, X_\xi)$, wenn $\xi \geqq \varepsilon$ bzw. $\xi < \varepsilon$ ist (speziell also $x_\varepsilon = 0$). Weil h zu den Geraden d, b, e, a orthogonal ist, gilt $\sigma_h \sigma_d = \sigma_{X_\delta}, \ldots, \sigma_h \sigma_a = \sigma_{X_\alpha}$. Es folgt $\sigma_{X_\delta} = \sigma_{X_\beta} \sigma_{X_\varepsilon} \sigma_{X_\alpha}$. Bezeichnen wir die Restriktion dieser Spiegelungen auf die Gerade h mit $\sigma'_{x_\delta}, \ldots, \sigma'_{x_\alpha}$, so folgt $\sigma'_{x_\delta} = \sigma'_{x_\alpha} \sigma'_{x_\varepsilon} \sigma'_{x_\alpha}$. Wegen $x_\varepsilon = 0$ ergibt sich hieraus $x_\delta = x_\alpha + x_\beta$. Da $\delta = \alpha \cdot \beta$ ist, erhalten wir schließlich $x_{\alpha \cdot \beta} = x_\alpha + x_\beta$.

(5.4) Wir dehnen die Multiplikation auf ganz $\mathfrak{K}$ aus durch die Festsetzung $\omega \cdot \alpha := \omega =: \alpha \cdot \omega$ für alle α aus $\mathfrak{K}$.

Wir behaupten weiter, daß die Addition und die Multiplikation in distributiv verknüpft sind: $\alpha \cdot (\beta + \gamma) = \alpha \cdot \beta + \alpha \cdot \gamma$ für alle α, β, γ aus $\mathfrak{K}$. – Zunächst sei $\alpha > 0$. Mit mehrmaliger Verwendung von Kap. II, (8.5) und einmaliger Verwendung von Kap. II, (7.6), Korollar argumentieren wir folgendermaßen. Es sei τ die Translation entlang h mit $\tau(e) = a$. Dann ist $\sigma_a = \tau \sigma_e \tau^{-1}$. Also ist $\sigma_{\alpha \cdot b} = \sigma_b \sigma_e \sigma_a = \sigma_b \sigma_e \tau \sigma_e \tau^{-1} = \tau \sigma_b \sigma_e \sigma_e \tau^{-1} = \tau \sigma_b \tau^{-1} = \sigma_{\tau(b)}$ und daher $a \cdot b = \tau(b)$. Folglich ist $\alpha \cdot \beta = \tau(\beta)$ oder $= -\tau(\beta)$. Weil aber aus $\beta > \omega, = \omega, < \omega$ folgt $\tau(\beta) > \omega, = \omega, < \omega$ und (wegen $\alpha > \omega$) auch $\alpha \cdot \beta > \omega$, $= \omega$, $< \omega$, so ist sogar $\alpha \cdot \beta = \tau(\beta)$. Analog ist $\alpha \cdot \gamma = \tau(\gamma)$ und $\alpha \cdot (\beta + \gamma) = \tau(\beta + \gamma)$. Wir können daher die Behauptung in der Form $\tau(\beta + \gamma) = \tau(\alpha) + \tau(\beta)$ schreiben. Aus $\sigma_{\beta + \gamma} = \sigma_\gamma \sigma_\omega \sigma_\beta$ folgt nun aber $\sigma_{\tau(\beta + \gamma)} = \tau \sigma_{\beta + \gamma} \tau^{-1} = \tau \sigma_\gamma \tau^{-1} \tau \sigma_\omega \tau^{-1} \tau \sigma_\beta \tau^{-1} = \sigma_{\tau(\gamma)} \sigma_{\tau(\omega)} \sigma_{\tau(\beta)} = \sigma_{\tau(\gamma)} \sigma_\omega \sigma_{(\gamma)}$, letzteres wegen $\tau(\omega) = \omega$. Also ist $\tau(\beta + \gamma) = \tau(\beta) + \tau(\gamma)$, was zu zeigen war. – Für $\alpha = \omega$ ist nichts zu beweisen. – Für $\alpha < \omega$ genügt es wegen $\alpha = (-\varepsilon) \cdot (-\alpha)$ die Gleichung $(-\varepsilon) \cdot (\beta + \gamma) = (-\varepsilon) \cdot \beta + (-\varepsilon) \cdot \gamma$ zu beweisen. Dies folgt aber aus $(-\varepsilon) \cdot (\beta + \gamma) + (\beta + \gamma) = \omega = (-\varepsilon) \cdot \beta + \beta + (-\varepsilon) \cdot \gamma + \gamma$ durch Addition von $(-\beta) + (-\gamma)$ links und rechts.

Damit ist gezeigt, daß $\mathfrak{K}$ durch die eingeführte Addition, totale Ordnung und Multiplikation zu einem angeordneten Körper geworden ist.

(5.5) Wir behaupten schließlich, daß der angeordnete Körper archimedisch und vollständig ist. Hierzu genügt es zu zeigen, daß die angeordnete, multipli-

kative Untergruppe $\mathfrak{K}^+$ von $\mathfrak{K}$ (bestehend aus allen positiven $\alpha \in \mathfrak{K}$) isomorph ist zur angeordneten, additiven Gruppe $\mathbb{R}$ der reellen Zahlen.
Es sei h^+ die Projektion der Geraden $\overline{\varepsilon, \infty}$ in h; sie ist eine der beiden Halbgeraden von h mit dem Endpunkt O. Wir bezeichnen mit $\Lambda: \mathbb{R} \to h$ diejenige natürliche Parametrisierung von h, für welche $\Lambda(0) = O$ und $\Lambda(\mathbb{R}^+) = h^+$ ist. Durch die Bijektion Λ wird die Anordnung und die additive Struktur von $\mathbb{R}$ auf h übertragen: $\Lambda(x) < \Lambda(y)$, wenn $x < y$; $\Lambda(x) + \Lambda(y) = \Lambda(x+y)$. In diesem Sinne betrachten wir h als angeordnete, additive Gruppe. Es genügt zu zeigen, daß ein Isomorphismus π der angeordneten, multiplikativen Gruppe $\mathfrak{K}^+$ auf die angeordnete, additive Gruppe h existiert.
Für jedes $\alpha \in \mathfrak{K}^+$ sei $\pi(\alpha)$ der Schnittpunkt der Geraden $\overline{\alpha, -\alpha}$ mit h. Hierdurch ist eine Bijektion $\pi: \mathfrak{K}^+ \to h$ definiert. Speziell ist $\pi(\varepsilon) = O$. – Nun seien α, β Elemente von $\mathfrak{K}^+$ und $\delta = \alpha \cdot \beta$ ihr Produkt. Wir setzen $\pi(\alpha) =: A$, $\pi(\beta) =: B$ und $\pi(\delta) =: D$. Das Produkt δ ist nach (5.3) festgelegt durch $\sigma_d = \sigma_b \sigma_e \sigma_a$. Da die Geraden d, b, e, a die Lote auf g mit den Fußpunkten D, B, O, A sind, folgt $\sigma_D = \sigma_B \sigma_O \sigma_A$ und hieraus $D = A + B$. Also ist $\pi(\alpha \cdot \beta) = \pi(\alpha) + \pi(\beta)$. – Um schließlich zu zeigen, daß aus $\alpha < \beta$ folgt $\pi(\alpha) < \pi(\beta)$, genügt es zu beweisen, daß aus $\varepsilon < \alpha$ folgt $0 < \pi(\alpha)$, daß m.a.W. aus $\varepsilon < \alpha$ folgt $\pi(\alpha) \in h^+$. Die Gerade $\overline{\alpha, -\alpha}$ schneidet die Gerade $\overline{\varepsilon, \infty}$ genau dann, wenn $\pi(\alpha) \in h^+$ ist. Andererseits sei $\rho = \sigma_\beta \sigma_\gamma$ $(\beta, \gamma \in \mathfrak{K})$ die Rotation, welche $\overline{\varepsilon, \infty}$ in h überführt. Sie überführt h in $\overline{-\varepsilon, \infty}$. Also trennt $\overline{\varepsilon, \infty}$ die Geraden h und $\overline{\alpha, \infty}$ genau dann, wenn h die Geraden $\overline{-\varepsilon, \infty}$ und $\overline{\rho(\alpha), \infty}$ trennt. Letzteres ist äquivalent mit $\omega < \rho(\alpha)$ und dieses nach (5.2) mit $\rho^{-1}(\omega) < \alpha$, d.h. mit $\varepsilon < \alpha$. Damit ist bewiesen, daß $\pi(\alpha) \in h^+$ äquivalent ist mit $\varepsilon < \alpha$.

(5.6) Wegen (5.5) existiert ein Isomorphismus $\Phi: \mathfrak{K} \to \mathbb{R}$ des angeordneten Körpers $\mathfrak{K}$ auf den angeordneten Körper $\mathbb{R}$ der reellen Zahlen.[4] Dieser Isomorphismus Φ gibt uns die Möglichkeit, mit den Büscheln dritter Art zu rechnen wie mit reellen Zahlen. Diese „Büschelrechnung" ist die entscheidende Grundlage für die nun folgende Einführung von homogenen Koordinaten in $\mathfrak{E}$.

(5.7) Wir setzen $\mathfrak{K} \cup \{\infty\} =: \overline{\mathfrak{K}}$. Für jedes Quadrupel $\varkappa, \lambda, \mu, \nu$ von Elementen von $\mathfrak{K}$ mit $\varkappa \cdot \nu - \lambda \cdot \mu \neq \omega$ nennen wir die Bijektion $T: \overline{\mathfrak{K}} \to \overline{\mathfrak{K}}$, definiert durch

$$T(\zeta) := \frac{\varkappa \cdot \zeta + \lambda}{\mu \cdot \zeta + \nu} \text{ bzw.} := \infty \text{ für } \zeta \in \mathfrak{K} \text{ und } \mu \cdot \zeta + \nu \neq \omega \text{ bzw. } = \omega,$$

$$T(\infty) := \frac{\varkappa}{\mu} \text{ bzw. } := \infty \text{ für } \mu \neq \omega \text{ bzw. } = \omega,$$

eine (gebrochene, lineare) Transformation $T: \zeta' = \dfrac{\varkappa \cdot \zeta + \lambda}{\mu \cdot \zeta + \nu}$ von $\mathfrak{K}$. Ist speziell

[4] Vgl. Kap. III, (7.3), Fußnote 5).

$\mu=\omega$ (also $\varkappa\neq\omega$), so können wir sie in der Form $T: \zeta'=\varkappa\cdot\zeta+\lambda$ schreiben; wir nennen sie dann ganz. – Jede Transformation T kann aus endlich vielen Transformationen folgender Gestalt zusammengesetzt werden: $\zeta'=\varkappa\cdot\zeta$, $\zeta'=\zeta+\lambda$; $\zeta'=\varepsilon/\zeta$.

Es sei T eine Transformation von $\bar{\mathfrak{K}}$. Wir behaupten die Existenz einer Bewegung φ von $\mathfrak{E}$ mit $\varphi(\zeta)=T(\zeta)$ für jedes Büschel ζ (dritter Art).[5] Es genügt, dies zu beweisen 1) für eine Transformation $T: \zeta'=\varkappa\cdot\zeta$ $(\varkappa\neq\varepsilon)$, 2) für eine Transformation $T:\zeta'=\zeta+\lambda$ $(\lambda\neq\omega)$ und 3) für die Transformation $T:\zeta'=\varepsilon/\zeta$. 1) Ist K der Schnittpunkt der Geraden $\overline{\varkappa, -\varkappa}$ mit h, so geht durch die Translation φ entlang h, welche den Punkt O in den Punkt K überführt, jeder Punkt X von h in den Punkt $K+X$ über und daher jedes Büschel ζ in das Büschel $\zeta':=\varkappa\cdot\zeta$. 2) Die Rotation $\varphi:=\sigma_{\lambda/2}\sigma_\omega$ überführt jedes Büschel ζ in das Büschel $\zeta':=\zeta+\lambda$. 3) Die Spiegelung $\varphi:=\sigma_e$ an der Geraden $e=k$ überführt jedes Büschel ζ in das Büschel $\zeta':=1/\zeta$. – Die Bewegung φ ist durch T eindeutig bestimmt. Es seien nämlich φ und ψ Bewegungen von $\mathfrak{E}$ derart, daß für mindestens drei verschiedene Büschel ζ_i $(i=1,2,3)$ gilt $\varphi(\zeta_i)=\psi(\zeta_i)$. Wir setzen $\zeta_i':=\varphi(\zeta_i)=\psi(\zeta_i)$. Nun sei A der Schnittpunkt der Geraden $\overline{\zeta_1,\zeta_2}$ mit der dazu orthogonalen Geraden $\in\zeta_3$; analog sei A' der Schnittpunkt der Geraden $\overline{\zeta_1', \zeta_2'}$ mit der dazu orthogonalen Geraden $\in\zeta_3'$; durch zyklische Vertauschung der Indizes 1, 2, 3 erhalten wir Punkte B und B' sowie C und C'. Es folgt $\varphi(A)=A'=\psi(A)$, $\varphi(B)=B'=\psi(B)$ und $\varphi(C)=C'=\psi(C)$. Also ist $\varphi=\psi$. – Wir schreiben $\varphi=\varphi_T$.

Umgekehrt sei φ eine beliebige Bewegung von $\mathfrak{E}$. Dann existiert eine Transformation T von $\bar{\mathfrak{K}}$ derart, daß $\varphi=\varphi_T$ ist. Denn es sei T die Transformation von $\bar{\mathfrak{K}}$ mit $T(\omega)=\varphi(\omega)$, $T(\varepsilon)=\varphi(\varepsilon)$ und $T(\infty)=\varphi(\infty)$. Für die nach Vorstehendem existierende Bewegung ψ von $\mathfrak{E}$ mit $\psi(\zeta)=T(\zeta)$ für alle ζ aus $\bar{\mathfrak{K}}$ ist dann $\varphi(\omega)=\psi(\omega)$, $\varphi(\varepsilon)=\psi(\varepsilon)$ und $\varphi(\infty)=\psi(\infty)$. Nach dem soeben Bewiesenen ist $\varphi=\psi$. – Wir schreiben $T=T_\varphi$.

Die hiermit nachgewiesene 1-1-Korrespondenz zwischen der Gruppe $\mathfrak{T}$ aller Transformationen T von $\bar{\mathfrak{K}}$ und der Gruppe $\mathfrak{G}$ aller Bewegungen φ von $\mathfrak{E}$ ist ein Isomorphismus.[6] Denn aus $\varphi_1(\zeta)=T_1(\zeta)$ und $\varphi_2(\zeta)=T_2(\zeta)$ für alle $\zeta\in\bar{\mathfrak{K}}$ folgt durch Einsetzen $\varphi_2(\varphi_1(\zeta))=T_2(T_1(\zeta))$ für alle ζ.

Ist P ein beliebiger Punkt von $\mathfrak{E}$, so existiert (genau) eine ganze Transformation $T:\zeta'=\varkappa\cdot\zeta+\lambda$ von $\bar{\mathfrak{K}}$ derart, daß für die Bewegung $\varphi=\varphi_T$ gilt $\varphi(O)=P$. Denn zunächst existiert ein $\lambda\in\mathfrak{K}$ mit $P\in\overline{\lambda, \infty}$. Das Lot von P auf die Gerade $\overline{\lambda/2, \infty}$ schneidet h in einem Punkt K. Sodann existiert in $\mathfrak{K}$ ein $\varkappa>\omega$ mit $K\in\overline{\varkappa, -\varkappa}$. Die so bestimmten $\varkappa$ und λ (und nur sie) leisten das Verlangte.

[5] Alle in diesem Absatz auftretenden Büschel sind von dritter Art.

[6] Die Gruppe $\mathfrak{T}$ ist wegen (5.6) isomorph zur Gruppe der projektiven Transformationen der projektiven reellen Geraden. Zu dieser Gruppe ist also die Bewegungsgruppe $\mathfrak{G}$ der hyperbolischen Ebene $\mathfrak{E}$ isomorph.

(5.8) Wir wollen nun jedem Punkt P von $\mathfrak{E}$ Koordinaten zuordnen. Es sei $\xi' = \varkappa \cdot \xi + \lambda$ (mit $\varkappa = \varkappa(P) > \omega$, $\lambda = \lambda(P)$) diejenige Transformation von $\mathfrak{K}$, für deren korrespondierende Bewegung $\varphi = \varphi_T$ gilt $\varphi(P) = O$ (diese Transformation bzw. Bewegung ist die Inverse zur Transformation bzw. Bewegung in (5.7)). Wir definieren nun $\mu_0, \mu_1, \mu_2 \in \mathfrak{K}$ und $x_0, x_1, x_2 \in \mathbb{R}$ durch:

(1) $$\mu_0 : \mu_1 : \mu_2 = \varkappa^2 : 2(\varkappa \cdot \lambda) : (\lambda^2 + \varepsilon);$$

(2) $$4\mu_0 \cdot \mu_2 - \mu_1^2 = \varepsilon$$

(3) $$x_0 =: \Phi(\mu_0 + \mu_2), \quad x_1 =: -\Phi(\mu_0 - \mu_2), \quad x_2 =: -\Phi(\mu_1).$$

Aus (2) folgt dann

(4) $$x_0^2 - x_1^2 - x_2^2 = 1.$$

Die Zahlen x_0, x_1, x_2 heißen *Weierstraßsche Koordinaten* des Punktes P; wir schreiben $P = \langle x_0, x_1, x_2 \rangle$. Sie sind durch P bis auf den Proportionalitätsfaktor ± 1 bestimmt; es ist $|x_0| \geqq 1$.[7] Umgekehrt gibt es zu jedem Zahlentripel (x_0, x_1, x_2) mit (4) genau einen Punkt P von $\mathfrak{E}$ mit $P = \langle x_0, x_1, x_2 \rangle$; denn x_0, x_1, x_2 bestimmen μ_0, μ_1, μ_2 durch (3) eindeutig und diese die Elemente $\varkappa > \omega$, λ durch (1) und (2) eindeutig. Für den Koordinatenursprung O gilt $O = \langle 1, 0, 0 \rangle$.

Wir ordnen diese Definition der Weierstraßschen Koordinaten in das in Kap. II, (11.1) angegebene Schema ein, indem wir $\mathfrak{D}$ als das zweischalige Hyperboloid $H := \{(x_0, x_1, x_2) : x_0^2 - x_1^2 - x_2^2 = 1\}$ des $\mathbb{R}^3$ wählen und $\varphi : H \to \mathfrak{E}$ definieren durch $(x_0, x_1, x_2) \mapsto \langle x_0, x_1, x_2 \rangle$. Diese Surjektion ρ nennen wir ein Weierstraßsches Koordinatensystem.

(5.9) Wir behaupten weiter, daß jede Gerade eine lineare, homogene Gleichung hat. Genauer behaupten wir folgendes. Zu jeder Geraden g existieren drei Zahlen $\xi_0, \xi_1, \xi_2 \in \mathbb{R}$ mit

(1) $$\xi_0^2 - \xi_1^2 - \xi_2^2 = -1,$$

eindeutig bestimmt bis auf einen Proportionalitätsfaktor ± 1, derart, daß g aus allen Punkten $\langle x_0, x_1, x_2 \rangle$ besteht, die der Gleichung

(2) $$\xi_0 x_0 - \xi_1 x_1 - \xi_2 x_2 = 0.$$

genügen. Die Zahlen ξ_0, ξ_1, ξ_2 heißen *Weierstraßsche* (Linien-) *Koordinaten* von g; wir schreiben $g = \langle \xi_0, \xi_1, \xi_2 \rangle$. Umgekehrt ist jede Gleichung (2), deren Koeffizienten ξ_i der Gleichung (1) genügen, in diesem Sinne die Gleichung genau

[7] Man pflegt das Koordinatentripel x_0, x_1, x_2 durch die zusätzliche Normierungsvorschrift $x_0 \geqq 1$ eindeutig festzulegen. Wir verzichten i. a. darauf.

einer Geraden g. Für die *Koordinatenachsen* h und k gilt: $h = \langle 0, 0, 1\rangle$ und $k = \langle 0, 1, 0\rangle$.

Zum Beweis gehöre g zunächst dem Büschel ∞ nicht an. Dann existieren eindeutig zwei Elemente α, β von $\mathfrak{K}$ mit $g = \overline{\alpha, \beta}$. Nun sei $P = \langle x_0, x_1, x_2\rangle$ ein beliebiger Punkt von $\mathfrak{E}$. Es sei T: $\zeta' = \varkappa \cdot \zeta + \lambda\ (\varkappa > \omega)$ diejenige Transformation von $\mathfrak{K}$, für deren korrespondierende Bewegung $\varphi = \varphi_T$ von g gilt $\varphi(P) = O$ (diese Transformation bzw. Bewegung ist die Inverse zur Transformation bzw. Bewegung in (5.7)). Es gilt $P \in \overline{\alpha, \beta}$ genau dann, wenn $O \in \overline{\alpha', \beta'}$ (mit $\alpha' := \varkappa \cdot \alpha + \lambda, \beta' := \varkappa \cdot \beta + \lambda$) gilt. Für letzteres ist nach (5.3) notwendig und hinreichend, daß $\alpha' \cdot \beta' = -\varepsilon$ ist. Also gilt $P \in \overline{\alpha, \beta}$ genau dann, wenn

$$(3) \qquad (\varkappa \cdot \alpha + \lambda) \cdot (\varkappa \cdot \beta + \lambda) = -\varepsilon$$

ist. Wir definieren nun $\nu_0, \nu_1, \nu_2 \in \mathfrak{K}$ durch

$$(4) \qquad \nu_0 : \nu_1 : \nu_2 = 2\,(\alpha \cdot \beta) : (\alpha + \beta) : \varepsilon;$$

$$(5) \qquad 4\nu_0 \cdot \nu_2 - 4\nu_1^2 = -\varepsilon.$$

Einsetzen der Elemente μ_i und ν_i in die Gleichung

$$(6) \qquad \nu_0 \cdot \mu_0 + \nu_1 \cdot \mu_1 + \nu_2 \cdot \mu_2 = \omega$$

ergibt, daß diese Gleichung äquivalent ist zur Gleichung (3). Weiter definieren wir $\xi_0, \xi_1, \xi_2 \in \mathbb{R}$ durch

$$(7) \qquad \xi_0 := \Phi\,(\nu_0 + \nu_2),\ \ \xi_1 := \Phi\,(\nu_0 - \nu_2),\ \ \xi_2 := \Phi\,(2\nu_1).$$

Dann ist (6) äquivalent mit (2) und aus (5) folgt (1). Also hat die Gerade $g \notin \infty$ die Gleichung (2) mit (1). – Liegt g speziell im Büschel ω, ist m.a.W. $g = \overline{\omega, \beta}$, so ergibt sich durch Einsetzen von $\alpha = \omega$ in (4), daß $\nu_0 : \nu_1 : \nu_2 = \omega : \beta/2 : \varepsilon$ ist. Aus (7) folgt dann $\xi_0 : \xi_1 : \xi_2 = 1 : (-1) : \Phi\,(\beta)$. Also kann (2) für $g = \overline{\omega, \beta}$ in der Form

$$(8) \qquad x_0 + x_1 - \Phi\,(\beta)\,x_2 = 0$$

geschrieben werden. – Als weiteres Beispiel ergibt sich für die Gerade $\overline{\alpha, -\alpha}$ die Gleichung

$$(9) \qquad (1 - \Phi\,(\alpha^2))\,x_0 + (1 + \Phi\,(\alpha^2))\,x_1 = 0.$$

Nun liege die Gerade g im Büschel ∞, also $g = \overline{\alpha, \infty}$. Es sei $P = \langle x_0, x_1, x_2\rangle$ ein Punkt von g. Für die Transformation $\zeta' = \varkappa \cdot \zeta + \lambda$, für deren korrespondierende Bewegung $\varphi = \varphi_T$ gilt $\varphi(O) = P$, ist dann $\lambda = \alpha$. Die zu dieser Transformation inverse Transformation ist $\zeta' = (\varepsilon/\varkappa) \cdot (\zeta - \alpha) = (\varepsilon/\varkappa) \cdot \zeta - (\alpha/\varkappa)$; für die zu dieser letzteren korrespondierende Bewegung $\varphi = \varphi_T$ gilt $\varphi(P) = O$. Nach (5.8), (1) folgt aus $P \in g$ daher $\mu_0 : \mu_1 : \mu_2 = \varepsilon/2 : (-\alpha) : (\alpha^2 + \varkappa^2)$, nach (5.8), (3) also

$$x_0 : x_1 : x_2 = (1 + 2\Phi\,(\alpha^2) + 2\Phi\,(\varkappa^2)) : (-1 + 2\Phi\,(\alpha^2) + 2\Phi\,(\varkappa^2)) : 2\Phi\,(\alpha).$$

Hieraus folgt

$$(10) \qquad \Phi(\alpha)\,x_0 - \Phi(\alpha)\,x_1 - x_2 = 0.$$

Angenommen, dieser Gleichung würde auch ein nicht auf g liegender Punkt $\langle x_0, x_1, x_2\rangle$ genügen. Dieser Punkt liegt dann auf einer Geraden $g^* = \overline{\alpha^*, \infty}$ des Büschels ∞ mit $\alpha^* \neq \alpha$. Neben der Gleichung (10) gilt dann auch die Gleichung $\Phi(\alpha^*)\,x_0 - \Phi(\alpha^*)\,x_1 - x_2 = 0$. Aus diesen beiden Gleichungen folgt $x_0 = +x_1, x_2 = 0$, im Widerspruch zu (5.8), (4). Der Gleichung (10) genügen also die Punkte von $g = \overline{\alpha, \infty}$ und nur sie. Die Gerade g hat daher die Gleichung (10). Damit ist gezeigt, daß jede Gerade g eine Gleichung (2) hat, deren Koeffizienten ξ_i bis auf einen Proportionalitätsfaktor ± 1 durch g eindeutig bestimmt sind und der Bedingung (1) genügen.

Wir haben noch die Behauptungen $h = \langle 0, 0, 1\rangle$ und $k = \langle 0, 1, 0\rangle$ zu beweisen. Die erste Behauptung folgt aus (10) für $\alpha = \omega$, die zweite aus (9) für $\alpha = \varepsilon$.

Hiermit sind alle eingangs von (5.9) aufgestellten Behauptungen bewiesen. Es stellt sich jedoch noch die Frage, ob umgekehrt jede Gleichung (2) mit (1) die Gleichung einer Geraden ist, ob m.a.W. jedes Tripel ξ_0, ξ_1, ξ_2 mit (1) das Koordinatentripel einer Geraden ist. Diese Frage ist zu bejahen. Denn ist $\xi_0 = \xi_1$, so kann die gegebene Gleichung (2) in der Form (10) geschrieben werden; sie ist dann die Gleichung der Geraden $\overline{\alpha, \infty}$. Ist hingegen $\xi_0 \neq \xi_1$, so wählen wir $v_2 \neq \omega, v_1, v_0 \in \mathfrak{K}$ so, daß (7) gilt; aus (1) ergibt sich $v_1^2 - v_0 v_2 > \omega$; dann existieren zwei verschiedene Elemente α, β von $\mathfrak{K}$ derart, daß (4) gilt; die Gerade $\overline{\alpha, \beta}$ hat die gegebene Gleichung (2).

(5.10) Abschließend bestimmen wir noch die vier Quadranten des Koordinatensystems. Normieren wir zu diesem Zweck die Koordinaten x_0, x_1, x_2 durch die Festsetzung $x_0 \geqq 1$, so sei der Quadrant I bzw. II bzw. III bzw. IV die Menge aller Punkte mit $x_1 > 0, x_2 > 0$ bzw. $x_1 < 0, x_2 > 0$ bzw. $x_1 < 0, x_2 < 0$ bzw. $x_1 > 0, x_2 < 0$.

Es sei nun $P = \langle x_0, x_1, x_2\rangle$ ein Punkt, der auf keiner der beiden Achsen h und k liegt. Erstens existiert dann in $\mathfrak{K}$ ein $\alpha > \omega$ derart, daß P auf der Geraden $\overline{\alpha, -\alpha}$ liegt. Aus (5.9), (9) folgt (weil $x_0 \geqq 1$) ist), daß $x_1 > 0$ ist dann und nur dann, wenn $\varepsilon < \alpha$ ist, also dann und nur dann, wenn P in der die Halbgerade h^+ enthaltenden Halbebene $\mathfrak{E}_k$ liegt. Zweitens existiert in $\mathfrak{K}$ ein $\alpha \neq \omega$ derart, daß P auf der Geraden $\overline{\alpha, \infty}$ liegt. Aus (5.9), (10) folgt (weil $x_0 + x_1 > 0$ ist wegen $x_0 \geqq 1$ und $x_0^2 - x_1^2 - x_2^2 = 1$), daß $x_2 > 0$ ist dann und nur dann, wenn $\alpha > \omega$ ist, also nach (5.1) dann und nur dann, wenn P in der Halbebene $\mathfrak{E}^+$ liegt. Damit sind die vier Quadranten bestimmt. – Wir setzen noch $k^+ := k \cap \mathfrak{E}^+$ und nennen die beiden Halbgeraden h^+ und k^+ der Achsen h und k mit dem Endpunkt O die *positiven Halbachsen.*

Aufgabe.
Man zeige:
Die Gerade $\overline{\varepsilon, \infty}$ hat die Gleichung $x_0 - x_1 - x_2 = 0$ und liegt im Quadranten I; die Gerade $\overline{\omega, \varepsilon}$ hat die Gleichung $x_0 + x_1 - x_2 = 0$ und liegt im Quadranten II; die Gerade $\overline{\omega, -\varepsilon}$ hat die Gleichung $x_0 + x_1 + x_2 = 0$ und liegt im Quadranten III; die Gerade $\overline{-\varepsilon, \infty}$ hat die Gleichung $x_0 - x_1 + x_2 = 0$ und liegt im Quadranten IV.

§ 6. Bewegungen. Koordinatentransformationen

(6.1) Wir nennen eine reelle 3-3-Matrix $(a_{ij})_{ij=0,1,2}$ eine *Lorentz*-Matrix, wenn sie folgende Bedingung erfüllt:

(1)
$$\begin{pmatrix} a_{00} & -a_{10} & -a_{20} \\ -a_{01} & a_{11} & a_{21} \\ -a_{02} & a_{12} & a_{22} \end{pmatrix} \begin{pmatrix} a_{00} & a_{01} & a_{02} \\ a_{10} & a_{11} & a_{12} \\ a_{20} & a_{21} & a_{22} \end{pmatrix} = \begin{pmatrix} 1 & 0 & 0 \\ 0 & 1 & 0 \\ 0 & 0 & 1 \end{pmatrix}.$$

Dann gilt auch

(2)
$$\begin{pmatrix} a_{00} & a_{01} & a_{02} \\ a_{10} & a_{11} & a_{12} \\ a_{20} & a_{21} & a_{22} \end{pmatrix} \begin{pmatrix} a_{00} & -a_{10} & -a_{20} \\ -a_{01} & a_{11} & a_{21} \\ -a_{02} & a_{12} & a_{22} \end{pmatrix} = \begin{pmatrix} 1 & 0 & 0 \\ 0 & 1 & 0 \\ 0 & 0 & 1 \end{pmatrix}.$$

Die zu einer Lorentz-Matrix inverse Matrix ist also ebenfalls eine Lorentz-Matrix. Bedeutet D die Determinante der Matrix, so ist die Determinante der inversen Matrix einerseits gleich $1/D$; andererseits ergibt ihre Ausrechnung den Wert D. Also ist $D = \pm 1$. Weiter ist das Produkt zweier Lorentz-Matrizen wieder eine Lorentz-Matrix. Mithin ist das System aller Lorentz-Matrizen eine Gruppe. Wir bezeichnen sie mit $\mathfrak{L}$. – Aus (1) folgt $|a_{00}| \geqq 1$. Das System der Lorentz-Matrizen mit

(3)
$$a_{00} \geqq 1$$

ist eine Untergruppe von $\mathfrak{L}$; wir bezeichnen diese Untergruppe mit $\mathfrak{L}^+$. – Ist (u_0, u_1, u_2) ein reelles Zahlentripel, so sei das Tripel (u_0', u_1', u_2') definiert durch

(4)
$$u_1' = a_{i0} u_0 + a_{i1} u_1 + a_{i2} u_2 \qquad (i = 0, 1, 2).$$

Aus (1) folgt, daß für je zwei Tripel (u_0, u_1, u_2) und (v_0, v_1, v_2) gilt

(5)
$$u_0 v_0 - u_1 v_1 - u_2 v_2 = u_0' v_0' - u_1' v_1' - u_2' v_2'.$$

(6.2) Nun liege in der Ebene $\mathfrak{E}$ ein festes System von Weierstraßschen Koordinaten x_0, x_1, x_2 vor. Wir behaupten folgenden Satz, durch den wir die Bewegungen rechnerisch in den Griff bekommen.

Satz A. *Zu jeder Bewegung φ von $\mathfrak{E}$ existiert in $\mathfrak{L}^+$ genau eine Matrix (a_{ij}) derart, daß φ die durch $\langle x_0, x_1, x_2\rangle \mapsto \langle x'_0, x'_1, x'_2\rangle$ mit*

$$x'_i = a_{i0}x_0 + a_{i1}x_1 + a_{i2}x_2 \qquad (i=0,\ 1,\ 2)$$

definierte Abbildung von $\mathfrak{E}$ auf sich ist. – **B.** *Die durch $\varphi \mapsto (a_{ij})$ definierte Abbildung ist ein Isomorphismus der Bewegungsgruppe von $\mathfrak{E}$ auf $\mathfrak{L}^+$.*

Beweis. A. Es sei

$$(1) \qquad T_{\varphi^{-1}} := \frac{\varkappa\cdot\zeta'+\lambda}{\mu\cdot\zeta'+\nu} \qquad (\varkappa\cdot\nu-\lambda\cdot\mu \neq \omega)$$

die zur Inversen φ^{-1} von φ korrespondierende Transformation von $\mathfrak{K}$. Wir wählen einen festen Punkt $P = \langle x_0, x_1, x_2\rangle$ von $\mathfrak{E}$; es sei $P' = \varphi(P) = \langle x'_0, x'_1, x'_2\rangle$ sein Bildpunkt. Wir legen eine Gerade $\overline{\alpha, \beta}$ durch P. Für (μ_0, μ_1, μ_2), und (ν_0, ν_1, ν_2), definiert in (5.8) und (5.9) gilt:

$$(2) \quad \frac{\nu_0}{\nu_2} = \alpha\cdot\beta, \quad \frac{\nu_1}{\nu_2} = \frac{\alpha+\beta}{2}; \qquad (3) \quad \nu_0\cdot\mu_0 + \nu_1\cdot\mu_1 + \nu_2\cdot\mu_2 = \omega.$$

Analog liefern $P' = \langle x'_0, x'_1, x'_2\rangle$ und die Bildgerade $\overline{\alpha', \beta'}$ von $\overline{\alpha, \beta}$:

$$(2') \quad \frac{\nu'_0}{\nu'_2} = \alpha'\cdot\beta', \quad \frac{\nu'_1}{\nu'_2} = \frac{\alpha'+\beta'}{2}; \qquad (3') \quad \nu'_0\cdot\mu'_0 + \nu'_1\cdot\mu'_1 + \nu'_2\cdot\mu'_2 = \omega.$$

Nach (1) ist $\alpha = \dfrac{\varkappa\cdot\alpha'+\lambda}{\mu\cdot\alpha'+\nu}$, $\beta = \dfrac{\varkappa\cdot\beta'+\lambda}{\mu\cdot\beta'+\nu}$. Aus (2) folgt $\dfrac{\nu_0}{\nu_2} = \dfrac{\varkappa\cdot\alpha'+\lambda}{\mu\cdot\alpha'+\nu}\cdot\dfrac{\varkappa\cdot\beta'+\lambda}{\mu\cdot\beta'+\nu}$,

$\dfrac{\nu_1}{\nu_2} = \dfrac{1}{2}\left(\dfrac{\varkappa\cdot\alpha'+\lambda}{\mu\cdot\alpha'+\nu} + \dfrac{\varkappa\cdot\beta'+\lambda}{\mu\cdot\beta'+\nu}\right)$. Dies in (3) eingesetzt, ergibt

$$\begin{aligned} &\nu'_0\cdot(\varkappa^2\cdot\mu_0 + \varkappa\cdot\mu\cdot\mu_1 + \mu^2\cdot\mu_2) \\ (3^*) \qquad &+\nu'_1\cdot(2\varkappa\cdot\lambda\cdot\mu_0 + (\varkappa\cdot\nu+\lambda\cdot\mu)\cdot\mu_1 + 2\mu\cdot\nu\cdot\mu_2) \\ &+\nu'_2\cdot(\lambda^2\mu_0 + \lambda\cdot\nu\cdot\mu_1 + \nu^2\cdot\mu_2) = \omega. \end{aligned}$$

Die Gleichungen (3′) und (3*) gelten für jede Gerade $\overline{\alpha', \beta'}$ durch P', also für mindestens zwei nicht proportionale Tripel ν'_0, ν'_1, ν'_2. Daher folgt

$$\begin{aligned} &\mu'_0 : \mu'_1 : \mu'_2 = \\ &(\varkappa^2\cdot\mu_0 + \varkappa\cdot\mu\cdot\mu_1 + \mu^2\cdot\mu_2) : \\ &(2\varkappa\cdot\lambda\cdot\mu_0 + (\varkappa\cdot\nu+\lambda\cdot\mu)\cdot\mu_1 + 2\mu\cdot\nu\cdot\mu_2) : \\ &(\lambda^2\cdot\mu_0 + \lambda\cdot\nu\cdot\mu_1 + \nu^2\cdot\mu_2). \end{aligned}$$

Mittels (5.8), (3) ergibt sich hieraus weiter

$$x'_0 : x'_1 : x'_2 =$$

$$(\tfrac{1}{2}\Phi(\varkappa^2+\lambda^2+\mu^2+\nu^2)\,x_0+\tfrac{1}{2}\Phi(-\varkappa^2-\lambda^2+\mu^2+\nu^2)\,x_1+\Phi(-\varkappa\cdot\mu-\lambda\cdot\nu)\,x_2):$$

$$(\tfrac{1}{2}\Phi(-\varkappa^2+\lambda^2-\mu^2+\nu^2)\,x_0+\tfrac{1}{2}\Phi(\varkappa^2-\lambda^2-\mu^2+\nu^2)\,x_1+\Phi(\varkappa\cdot\mu-\lambda\cdot\nu)\,x_2):$$

$$(\Phi(-\varkappa\cdot\lambda-\mu\cdot\nu)\,x_0+\Phi(\varkappa\cdot\lambda-\mu\cdot\nu)\,x_1+\Phi(\varkappa\cdot\nu+\lambda\cdot\mu)\,x_2).$$

Wir bezeichnen nun den durch $|\Phi(\varkappa\cdot\nu-\lambda\cdot\mu)|$ dividierten Koeffizienten von x_j in der i-ten Zeile mit a_{ij} $(i,j=0,1,2)$, setzen also beispielsweise $\Phi(\varkappa\cdot\mu-\lambda\cdot\nu) = a_{12}\cdot|\Phi(\varkappa\cdot\nu-\lambda\cdot\mu)|$. Dann gelten (2) und (3), wie bloßes Nachrechnen ergibt. Für $y_i := \Sigma a_{ij}x_j$ ist $y_0^2-y_1^2-y_2^2=1$ wegen (6.1), (5). Somit ist $x'_i=y_i$ für $i=0,1,2$ oder es ist $x'_1=-y_i$ für $i=0,1,2$. Damit ist die Existenz mindestens einer Matrix (a_{ij}) in $\mathfrak{L}^+$ mit der im Satz verlangten Eigenschaft bewiesen. – Um die Eindeutigkeit zu beweisen, genügt es nachzuweisen, daß für $\varphi=id_{\mathfrak{E}}$ nur die Einheitsmatrix diese Eigenschaft hat. Hierzu setzen wir in die drei Gleichungen des Satzes den Koordinatenursprung $\langle 1,0,0\rangle$ ein; dies ergibt $a_{00}=\pm 1$, $a_{10}=0$, $a_{20}=0$; wegen (1)–(3) folgt $a_{00}=1$, $a_{01}=0$, $a_{02}=0$. Setzen wir weiter die Achsen ein, so folgt $a_{12}=0$ und $a_{21}=0$. Einsetzen der Punkte $\langle\sqrt{2},1,0\rangle$ und $\langle\sqrt{2},0,1\rangle$ liefert schließlich $a_{11}=1$ und $a_{22}=1$.
Damit ist Teil **A** des Satzes bewiesen. Den Teil **B** werden wir in (7.2) beweisen.

Aufgabe.
Man zeige mittels (1) und des Bewiesenen, daß sich die Linienkoordinaten ξ'_i des Bildes $\varphi(g)$ einer Geraden $g=\langle\xi_0,\xi_1,\xi_2\rangle$ folgendermaßen errechnen:

$$\xi'_i=\varepsilon_i(a_{i0}\,\xi_0-a_{i1}\,\xi_1-a_{i2}\,\xi_2) \text{ mit } \varepsilon_0=1,\ \varepsilon_1=\varepsilon_2=-1.$$

Beispiele. 1) Spiegelung an der Achse h $(T_\varphi:\zeta'=-\zeta)$:

$$x'_0=x_0,\ x'_1=x_1,\ x'_2=-x_2.$$

2) Spiegelung an der Achse k $(T_\varphi:\zeta'=1/\zeta)$:

$$x'_0=x_0,\ x'_1=-x_1,\ x'_2=x_2.$$

3) Parallelverschiebung entlang h $(T_\varphi:\zeta'=\alpha\cdot\zeta)$:

$$2x'_0=\left(\frac{1}{\Phi(\alpha)}+\Phi(\alpha)\right)x_0-\left(\frac{1}{\Phi(\alpha)}-\Phi(\alpha)\right)x_1,$$

$$2x'_1=-\left(\frac{1}{\Phi(\alpha)}-\Phi(\alpha)\right)x_0+\left(\frac{1}{\Phi(\alpha)}+\Phi(\alpha)\right)x_1,$$

$$x'_2=x_2.$$

4) Es sei σ_g die Spiegelung an einer Geraden g und D die Determinante der ihr nach dem vorstehenden Satz, Teil A entsprechenden Lorentz-Matrix. Wir behaupten, daß $D=-1$ ist. Zum Beweis sei φ eine Bewegung, welche g in die Achse k überführt, und D' die ihr entsprechende Determinante. Wegen $\sigma_g=\varphi^{-1}\sigma_k\varphi$ und wegen Beispiel 2) folgt $D=-1$. Wird beispielsweise die Gleichung einer Geraden g durch den Ursprung O in der Form $\sin\alpha\cdot x_1-\cos\alpha\cdot x_2=0$ geschrieben, so hat die Spiegelung σ_g die Gleichungen $x_0'=x_0$, $x_1'=\cos 2\alpha\cdot x_1+\sin 2\alpha\cdot x_2$, $x_2'=\sin 2\alpha\cdot x_1-\cos 2\alpha\cdot x_2$.
Hieraus ergibt sich weiter die Bedeutung von α in der Geradengleichung $\sin\alpha\cdot x_1-\cos\alpha\cdot x_2=0$ $(0<\alpha<\pi)$. Da die Achse h die Gleichung $x_2=0$ hat, besteht ihr Bild aus den Punkten $x_0'=0, x_1'=\cos 2\alpha\cdot x_1, x_2'=\sin 2\alpha\cdot x_1$. Folglich hat $\sigma_g(h)$ die Gleichung $\sin 2\alpha\cdot x_1-\cos 2\alpha\cdot x_2=0$, wenn wir wieder x_1 und x_2 statt x_1' und x_2' schreiben. Speziell für $\alpha=\pi/4$ erhalten wir $\sigma_g(h)=k$.[8] Dies ergibt auf Grund von Kap. II, (3.4), wenn wir mit g^+ die Halbgerade $g\cap\mathfrak{E}^+$ bezeichnen, daß $\alpha=w(|h^+g^+|)$ ist.
5) Da eine Rotation, speziell eine Translation, die Komposition zweier Geradenspiegelungen ist, hat die ihr entsprechende Lorentz-Matrix die Determinante $(-1)^2=+1$.

(6.3) Wir untersuchen nun noch den Zusammenhang zwischen zwei beliebigen Weierstraßschen Koordinatensystemen von $\mathfrak{E}$.

Satz. *Zu je zwei Weierstraßschen Koordinatensystemen $\rho: H\to\mathfrak{E}$ und $\bar\rho: H\to\mathfrak{E}$ existiert in $\mathfrak{L}^+$ genau eine Matrix (a_{ij}) derart, daß die durch $(x_0,x_1,x_2)\mapsto(\bar x_0,\bar x_1,\bar x_2)$ mit*

$$\bar x_i=a_{i0}x_0+a_{i1}x_1+a_{i2}x_2 \qquad (i=0,1,2)$$

definierte Bijektion $\tau: H\to H$ eine Transformation von ρ in $\bar\rho$ ist: $\rho=\bar\rho\tau$.

Beweis. Wir nennen die Koordinaten x_i „alt“, die Koordinaten $\bar x_i$ „neu“. Es sei φ diejenige Bewegung, welche die positive Halbachse $\bar h^+$ bzw. $\bar k^+$ der neuen Koordinaten $\bar x_i$ in die positive Halbachse h^+ bzw. k^+ der alten Koordinaten x_i überführt. Diese Bewegung überführt jeden Punkt P mit den neuen Koordinaten $\bar x_0, \bar x_1, \bar x_2$ in den Punkt $\bar P$, dessen alte Koordinaten gleich $\bar x_0, \bar x_1, \bar x_2$ sind. Nach dem Satz in (6.2), Teil A ist φ eine Bewegung. Es existiert also eine Lorentz-Matrix (a_{ij}) derart, daß für jeden Punkt $P=\langle x_0, x_1, x_2\rangle$ und seinen Bildpunkt $\bar P=\langle\bar x_0,\bar x_1,\bar x_2\rangle$ (beides alte Koordinaten), gilt $\bar x_i=a_{i0}x_0+a_{i1}x_1+a_{i2}x_2 (i=0,1,2)$. Diese Gleichungen bestehen daher für jeden Punkt P zwischen seinen alten Koordinaten x_i und seinen neuen Koordinaten $\bar x_i$. Damit ist die

[8] Genauer: $x_0'=x_0$, $x_1'=x_2$, $x_2'=x_1$. Diese Symmetrie zwischen den Koordinaten x_1 und x_2 ist überraschend, weil bei der Einführung der Koordinaten in § 6 die beiden Achsen h und k eine völlig verschiedene Rolle spielen.

Existenz mindestens einer Matrix (a_{ij}) in $\mathfrak{L}^+$ mit der verlangten Eigenschaft bewiesen. – Um die Eindeutigkeit nachzuweisen, genügt es zu zeigen, daß für $\rho = \bar{\rho}$ nur die Einheitsmatrix diese Eigenschaft hat. Man beweist dies genau so, wie die entsprechende Eindeutigkeitsbehauptung im Beweis des Satzes in (6.2).

Die Umkehrung des soeben bewiesenen Satzes werden wir in (7.2) beweisen.

Aufgabe.
Man zeige, daß für eine beliebige Gerade g die „neuen" Linienkoordinaten sich aus den „alten" folgendermaßen errechnen:

$$\bar{\xi}_i = \varepsilon_i (a_{i0}\xi_0 - a_{i1}\xi_1 - a_{i2}\xi_2) \text{ mit } \varepsilon_0 = 1, \varepsilon_1 = \varepsilon_2 = -1.$$

§ 7. Metrik. Eindeutigkeit der hyperbolischen Ebene

(7.1) Für die folgenden Überlegungen ist es bequem, für zwei beliebige (reelle) Zahlentripel x_0, x_1, x_2 und y_0, y_1, y_2 die folgende Abkürzung zu verwenden:

$$x_0 y_0 - x_1 y_1 - x_2 y_2 =: \Omega_h(x, y).$$

Die hiermit definierte Bilinearform Ω_h wird sich für die Metrik der hyperbolischen Ebene $\mathfrak{E}$ als sehr wichtig herausstellen. – Wir geben die im folgenden zu verwendenden Eigenschaften von Ω_h an.

Transformiert man die Tripel x_0, x_1, x_2 und y_0, y_1, y_2 mittels einer Lorentz-Matrix in Tripel x'_0, x'_1, x'_2 und y'_0, y'_1, y'_2, so ist $\Omega_h(x, y) = \Omega_h(x', y')$ nach (6.1), (5). Die Linearform Ω_h ist also invariant gegenüber Transformationen mittels Lorentz-Matrizen.

Ist z_0, z_1, z_2 ein drittes, ebenfalls beliebiges Zahlentripel, so ergibt sich durch direktes Ausrechnen die Gleichung

$$\Omega_h(x, y)\,\Omega_h(z, z) - \Omega_h(x, z)\,\Omega_h(z, y) = \Omega_h(E, F) \tag{1}$$

mit

$$E_0 := \begin{vmatrix} z_1 & z_2 \\ x_1 & x_2 \end{vmatrix}, \quad E_1 := \begin{vmatrix} z_2 & z_0 \\ x_2 & x_0 \end{vmatrix}, \quad E_2 := \begin{vmatrix} z_0 & z_1 \\ x_0 & x_1 \end{vmatrix};$$

$$F_0 := \begin{vmatrix} z_1 & z_2 \\ y_1 & y_2 \end{vmatrix}, \quad F_1 := \begin{vmatrix} z_2 & z_0 \\ y_2 & y_0 \end{vmatrix}, \quad F_2 := \begin{vmatrix} z_0 & z_1 \\ y_0 & y_1 \end{vmatrix}.$$

Speziell ist also

(2) $$\Omega_h(x,x)\,\Omega_h(y,y)-\Omega_h^2(x,y)=\Omega_h(D,D)$$

mit

$$D_0:=\begin{vmatrix} x_1 & x_2 \\ y_1 & y_2 \end{vmatrix},\qquad D_1:=\begin{vmatrix} x_2 & x_0 \\ y_2 & y_0 \end{vmatrix},\qquad D_2:=\begin{vmatrix} x_0 & x_1 \\ y_0 & y_1 \end{vmatrix}.$$

Schließlich gilt:

(3) Ist $\Omega_h(x,x)=1$, $x_0\geqq 1$ und $\Omega_h(y,y)=1$, $y_0\geqq 1$, so ist $\Omega_h(x,y)\geqq 1$.

Denn ist $x_1^2+x_2^2=r^2$ mit $r\geqq 0$, so können wir setzen $x_1=r\cos\alpha$, $x_2=r\sin\alpha$; wegen $x_0^2-r^2=1$ können wir weiter setzen $x_0=\cosh\beta$, $r=\sinh\beta$ mit $\beta\geqq 0$; analog $y_1=s\cos\gamma$, $y_2=s\sin\gamma$ mit $s\geqq 0$ und $y_0=\cosh\delta$, $s=\sinh\delta$ mit $\delta\geqq 0$. Dann ist $\Omega_h(x,y)=\cosh\beta\cosh\delta-\sinh\beta\sinh\delta\cos(\alpha-\gamma)\geqq\cosh\beta\cosh\delta-\sinh\beta\sinh\delta=$ $=\cosh(\beta-\delta)\geqq 1$.

(7.2) Als Nächstes wollen wir die Streckenlänge durch Koordinaten ausdrücken. In (5.3), Bemerkung 2, haben wir eine Bijektion der Menge aller $\xi>\omega$ aus $\mathfrak{K}$ auf $\mathbb{R}$ folgendermaßen definiert: für jedes ξ sei $X=X_\xi$ der Schnittpunkt der Geraden $\overline{\xi,-\xi}$ mit der Achse h und $x=x_\xi:=d(O,X)$ bzw. $:=-d(O,X)$, wenn $\xi\geqq\varepsilon$ bzw. $\xi<\varepsilon$ ist. Von dieser Bijektion haben wir l.c. festgestellt, daß $x_{\xi_1\cdot\xi_2}=$ $=x_{\xi_1}+x_{\xi_2}$ ist. Außerdem ist $x_{\xi_1}<x_{\xi_2}$ für $\xi_1<\xi_2$. Hieraus folgt nach der Definition der Exponentialfunktion mittels ihrer Funktionalgleichung die Existenz einer von ξ unabhängigen reellen Zahl $c>0$ derart, daß $\Phi(\xi)=\exp(c x_\xi)$ für alle $\xi>\omega$ aus $\mathfrak{K}$ ist. Nach (5.9), (9) hat die Gerade $\overline{\xi,-\xi}$ die Gleichung

$$(1-\Phi(\xi)^2)\,x_0+(1+\Phi(\xi)^2)\,x_1=0.$$

Dies können wir jetzt folgendermaßen schreiben:

$$(1-\exp 2c x_\xi)\,x_0+(1+\exp 2c x_\xi)\,x_1=0.$$

Diese Gleichung hat als Lösung: $x_0=\cosh c x_\xi$, $x_1=\sinh c x_\xi$. Für den Schnittpunkt X_ξ der Geraden $\overline{\xi,-\xi}$ und h gilt daher

(1) $$X_\xi=\langle\cosh c x_\xi,\ \sinh c x_\xi,\ 0\rangle.$$

Nun seien $P=\langle x_0,x_1,x_2\rangle$ und $Q=\langle y_0,y_1,y_2\rangle$ zwei beliebige Punkte. Wir behaupten:

(2) $$\cosh(c\cdot l(|PQ|))=|\Omega_h(x,y)|.$$

Zum Beweis wählen wir eine Bewegung φ derart, daß $\varphi(P)=O=\langle 1,0,0\rangle$ und $Q':=\varphi(Q)$ ein Punkt X_ξ der Achse k mit $x_\xi>0$ ist. Nach (6.1) ist nun einerseits $|\Omega_h(x,y)|=|1\cdot\cosh c x_\xi-0\cdot\sinh c x_\xi-0\cdot 0|=\cosh c x_\xi$. Andererseits ist $l(|PQ|)=l(|OX_\xi|)=x_\xi$. Damit ist (2) bewiesen.

Störend in der Formel (2) wirkt der Faktor c. Um ihn wegzuschaffen verfahren wir folgendermaßen. Er ist nach seiner Definition zwar von den Punkten P und Q unabhängig. Jedoch wäre es möglich, daß er vom Koordinatensystem abhängig ist. Dies ist jedoch nicht der Fall. Denn ist $P=\langle\bar{x}_0,\bar{x}_1,\bar{x}_2\rangle$ und $Q=\langle\bar{y}_0,\bar{y}_1,\bar{y}_2\rangle$ bezüglich eines zweiten Koordinatensystems, so folgt aus (6.2) die Gleichung $|\Omega_h(x,y)|=|\Omega_h(\bar{x},\bar{y})|$. Andererseits ist $l(|PQ|)$ vom Koordinatensystem unabhängig. Aus (2) folgt also $\cosh(c\cdot l(|PQ|))=|\Omega_h(\bar{x},\bar{y})|$. Daher ist c auch vom Koordinatensystem unabhängig. Abhängig ist c jedoch von der in der Ebene $\mathfrak{E}$ gewählten Maßeinheit l_0 (Kap. II, (3.2)). Denn ist l_0' eine zweite Maßeinheit, so gilt für die hierauf bezogene Länge $l'(|PQ|)$ einer beliebigen Strecke $|PQ|$ die Gleichung $l_0'\cdot l'(|PQ|)=l(|PQ|)$. Wir wählen nun $l_0'=1/c$. Dann bekommt die linke Seite von (2) die Gestalt $\cosh l'(|PQ|)$. Schreiben wir nun wieder l statt l', so erhalten wir für je zwei Punkte $P=\langle x_0,x_1,x_2\rangle$ und $Q=\langle y_0,y_1,y_2\rangle$ mit $x_0\geqq 1$, $y_0\geqq 1$:

$$(3)\qquad \cosh l(|PQ|)=\cosh d(P,Q)=\Omega_h(x,y).$$

Unter allen möglichen Maßeinheiten (d. h. allen positiven reellen Zahlen) ist die soeben ausgewählte dadurch ausgezeichnet, daß für sie die Formel (2) die einfachere Gestalt (3) annimmt (und auch in den folgenden Formeln kein Faktor c mehr auftritt). Diese spezielle Maßeinheit bezeichnet man als das absolute Längenmaß der hyperbolischen Ebene.[9]

In der Gleichung (1) ist jetzt ebenfalls $c=1$ zu setzen. Bezeichnen wir für einen beliebigen Punkt $P=\langle x_0,x_1,x_2\rangle$ mit X und Y die Projektionen in die Achsen h und k und definieren $x:=d(O,X)$, bzw. $:=-d(O,X)$, wenn $X\in h^+$ bzw. $X\in h\backslash h^+$ ist und $y^0:=d(O,Y)$ bzw. $:=-d(O,Y)$, wenn $Y\in h^+$ bzw. $Y\in k\backslash k^+$ ist, so folgt aus (1)

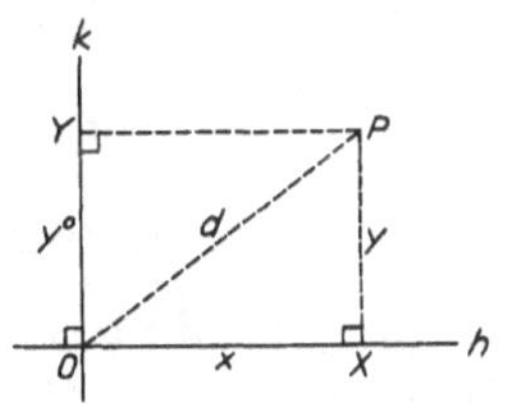

[9] Analog kann man die in der elliptischen Ebene gewählte Maßeinheit $l_0=\pi/2$ (Kap. II, (3.2)) als das absolute Längenmaß der elliptischen Ebene bezeichnen. Die Existenz eines absoluten Längenmaßes ist eines der fundamentalen Unterscheidungsmerkmale der hyperbolischen und der elliptischen Ebene von der euklidischen Ebene, in der alle Längenmaße gleichberechtigt sind.

(4) $$X = \langle \cosh x, \sinh x, 0\rangle$$

und analog

(5) $$Y = \langle \cosh y^0, 0, \sin y^0\rangle.$$

Aus (3) folgt übrigens noch, wenn wir $Q = O$ wählen:

(6) $$|x_0| = \cosh d(P, Q).$$

(7.3) Die Formel (3) in (7.2) macht es nun möglich, den Teil B des Satzes in (6.2) zu beweisen. Es genügt zu zeigen, daß die durch $\varphi \mapsto (a_{ij})$ definierte Abbildung der Bewegungsgruppe von $\mathfrak{E}$ in die Gruppe $\mathfrak{L}^+$ bijektiv ist (denn der Komposition zweier Bewegungen entspricht die Multiplikation der entsprechenden Matrizen). Es sei also eine Matrix (a_{ij}) aus $\mathfrak{L}^+$ gegeben. Wir definieren eine Abbildung $\varphi\colon \mathfrak{E} \to \mathfrak{E}$ folgendermaßen: für jeden Punkt $P = \langle x_0, x_1, x_2\rangle$ sei $P' = \varphi(P)$ der Punkt $\langle x_0', x_1', x_2'\rangle$ mit $x_i' = a_{i0}x_0 + a_{i1}x_1 + a_{i2}x_2$. Für je zwei Punkte $P = \langle x_0, x_1, x_2\rangle$ und $Q = \langle y_0, y_1, y_2\rangle$ ist nach (6.1), (5) $|x_0y_0 - x_1y_1 - x_2y_2| = |x_0'y_0' - x_1'y_1' - x_2'y_2'|$. Nach der Formel (3) ist daher $\cosh l(|PQ|) = \cosh l(|P'Q'|)$ und folglich $l(|PQ|) = l(|P'Q'|)$. Mithin ist die Abbildung φ eine Bewegung mit $\varphi \to (a_{ij})$. Sind weiter φ_1 und φ_2 Bewegungen mit $\varphi_1 \mapsto (a_{ij})$ und $\varphi_2 \mapsto (a_{ij})$, so folgt $\varphi_2^{-1}\varphi_1 \mapsto (a_{ij})^{-1}(a_{ij})$ und hieraus $\varphi_2^{-1}\varphi_1 = id_{\mathfrak{E}}$, also $\varphi_1 = \varphi_2$.

Schließlich können wir nun auch die Umkehrung des Satzes in (6.3) beweisen. Gegeben sei also ein Weierstraßsches Koordinatensystem $\rho\colon H \to \mathfrak{E}$ („alte“ Koordinaten) und eine Matrix (a_{ij}) aus $\mathfrak{L}^+$. Weiter sei $\tau\colon H \to H$ die Bijektion, definiert durch $(x_0, x_1, x_2) \mapsto (\bar{x}_0, \bar{x}_1, \bar{x}_2)$ mit $\bar{x}_i = a_{i0}x_0 + a_{i1}x_1 + a_{i2}x_2$. Behauptet wird, daß $\bar{\rho}\colon H \to \mathfrak{E}$, definiert durch $\rho = \bar{\rho}\tau$, ein Weierstraßsches Koordinatensystem von $\mathfrak{E}$ ist. Nach Teil B des Satzes in (6.2) ist durch die Gleichungen (in alten Koordinaten)

$$x_0^* = a_{00}x_0 - a_{10}x_1 - a_{20}x_2,\quad x_1^* = -a_{01}x_0 + a_{11}x_1 + a_{21}x_2,$$
$$x_2^* = -a_{02}x_0 + a_{12}x_1 + a_{22}x_2$$

eine Bewegung ψ definiert. Sie überführt die positiven Halbachsen h^+ und k^+ der alten Koordinaten in Halbgerade $\bar{h}^+$ und $\bar{k}^+$. Wir bezeichnen die Weierstraßschen Koordinaten mit diesen Halbgeraden als positiven Halbachsen mit $\bar{x}_0, \bar{x}_1, \bar{x}_2$ und nennen sie „neue“ Koordinaten. Nach dem Teil B des Satzes in (6.2) wird durch die Gleichungen $x_i' = a_{i0}x_0 + a_{i1}x_1 + a_{i2}x_2$ (in alten Koordinaten) eine Bewegung definiert. Sie ist die Umkehrung ψ^{-1} der Bewegung ψ. Nun sei P ein beliebiger Punkt; seine alten Koordinaten seien x_0, x_1, x_2, seine neuen seien $\bar{x}_0, \bar{x}_1, \bar{x}_2$. Er wird durch die Bewegung ψ^{-1} überführt in den Punkt $P = \psi^{-1}(P) = \langle x_0', x_1', x_2'\rangle$ (alte Koordinaten). Da aber durch ψ^{-1} die Halbachsen $\bar{h}^+$ und $\bar{k}^+$ der neuen Koordinaten in die Halbachsen h^+ und k^+ der alten Koordinaten überführt werden, sind die neuen Koordinaten $\bar{x}_i$ von P gleich den alten Koordinaten x_i' von P'. Also gilt $\bar{x}_i = a_{i0}x_0 + a_{i1}x_1 + a_{i2}x_2$.

(7.4) Nachdem für zwei verschiedene Punkte $P = \langle x_0, x_1, x_2\rangle$ und $Q = \langle y_0, y_1, y_2\rangle$ die geometrische Bedeutung von Ω_h (x, y) durch die Gleichung (7.2), (3) geklärt wurde, fragen wir nun analog nach der geometrischen Bedeutung von $\Omega_h(\xi, \eta)$ für zwei verschiedene Gerade $g = \langle \xi_0, \xi_1, \xi_2\rangle$ und $h = \langle \eta_0, \eta_1, \eta_2\rangle$.
Vorweg stellen wir fest:

(1) g und h schneiden sich genau dann, wenn $|\Omega_h(\xi, \eta)| < 1$ ist.

Es ist zu zeigen, daß die Ungleichung in (1) äquivalent ist damit, daß für die gemeinsamen, nicht trivialen Lösungen (x_0, x_1, x_2) von $\xi_0 x_0 - \xi_1 x_1 - \xi_2 x_2 = 0$ und $\eta_0 x_0 - \eta_1 x_1 - \eta_2 x_2 = 0$ gilt $x_0^2 - x_1^2 - x_2^2 > 0$. Mittels Koordinatentransformation können wir den allgemeinen Fall zurückführen auf den Spezialfall, daß $\zeta_0 = 0, \zeta_1 = 0, \zeta_2 = 1$ ist. In diesem Fall ist aber (1) unmittelbar zu bestätigen.
Wir untersuchen zunächst den Fall, daß g und h keinen Schnittpunkt haben. Wir behaupten, daß dann

(2) $$\cosh d(g, h) = |\Omega_h(\zeta, \eta)|$$

ist, wobei $d(g, h)$ der in (3.4) definierte Abstand von g und h ist. Erstens seien g und h parallel, aber nicht grenzparallel. Durch eine Transformation mittels einer Matrix aus $\mathfrak{L}^+$ können wir erreichen, daß $h = \langle 0, 0, 1\rangle$ (also h eine Koordinatenachse) ist, daß weiter die zweite Achse k das gemeinsame Lot von g und h ist und daß schließlich $\xi_2 > 0$ ist. Mit $d := d(g, h)$ ist dann $\xi_2 = \cosh d$ wegen (7.2), (5). Es folgt $\Omega_h(\eta, \xi) = \cosh d$. – Zweitens seien g und h grenzparallel. In diesem Fall können wir durch eine Transformation mittels einer Matrix aus $\mathfrak{L}^+$ erreichen, daß $h = \langle 0, 0, 1\rangle$ ist, g im Büschel ∞ liegt und $\xi_2 > 0$ ist. Nach (5.9), (10) ist dann $\xi_2 = 1$. Es folgt $\Omega_h(\eta, \xi) = 1$.
Nun mögen g und h einen Schnittpunkt P haben. Wir setzen $(1 - \Omega_h(\xi, \eta) \sin 2\varphi)^{-1/2} =: \bar{k}$. Dann ist die Menge aller Geraden $\langle \tau_0, \tau_1, \tau_2\rangle$ mit

(3) $$\tau_j = \bar{k} \cdot (\cos\varphi \cdot \xi_j + \sin\varphi \cdot \eta_j) \qquad (0 < \varphi < \pi/2)$$

einer der beiden Winkel mit den Schenkeln g und h. Wir bezeichnen ihn mit $|\xi\eta|$. Es ist $|\xi\eta| = |\eta\xi|$. Wir behaupten

(4) $$\cos w(|\xi\eta|) = -\Omega_h(\xi, \eta).$$

Zum Beweis transformieren wir das Koordinatensystem so, daß erstens der Schnittpunkt P der Koordinatenursprung ist, zweitens $\eta_0 = 0$, $\eta_1 = 0$, $\eta_2 = 1$ (also h Koordinatenachse) und drittens $\xi_1 < 0$ ist, so daß wir $\xi_1 = -\sin\alpha$,

$\xi_2 = \cos\alpha$ $(0<\alpha<\pi)$ schreiben können. Der Winkel $|\eta\xi|$ ist jetzt gleich dem Winkel $|h^+ g^+|$. Nach (6.3), Beispiel 4 ist $\alpha = w(|\xi\eta|)$. Andererseits ist $\Omega_h(\xi, \eta) = -\cos\alpha$. Also gilt (4). Aus (4) folgt:

(5) g und h sind genau dann orthogonal, wenn $\Omega_h(\xi, \eta) = 0$ ist.

Aufgaben.

Man beweise:

1. Zu jedem Büschel $\mathfrak{B}$ in $\mathfrak{E}$ existiert ein bis auf einen reellen Proportionalitätsfaktor $\neq 0$ eindeutig bestimmtes Zahlentripel $(c_0, c_1, c_2) \neq (0, 0, 0)$ derart, daß $\mathfrak{B}$ die Menge aller Geraden $g = \langle \xi_0, \xi_1, \xi_2 \rangle$ mit $c_0\xi_0 + c_1\xi_1 + c_2\xi_2 = 0$ ist; $\mathfrak{B}$ ist von erster, zweiter oder dritter Art, wenn $c_0^2 - c_1^2 - c_2^2 > 0$ bzw. <0 bzw. $=0$ ist. Umgekehrt ist für jedes reelle Tripel $(c_0, c_1, c_2) \neq (0, 0, 0)$ die Menge aller Geraden g mit $c_0\xi_0 - c_1\xi_1 - c_2\xi_2 = 0$ ein Büschel.
2. Es sei $g = \langle \xi_0, \xi_1\, \xi_2 \rangle$ eine Gerade. Für jeden Punkt $P = \langle x_0, x_1\, x_2 \rangle$ mit $x_0 \geqq 1$ definieren wir p durch $\Omega(x, \xi) = \sinh p$. Dann ist $|p| = d(P, g)$ $(:= d(P, Q)$, wobei Q der Fußpunkt des Lotes von P auf g ist). Es ist $p>0$ bzw. <0 für alle Punkte von $\mathfrak{E}_g$ bzw. $\mathfrak{E}_g^{\times}$.

(7.5) Jetzt seien in der Ebene $\mathfrak{E}$ mit Weierstraßschen Koordinaten drei nicht kollineare Punkte $A = \langle x_0, x_1, x_2 \rangle$, $B = \langle y_0, y_1, y_2 \rangle$ und $C = \langle z_0, z_1, z_2 \rangle$ gegeben; dabei können wir o.B.d.A. annehmen, daß $x_0 \geqq 1$, $y_0 \geqq 1$ und $z_0 \geqq 1$ ist. Diese Punkte spannen ein Dreieck $\triangle = \triangle ABC$ auf. Wir fragen, wie wir seine Seiten und Winkel präzise angeben können.

Für die Seiten ist dies sehr einfach. Setzen wir nämlich $(1 + \Omega_h(x, y)\sin 2\varphi)^{-1/2} =: k$, so besteht die Seite $c = |AB|$ von $\triangle$ aus allen Punkten $\langle t_0, t_1, t_2 \rangle$ mit

$$t_j = k \cdot (\cos\varphi \cdot x_j + \sin\varphi \cdot y_j) \qquad (0<\varphi<\pi/2)$$

für $j = 0, 1, 2$. Analog für die Seiten a und b.

Um den Winkel γ bei C zu bestimmen, definieren wir mit den Bezeichnungen von (7.1) für $i = 0, 1, 2$:

$$\xi_i := \frac{F_i}{\sqrt{-\Omega_h(F, F)}}, \qquad \eta_i := \frac{E_i}{\sqrt{-\Omega_h(E, E)}}.$$

(Nach (7.1), (2) und (3) ist $\Omega_h(F, F) < 0$ und $\Omega_h(E, E) < 0$.) Dann sind $\langle \xi_0, \xi_1, \xi_2 \rangle$ und $\langle \eta_0, \eta_1, \eta_2 \rangle$ die Geraden BC und CA. Man bestätigt nun durch direktes Nachrechnen, daß die Verbindungsgeraden des Punktes $A = \langle x_0, x_1, x_2 \rangle$ mit den Punkten $\langle t_0, t_1, t_2 \rangle$ der Strecke $c = |AB|$ die Geraden des Winkels $|\xi\eta|$ sind. Also ist $|\xi\eta|$ der Winkel γ.

(7.6) Es seien $\mathfrak{E}$ und $\mathfrak{E}^*$ zwei hyperbolische Ebenen. Wir wählen in ihnen Weierstraßsche Koordinaten x_i bzw. x_i^* und ordnen jedem Punkt $\langle x_0, x_1, x_2 \rangle$ von $\mathfrak{E}$ den Punkt $\langle x_0^*, x_1^*, x_2^* \rangle$ von $\mathfrak{E}^*$ mit $x_i = x_i^*$ zu. Diese Abbildung $\varphi: \mathfrak{E} \to \mathfrak{E}^*$ ist zunächst eine Bijektion von $\mathfrak{E}$ auf $\mathfrak{E}^*$ und bildet wegen (5.9) die Geraden g von $\mathfrak{E}$

ab auf die Geraden g^* von $\mathfrak{E}^*$. Da nach Kap. II, (3.3), Satz 1 jede Gerade g von $\mathfrak{E}$ und ebenso ihre Bildgerade $g^* = \varphi(g)$ eine kongruente Kopie von $\mathbb{R}$ ist, folgt aus (7.2), (3) und der analogen Gleichung in $\mathfrak{E}^*$, daß durch φ jede Gerade g sogar kongruent auf ihre Bildgerade g^* abgebildet wird. Hieraus folgt, daß jede Strecke in $\mathfrak{E}$ durch φ auf eine gleichlange Strecke in $\mathfrak{E}^*$ abgebildet wird. Analog zeigt man mittels Kap. II, (3.5) und (7.4), (4), daß jeder Winkel in $\mathfrak{E}$ durch φ auf einen Winkel in $\mathfrak{E}^*$ mit gleichem Winkelmaß abgebildet wird. Es gehen also durch φ je zwei kongruente Strecken (Winkel) in $\mathfrak{E}$ über in zwei kongruente Strecken (Winkel) in $\mathfrak{E}^*$.

Wir können hiernach kurz sagen: *Je zwei hyperbolische Ebenen sind kongruent.* In diesem Sinne ist es gerechtfertigt, von *der* hyperbolischen Ebene $\mathfrak{E}$ zu sprechen.

§ 8. Trigonometrie

(8.1) Um die im folgenden auftretenden Formeln zu entlasten und um ihnen das übliche Aussehen zu geben, treffen wir folgende Verabredung. Ist f eine Kreisfunktion (cos, sin ...) und α ein Winkel, so sei $f\alpha := f(w(\alpha))$; ist f eine Hyperbelfunktion (cosh, sinh, ...) und a eine Strecke, so sei $fa := f(l(a))$.

Nun liege ein Dreieck $\triangle = \triangle ABC$ vor: seine Seiten seien a, b, c, seine Winkel α, β, γ.

Wir behaupten zunächst folgenden

Cosinussatz.

(1) $$\cosh c = \cosh a \cosh b - \sinh a \sinh b \cos \gamma.$$

Beweis. In der Ebene $\mathfrak{E}$ liege ein Weierstraßsches Koordinatensystem vor. Es sei $A = \langle x_0, x_1, x_2 \rangle$, $B = \langle y_0, y_1, y_2 \rangle$ und $C = \langle z_0, z_1, z_2 \rangle$; dabei können wir o. B. d. A. annehmen, daß $x_0 \geqq 1$, $y_0 \geqq 1$ und $z_0 \geqq 1$ ist. Nach (7.1), (3); (7.2), (3) und (7.5); (7.4), (4) ist

$$\cosh c = \Omega_h(x, y), \ \cosh a = \Omega_h(y, z), \ \cosh b = \Omega_h(z, x), \ \cos \gamma = -\Omega_h(\xi, \eta).$$

Nach (7.1), (1) ist wegen $\Omega_h(z, z) = 1$

$$\Omega_h(x, y) - \Omega_h(x, z)\,\Omega_h(z, y) = \Omega_h(E, F) = \sqrt{-\Omega_h(E, E)}\sqrt{-\Omega_h(F, F)}\,\Omega_h(\xi, \eta).$$

Nach (7.1), (2) und (3) ist $-\Omega_h(E, E) = \Omega_h^2(y, z) - 1$, $-\Omega_h(F, F) = \Omega_h^2(z, x) - 1$ und daher $\sqrt{-\Omega_h(E, E)} = \sinh a$, $\sqrt{-\Omega_h(F, F)} = \sinh b$.

Weiter behaupten wir folgenden

Sinussatz:

(2) $$\sinh a : \sinh b = \sin \alpha : \sin \beta.$$

Beweis. Aus den beiden der Gleichung (1) entsprechenden Gleichungen für $\cosh a$ und $\cosh b$ ergibt sich durch Elimination von $\cosh c$ und $\sinh c$ eine Gleichung, die man durch einfache formale Umrechnung auf die Gestalt $\sinh^2 a : \sinh^2 b = \sin^2 \alpha : \sin^2 \beta$ bringen kann. Wegen $0 < l(a), l(b)$ und $0 < w(\alpha), w(\beta) < \pi$ folgt hieraus (2).

Schließlich sei das Dreieck $\triangle ABC$ rechtwinklig, etwa mit rechtem Winkel γ. Die Gleichung (1) geht dann über in die hyperbolische Form des Satzes von Pythagoras:

$$\cosh c = \cosh a \cosh b. \tag{3}$$

Aus (3) und der zu (1) analogen Gleichung für $\cosh b$ folgt

$$\tanh a = \tanh c \cos \beta. \tag{4}$$

Aus (3) und (4) folgen weiter die Gleichungen

(5) $\sinh b = \sinh c \sin \beta$, (6) $\sinh a = \tanh b \operatorname{cotan} \beta$,

(7) $\cosh c = \operatorname{cotan} \alpha \operatorname{cotan} \beta$, (8) $\cos \beta = \cosh b \sin \alpha$.

Aufgaben.

1. Man führe die zur Aufgabe 1 in Kap. III, (12.1) analogen Überlegungen durch.
2. Mittels (1) und der dazu analogen Gleichungen für $\cosh a$ und $\cosh b$ beweise man die zu (1) „duale" Gleichung $\cos \gamma = -\cos \alpha \cos \beta + \sin \alpha \sin \beta \cosh c$.

Bemerkung. Ersetzt man in den obigen Gleichungen formal a, b, c durch ia, ib, ic (i die imaginäre Einheit), so erhält man die Gleichungen (1)–(8) in Kap. III, (12.1) und ebenso umgekehrt. Diese Feststellung weist auf einen Zusammenhang zwischen der elliptischen und der hyperbolischen Metrik im Komplexen hin. (Vgl. Anhang).

(8.2) Wir geben noch wichtige Anwendungen der bewiesenen Formeln. Es sei $P = \langle x_0, x_1, x_2 \rangle$ ein beliebiger Punkt; dabei seien die Koordinaten x_0, x_1, x_2 normiert durch: $x_0 \geqq 1$. Andererseits seien x, y die Abstandskoordinaten von P bzgl. der Achse h, mit $y > 0$ für $P \in \mathfrak{E}^+$. Für die Projektionen X und Y von P in h und k gilt nach (7.2), (4) und (5): $X = \langle \cosh x, \sinh x, 0 \rangle$ und $Y = \langle \cosh y^0, 0, \sin y^0 \rangle$. Aus letzterem folgt, daß $y^0 > 0$ äquivalent ist mit $y > 0$. Aus (7.2), (6) und (8.1), (3) folgt $x_0 = \cosh x \cosh y$. Es ist $\sinh x \cdot x_0 - \cosh x \cdot x_1 = 0$, da P auf dem Lot auf h in X liegt, und daher $x_1 = \sinh x \cosh y$. Da P auch auf dem Lot auf k in Y liegt, ist $\sinh y^0 \cdot x_0 - \cosh y^0 \cdot x_2 = 0$, also $x_2 > 0$ äquivalent mit $y^0 > 0$ und daher mit $y > 0$. Aus $\Omega(x, x) = 1$ folgt nun $\cosh^2 y - x_2^2 = 1$, folglich $x_2^2 = \sinh^2 y$ und daher $x_2 = \sinh y$. Zusammenfassend haben wir damit folgenden Zusammenhang zwischen den Weierstraßschen Koordinaten x_0, x_1, x_2 und den Abstandskoordinaten x, y:

$$x_0 = \cosh x \cosh y, \quad x_1 = \sinh x \cosh y, \quad x_2 = \sinh y. \tag{1}$$

(8.3) Nun seien φ, r Polarkoordinaten mit O als Ursprung, der positiven Halbachse h^+ als Halbgerade $\{(\varphi, r): \varphi=0\}$ und der positiven Halbachse k^+ als Halbgerade $\{(\varphi, r): \varphi=\pi/2\}$. Für jeden Punkt des Quadranten I (also jeden Punkt mit $0<\varphi<\pi/2$) bestehen nach (8.1), (4) und (5) zwischen den Abstandskoordinaten x, y und den Polarkoordinaten φ, r die Gleichungen

$$\tanh x=\tanh r \cos \varphi, \quad \sinh y=\sinh r \sin \varphi. \tag{1}$$

Durch Spiegelung an den Achsen h und k übertragen sie sich auf die übrigen drei Quadranten. Für die Punkte auf den Achsen sind sie trivial. Aus diesen Gleichungen und den drei Gleichungen in (8.2) folgt

$$x_1 : x_0=\sinh r \cos \varphi \ : \ \cosh r, \quad x_2=\sinh r \sin \varphi.$$

Dies, mit $\Omega_h(x, x)=1$, $x_0 \geqq 1$ ergibt den folgenden Zusammenhang zwischen den Weierstraßschen Koordinaten x_0, x_1, x_2 und den Polarkoordinaten φ, r:

$$x_0=\cosh r, \quad x_1=\sinh r \cos \varphi, \quad x_2=\sinh r \sin \varphi. \tag{2}$$

(8.4) Als Anwendung der Formel (4) berechnen wir den Parallelwinkel $\Pi(p)$ (vgl. (2.1)). Jeder Punkt H' der Strecke $|PQ|$ ist die Projektion eines Punktes H der Geraden h. Nach Formel (4), angewandt auf $\triangle HH'P$, ist $\tanh |PH'| = \tanh |PH| \cos \Pi(p)$. Nun konvergiere H' gegen Q. Dann konvergiert $\tanh |PH|$ gegen 1. Es folgt $\tanh p = \cos \Pi(p)$. Hieraus folgt wegen $\tan^2 \rho = \dfrac{1-\cos 2\rho}{1+\cos 2\rho}$ mit $\rho=\frac{1}{2}\Pi(p)$ weiter die Gleichung $\tan^2 \frac{1}{2}\Pi(p) = \dfrac{1-\tanh p}{1+\tanh p}=\exp(-2p)$. Wegen $0<\Pi(p)<\pi/2$ ist also $\tan \frac{1}{2}\Pi(p)=\exp(-p)$ und daher

$$\Pi(p)=2 \arctan \exp(-p)$$

(8.5) In (1.2) haben wir den Beweis angekündigt, daß es zu jeder Zahl w mit $0<w<\pi$ Dreiecke mit der Winkelsumme w gibt. Diesen Beweis können wir jetzt führen. Wir zerlegen einen Kreis, sein Zentrum heiße M und sein Radius r, durch drei Punkte A, B und C in drei Teilbogen gleicher Länge. Dann ist $\triangle ABC$ ein gleichseitiges Dreieck. Wir bezeichnen die Länge jeder seiner Seiten mit s. Ist nun N der Mittelpunkt der Seite $|AB|$, so liefert (8.1), (5) angewandt auf $\triangle ANM$, die Gleichung $\sinh s/2=\sinh r \sin \pi/3$. Mit r durchläuft also auch s die Zahlenhalbgerade $]0, +\infty[$. Damit ist zunächst einmal gezeigt, daß es gleichseitige Dreiecke $\triangle ABC$ mit beliebig vorgegebener Seitenlänge $s>0$ gibt. Weiter liefert (8.1), (1), angewandt auf $\triangle ABC$, die Gleichung $(\cosh^2 s-\cosh s)\sinh^{-2} s= \cos\alpha$. Wenn nun s die Halbgerade $]0, +\infty[$ durchläuft, so durchläuft der Ausdruck auf der linken Seite dieser Gleichung das Intervall $]1/2, 1[$, also $w(\alpha)$ das

Intervall $]\pi/3, 0[$. Damit ist der Beweis geführt. (Da mit wachsendem s das $w(\alpha)$ fällt, haben wir folgendes Nebenergebnis: Kleine gleichseitige Dreiecke haben eine große Winkelsumme ($<\pi$ natürlich), große gleichseitige Dreiecke haben eine kleine Winkelsumme.)

§ 9. Bogenlänge

(9.1) In der Ebene $\mathfrak{E}$ (mit Weierstraßschen Koordinaten) betrachten wir eine stetig differenzierbare Kurve $k: I \to \mathfrak{E}$ ($I = [a, b]$ ein Intervall der Zahlengeraden); es sei also $k(t) = \langle x_0(t), x_1(t), x_2(t) \rangle$, wobei x_0, x_1, x_2 drei stetig differenzierbare, reelle Funktionen auf I sind mit $x_0^2(t) - x_1^2(t) - x_2^2(t) = 1$ und o.B.d.A. $x_0(t) \geqq 1$ für jedes $t \in I$. Wir wollen die Länge $l(k)$ von k bestimmen.
Für eine Zerlegung $\mathfrak{Z} = (a = t_0 < t_1 < \ldots < t_{n+1} = b)$ von I sei d_ν der Abstand der Punkte $k(t_\nu)$ und $k(t_{\nu+1})$. Dann definiert man

$$l(k) := \sup_{\mathfrak{Z}} \Sigma_\nu d_\nu .$$

Wir setzen $x_i(t_\nu) =: x_{i,\nu}$. Nach (7.1) ist

$$x_{0,\nu} x_{0,\nu+1} - x_{1,\nu} x_{1,\nu+1} - x_{2,\nu} x_{2,\nu+1} = \cosh d_\nu = 1 + \tfrac{1}{2} d_\nu^2 + o(d_\nu^2).$$

Hieraus folgt

$$-(x_{0,\nu} - x_{0,\nu+1})^2 + (x_{1,\nu} - x_{1,\nu+1})^2 + (x_{2,\nu} - x_{2,\nu+1})^2 = d_\nu^2 + o(d_\nu^2).$$

Daher ist die Quadratwurzel der linken Seite dieser Gleichung $= d_\nu + o(d_\nu)$. Dies ergibt[10] die gesuchte Formel für die Länge der Kurve k:

(1) $$l(k) = \int_a^b (-\dot{x}_0^2(t) + \dot{x}_1^2(t) + \dot{x}_2^2(t))^{1/2} \, dt$$

Für das „Linienelement“ in $\mathfrak{E}$ gilt also in Weierstraßschen Koordinaten

(2) $$ds^2 = -dx_0^2 + dx_1^2 + dx_2^2 .$$

Hieraus folgt weiter nach (8.3) für Abstandskoordinaten

(3) $$ds^2 = \cosh^2 y \, dx^2 + dy^2$$

und nach (8.4) für Polarkoordinaten

(4) $$ds^2 = \sinh^2 r \, d\varphi^2 + dr^2 .$$

[10] Aufgrund der Dreiecksungleichung (Kap. II, (6.1)) nach denselben Schlüssen wie im $\mathbb{R}^3$.

Die Länge eines Teilbogens $\{(x, y): x_0 \leqq x \leqq x_1,\ y = \text{konst}\}$ einer Abstandslinie ist hiernach

$$\int_{x_0}^{x_1} \cosh y\, dx = (x_1 - x_0) \cosh y.$$

Die Länge eines Kreisbogens $\{(\varphi, r): \varphi_0 \leqq \varphi \leqq \varphi_1,\ r = \text{konst}\}$ ist

$$\int_{\varphi_0}^{\varphi_1} \sinh r\, d\varphi = (\varphi_1 - \varphi_0) \sinh r.$$

Insbesondere ist der Umfang eines Kreises mit dem Radius r gleich $2\pi \sinh r$.

Aufgabe.

Es sei k wieder die Kurve in (9.1); dabei sei aber jetzt der Parameter t die Bogenlänge s auf k. Man beweise: die Tangente der Kurve im Punkt $k(s)$ hat die Gleichung

$$(x_1(s)\,\dot{x}_2(s) - x_2(s)\,\dot{x}_1(s))\,x_0 + (x_2(s)\,\dot{x}_0(s) - x_0(s)\,\dot{x}_2(s))\,x_1$$
$$+ (x_0(s)\,\dot{x}_1(s) - x_1(s)\,\dot{x}_0(s))\,x_2 = 0$$

und ihre Normale in $k(s)$ die Gleichung $\dot{x}_0(s)\,x_0 - \dot{x}_1(s)\,x_1 - \dot{x}_2(s)\,x_2 = 0$.

(9.2) Nach (9.1), (3) sind für Abstandskoordinaten die Koeffizienten der ersten differentialgeometrischen Fundamentalform von $\mathfrak{E}$: $E = \cosh^2 y$, $F = 0$, $G = 1$; daher gilt nach dem theorema agregium von Gauß: Die hyperbolische Ebene $\mathfrak{E}$ hat in jedem ihrer Punkte die Krümmung $K = -1$.

§ 10. Grenzkreise

(10.1) In Kap. II haben wir die Trajektorien eines Büschels definiert. Die Trajektorien der Büschel erster und zweiter Art, nämlich die Kreise und Abstandslinien, haben wir bereits behandelt. Nun wollen wir auch die Trajektorien eines Büschels $\mathfrak{B}$ dritter Art untersuchen. Wir nennen diese Trajektorien *Grenzkreise*. – Der Rechenbequemlichkeit zuliebe wählen wir ein Weierstraßsches Koordinatensystem so, daß $\mathfrak{B}$ das Büschel ∞ ist, nach (5.9), (10) also aus den Geraden g_t mit den Gleichungen $t x_0 - t x_1 - x_2 = 0$ $(t \in \mathbb{R})$ besteht.

(10.2) Wir untersuchen zunächst den durch den Koordinatenursprung O gehenden Grenzkreis k^O von $\mathfrak{B}$. Zu g_t ist wegen (7.4) orthogonal die Gerade $\bar{g}_t$ mit der Gleichung $x_1 - t x_2 = 0$ durch O. Der Schnittpunkt von g_t und $\bar{g}_t$ ist der Punkt $\langle w, t^2/w, t/w \rangle$ mit $w := (t^2+1)^{1/2}$. Für seinen Abstand d von O gilt $\cosh d = w$ nach (7.2), (3). Es folgt $\cos 2d = 2t^2 + 1$ nach dem Additionstheorem des cosh. Der Punkt $\langle 2t^2+1, 2t^2, 2t \rangle$ liegt auf der Geraden $\bar{g}_t$ und hat von O den Abstand

$2d$. Also ist er das Spiegelbild von O an g_t und liegt daher auf k^O. Andererseits liegt er auf der Geraden g_{2t}. Folglich ist $\langle 2t^2+1, 2t^2, 2t\rangle$ der Schnittpunkt von k^Omit g_{2t} (und g_{2t} das Spiegelbild von $g_0=h$ an g_t). Schreiben wir nun $t/2$ statt t, so hat also der Schnittpunkt P_t^O des Grenzkreises k^O mit der Geraden g_t die Koordinaten $x_0=t^2/2+1$, $x_1=t^2/2$, $x_2=t$. Dies ist eine Parameterdarstellung von k^O.

Für die Länge s des Teilbogens von k^O zwischen den Geraden $g_0=h$ und g_t ergibt sich nach (9.1), (1): $s=t$.

(10.3) Nun sei $H=\langle x_0^H, x_1^H, 0\rangle$ mit $x_0^H\geqq 1$ ein Punkt der Koordinatenachse h. Wir untersuchen den Grenzkreis k^H durch H.
Es sei ξ die Abszisse des Punktes H (*d.h.* $\xi=\pm d(O, H)$, mit dem $+$-Zeichen, wenn und nur wenn H auf der positiven Halbachse h^+ liegt). Dann ist $x_0^H=\cosh\xi$, $x_1^H=\sinh\xi$ und daher $x_0^H-x_1^H=\exp(-\xi)$. Das Lot auf g_t in H hat die Gleichung $x_1^H x_0-x_0^H x_1-t(x_0^H-x_1^H)x_2=0$. Sein Schnittpunkt P_{2t}^H mit dem Spiegelbild g_{2t} von $g_0=h$ an g_t hat die Koordinaten

$$x_0=x_0^H+2t^2\exp(-\xi),\ x_1=x_1^H+2t^2\exp(-\xi),\ x_2=2t\exp(-\xi).$$

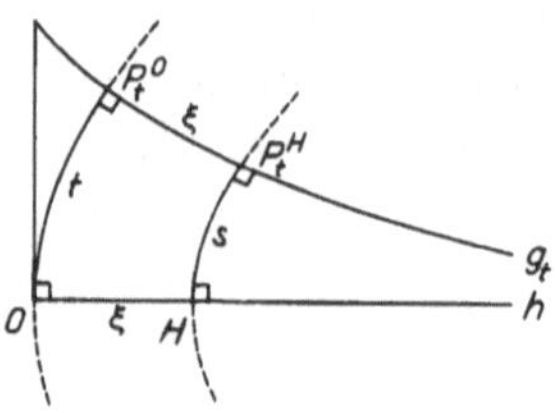

Er ist der Schnittpunkt des Grenzkreises k^H mit g_{2t}. Schreiben wir wieder $t/2$ statt t, so hat also der Schnittpunkt P_t^H des Grenzkreises k^H mit der Geraden g_t die Koordinaten

$$x_0=x_0^H+\tfrac{1}{2}t^2\exp(-\xi),\ x_1=x_1^H+\tfrac{1}{2}t^2\exp(-\xi),\ x_2=t\exp(-\xi).$$

Dies ist eine Parameterdarstellung von k^H. Es folgt für alle Punkte von k^H:

$$x_0-x_1=\exp(-\xi).$$

Für die Länge s des Teilbogens von k^H zwischen $g_0=h$ und g_t ergibt sich nach (9.1), (1): $s=t\exp(-\xi)$.

(10.4) Da bei Spiegelung an der Geraden $g_{t/2}$ die Punkte O und H in die Punkte P_t^O und P_t^H übergehen, können wir ξ auch als Abszisse von P_t^H in g_t betrachten. Wir nennen nun die Zahlen ξ und $\eta:=t$ die *Grenzkreiskoordinaten* des Punktes

P_t^H. Im Sinne von Kap. II, (11.2) sind diese neuen Koordinaten Büschelkoordinaten des Büschels $\mathfrak{B}$ (3. Art), bestehend aus den Geraden g_t. Denn für jedes η_0 ist $\eta = \eta_0$ die Gleichung der Geraden g_{η_0}; für jedes ξ_0 ist $\xi = \xi_0$ die Gleichung des Grenzkreises k^{H_0} von $\mathfrak{B}$ durch den Punkt $H_0 = \langle \cosh \xi_0, \sinh \xi_0, 0 \rangle$ von h. Für einen beliebigen Punkt P ist der Zusammenhang zwischen den Grenzkreis-Koordinaten ξ, η und den Weierstraßschen Koordinaten x_0, x_1, x_2 der folgende. Da $\langle x_0, x_1, x_2 \rangle$ auf der Geraden g_η mit der Gleichung $\eta x_0 - \eta x_1 - x_2 = 0$ liegt, ist $\eta = x_2/(x_0 - x_1)$. Dies, mit $x_0 - x_1 = \exp(-\xi)$ und $x_0^2 - x_1^2 - x_2^2 = 1$, liefert (1): $x_0 = \cosh \xi + \frac{1}{2}\eta^2 \exp(-\xi)$, $x_1 = \sinh \xi + \frac{1}{2}\eta^2 \exp(-\xi)$, $x_2 = \eta \exp(-\xi)$. Aus letzterem ergibt sich mittels (9.1), (2) schließlich für das „Linienelement"

$$ds^2 = d\xi^2 + \exp(-2\xi)\, d\eta^2$$

und daher als Länge eines Grenzkreisbogens $\{(\eta, \xi) : \eta_0 \leqq \eta \leqq \eta_1;\ \xi = \text{konst}\}$:

$$\int_{\eta_0}^{\eta_1} \exp(-\xi)\, d\eta = (\eta_1 - \eta_0) \exp(-\xi).$$

§ 11. Flächeninhalt

(11.1) In der Ebene $\mathfrak{E}$ seien Weierstraßsche Koordinaten x_0, x_1, x_2 gegeben, normiert durch $x_0 \geqq 1$. Dann hängt $x_0 = (1 + x_1^2 + x_2^2)^{1/2}$ stetig von x_0 ab. Die durch $(x_1, x_2) \mapsto \langle x_0, x_1, x_2 \rangle$ definierte Bijektion f der euklidischen $x_1 x_2$-Ebene $\mathbb{R}^2$ auf $\mathfrak{E}$ ist also nach (7.1), (3) stetig.
Nun sei M eine Borelsche Punktmenge in $\mathfrak{E}$[11]. Das Urbild $N := f^{-1}(M)$ von M in $\mathbb{R}^2$ ist ebenfalls Borelsch, also Lebesgue-meßbar. Als Flächeninhalt (oder Maß) von M definieren wir nun

$$I(M) := \int_N \frac{d\lambda}{x_0},$$

wobei λ das Lebesgue-Maß in $\mathbb{R}^2$ bedeutet.
Bemerkung. Diese Definition des Flächeninhalts $I(M)$ steht mit der differentialgeometrischen Definition $I(M) = \int_N (EG - F^2)^{1/2}\, d\lambda$ im Einklang. Denn nach (9.1), (2) ist

$$ds^2 = \frac{x_0^2 - x_1^2}{x_0^2}\, dx_1^2 - 2\,\frac{x_1 x_2}{x_0^2}\, dx_1 dx_2 + \frac{x_0^2 - x_2^2}{x_0^2}\, dx_2^2.$$

[11] Vgl. Kap. III, (14.1).

Es ist also $E := \frac{x_0^2 - x_1^2}{x_0^2}$, $F := -\frac{x_1 x_2}{x_0^2}$, $G := \frac{x_0^2 - x_2^2}{x_0^2}$ zu setzen. Dann ist $(EG - F^2)^{1/2} = 1/x_0$.

(11.2) Transformieren wir die Weierstraßschen Koordinaten in Abstands-, Polar- oder Grenzkreiskoordinaten, so ergeben die Transformationsformeln (8.3), (1); (8.4), (2) und (10.4), (1), sowie die Substitutionsregel für mehrfache Integrale:

$$I(M) = \int_{N_1} \cosh y \, d\lambda_1 = \int_{N_2} \sinh r \, d\lambda_2 = \int_{N_3} \exp(-\xi) \, d\lambda_3.$$

Dabei bedeuten N_1, N_2 und N_3 die Urbilder von M in der $x\,y$-Ebene, der $\varphi\,r$-Ebene und der $\eta\,\xi$-Ebene, sowie λ_1, λ_2 und λ_3 die Lebesgue-Maße in diesen euklidischen Ebenen.

Hiernach hat der Kreissektor mit dem Radius r und dem Zentriwinkel α den Flächeninhalt

$$\int_0^{w(\alpha)} \int_0^r \sinh \rho \, d\rho \, d\varphi = 2w(\alpha) \sin^2 r/2$$

und die Kreisscheibe mit dem Radius r den Flächeninhalt $4\pi \sinh^2 r/2$.

(11.3) Über den Flächeninhalt $I(\triangle) := I(Fl(\triangle))$ eines Dreiecks $\triangle$ gilt folgender überraschende

Satz. *Ist $\triangle$ ein Dreieck und sind α, β, γ seine Winkel, so ist*

$$I(\triangle) = \pi - (w(\alpha) + w(\beta) + w(\gamma)).$$

Der Flächeninhalt eines Dreiecks ist also gleich seinem Defekt.

Beweis. Es genügt, dies für ein rechtwinkliges Dreieck zu beweisen. Es sei etwa $w(\beta) = \pi/2$. Wir wählen Polarkoordinaten φ, r so, daß A der Ursprung O ist, $\varphi(B) = 0$ und $0 < \varphi(C) < \pi/2$ ist. Für jeden Punkt der Kathete a ist r durch φ eindeutig bestimmt: $r = r(\varphi)$, und zwar ist $\tanh c = \tanh r(\varphi) \cos \varphi$ nach (8.1), (2), also $\cosh r(\varphi) = (\cos^2 \varphi - \tanh^2 c)^{-1/2} \cos \varphi$. Es folgt

$$I(\triangle) = \int_0^{w(\alpha)} \left(\int_0^{r(\varphi)} \sinh r \, dr \right) d\varphi = \int_0^{w(\alpha)} (\cosh r(\varphi) - 1) \, d\varphi =$$

$$\int_0^{w(\alpha)} \cosh r(\varphi) \, d\varphi - w(\alpha) = \arcsin(\sin \alpha \cosh c) - w(\alpha).$$

Nun ist $\sin \alpha \cosh c = \cos \gamma = \sin(\pi/2 - w(\gamma))$ nach (8.1), (6). Also ist $I(\triangle) = \pi - (w(\alpha) + \pi/2 + w(\gamma))$.

Aufgabe.

Man beweise, daß der vorstehende Satz auch für jedes einfach, zweifach oder dreifach asymptotische Dreieck gilt. (Vgl. § 4, Aufgabe 2).

§ 12. Modelle

(12.1) In Kap. I, (3.3) haben wir ohne Beweis behauptet, daß das dort angegebene $\mathfrak{E}$ eine hyperbolische Ebene ist. Diesen Beweis wollen wir jetzt nachholen.
Daß die Axiome I, II, III und VII_3 erfüllt sind, ist trivial. Wir haben nur die Axiome IV – VI als erfüllt nachzuweisen.
Wir führen in der xy-Ebene $\mathbb{R}^2$ homogene Koordinaten x_0, x_1, x_2 ein: $x_1/x_0 = x$, $x_2/x_0 = y$. Die Ergänzung der $\mathbb{R}^2$ durch die uneigentliche Gerade $\{(x_0, x_1, x_2): x_0 = 0\}$ liefert $\hat{\mathbb{R}}^2$. Jede Gerade in $\hat{\mathbb{R}}^2$ bezeichnen wir mit $\hat{g}$ und den Durchschnitt $\mathfrak{E} \cap \hat{g}$, falls er $\neq \emptyset$ ist, mit g. Eine Kollineation ψ mit den Gleichungen $x_1' = a_{i0} x_0 + a_{i1} x_1 + a_{i2} x_2$ $(i = 0, 1, 2)$ von $\hat{\mathbb{R}}^2$ auf sich heißt eine automorphe Kollineation des Einheitskreises k, wenn sie k auf sich und damit auch die Kreisscheibe $\mathfrak{E}$ auf sich abbildet. Dies ist genau dann der Fall, wenn der Proportionalitätsfaktor, bis auf den die a_{ij} bestimmt sind, so gewählt werden kann, daß die Matrix (a_{ij}) eine Lorentz-Matrix ist. ψ ist genau dann eine euklidische Bewegung, wenn ψ den Mittelpunkt M von k auf sich abbildet.
Wir können nun die in Kap. I, (3.3) angegebene Kongruenzdefinition auch folgendermaßen formulieren: zwei Strecken $|AB|$ und $|A'B'|$ bzw. Winkel $|gh|$ und $|g'h'|$ in $\mathfrak{E}$ heißen kongruent, wenn eine automorphe Kollineation ψ von k existiert mit $\psi(|AB|) = |A'B'|$ bzw. $\psi(|gh|) = |g'h'|$.

Hilfssatz 1. Es seien A ein Punkt von $\mathfrak{E}$ und U ein Punkt von k; weiter sei $\hat{g}$ die Verbindungsgerade von A und U, sowie $\mathfrak{E}_g$ eine der beiden Zusammenhangskomponenten von $\mathfrak{E} \backslash g$. Analog für Punkte $A' \in \mathfrak{E}$ und $U' \in k$. Dann existiert genau eine automorphe Kollineation ψ von k mit $\psi(A) = A'$, $\psi(U) = U'$ und $\psi(\mathfrak{E}_g) = \mathfrak{E}_{g'}$.
Beweis. Die Geraden $\hat{g}$ und $\hat{g}'$ schneiden k in Punkten $V \neq U$ und $V' \neq U'$. Es seien P und P' die Pole von $\hat{g}$ und $\hat{g}'$ bzgl. k. Schließlich sei S der Schnittpunkt der Verbindungsgeraden von A und P mit dem Randkreisbogen von $\mathfrak{E}_g$; analog sei S' definiert. Für die gesuchte Kollineation ψ müssen die vier Gleichungen $\psi(U) = U'$, $\psi(V) = V'$, $\psi(P) = P'$ und $\psi(S) = S'$ gelten. Da keine drei Punkte des Quadrupels (U, V, P, S) bzw. (U', V', P', S') kollinear sind, existiert genau eine Kollineation ψ, für welche die vier Gleichungen gelten. Dann ist auch $\psi(A) = A'$ und $\psi(\mathfrak{E}_g) = \mathfrak{E}_{g'}$. Der Kreis k wird durch ψ in eine Quadrik durch S' überführt, die die Gerade durch P' und U' bzw. P' und V' in U' bzw. V' berührt; da es nur eine solche Quadrik gibt, ist sie gleich k. Die Kollineation ψ ist also automorph bzgl. k.

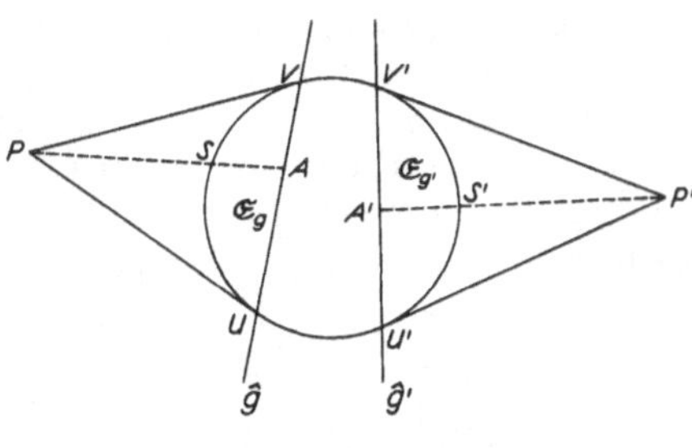

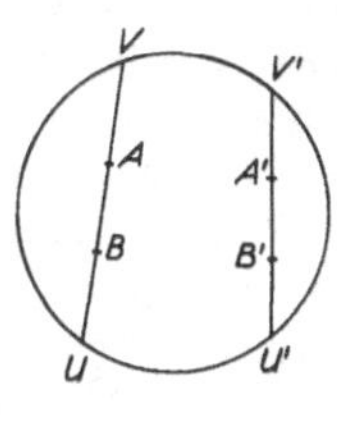

Hilfssatz 2. Es seien $A, B; A', B'$ Punkte in $\mathfrak{E}$ mit $A \neq B, A' \neq B'$. Die Schnittpunkte der Verbindungsgeraden von A und B mit k seien mit U und V, die der Verbindungsgeraden von A' und B' mit k seien mit U' und V' bezeichnet. Die Bezeichnung sei so gewählt, daß das Paar (A, U) durch das Paar (B, V) getrennt wird und das Paar (A', U') durch das Paar (B', V'). Dann ist $|AB| \equiv |A'B'|$, wenn und nur wenn $D(A, B; U, V) = D(A', B'; U', V')$ ist.
Beweis. Nur das „wenn" bedarf eines Beweises. Es sei also $D(A, B; U, V) = D(A', B'; U', V')$. Nach Hilfssatz 1 existiert auf der Strecke $|A', U'|$ ein Punkt B_0' derart, daß die Strecke $|A' B_0'|$ zur Strecke $|AB|$ kongruent ist. Dann ist $D(A, B; U, V) = D(A', B'; U', V')$, also $D(A', B'; U', V') = D(A', B_0'; U', V')$. Hieraus folgt $B' = B_0'$.

Wir beweisen nun die Gültigkeit der Axiome IV – VI in $\mathfrak{E}$. Dabei seien U und V bzw. U' und V' die Schnittpunkte der Verbindungsgeraden $\hat{g}$ der Punkte A und B (oder A_0 und B_0) bzw. der Verbindungsgeraden $\hat{g}'$ der Punkte A' und B' (oder A_0' und B_0') mit dem Kreis k; die Bezeichnung sei analog wie im Hilfssatz 2 gewählt. Unter ψ, ψ', ψ_i ist immer eine automorphe Kollineation von k zu verstehen.
IV.1. Nach Hilfssatz 1 existiert ein ψ mit $\psi(A_0) = A_0'$ und $\psi(U) = U'$, also $D(A_0', \psi(B_0); U', V') = D(A_0, B_0; U, V)$. Nach Hilfssatz 2 ist auch $D(A_0, B_0; U, V) = D(A_0', B_0'; U', V')$. Also ist $\psi(B_0) = B_0'$. Es folgt weiter $|A_1' B_1'| \subset |A_0' B_0'| \subset |\psi(A_1)\psi(B_1)|$. Nach Hilfssatz 2 ist $D(A_1', B_1'; U', V') = D(\psi(A_1), \psi(B_1); A', V')$. Es folgt $A_1' = A_0' = \psi(A_1)$ und $B_1' = B_0' = \psi(B_1)$.
IV. 2. Nach Hilfssatz 2 ist $D(A, B; U, V) = D(A', B'; U', V')$. Nun ist $D(A, C; U, V) = D(A, B; U, V) \cdot D(B, C; U, V)$ und $D(A', C'; U', V') = D(A', B'; U', V') \cdot D(B', C'; U', V')$. Daher ist $D(B, C; U, V) = D(B', C'; U', V')$, wenn und nur wenn $D(A, C; U, V) = D(A', C'; U', V')$ ist. Nun ergibt Hilfssatz 2 die Behauptung.
IV. 3. Es seien $U_1 = V_2$ und $V_1 = U_2$ die Schnittpunkte der Geraden $\hat{g}$ mit k. Nach Hilfssatz 1 existieren ψ_i $(i = 1, 2)$ mit $\psi_i(A') = A$ und $\psi_i(U) = U_i$. Für die Punkte $B_i := \psi_i(B)$ ist $|AB_i| \equiv |A'B'|$. Ist andererseits B ein Punkt von g mit $|AB| \equiv |A'B'|$, so ist für $i = 1$ oder 2 das Paar (A_i, U_i) durch das Paar (B, V_i) getrennt. Nach Hilfssatz 2 ist weiter $D(A, B; U_i, V_i) = D(A', B'; U', V') = D(A, B_i; U_i, V_i)$ Daher ist $B = B_i$.
IV. 4. Angenommen, es existieren n paarweise fremde, zu $|A'B'|$ kongruente Strecken $|A_n B_n| \subset |AB|$. Zufolge Axiom IV. 2 können wir dann weiter annehmen, daß $A = A_1$ und $B_i = A_{i+1}$ ist für $i = 1, \ldots, n-1$. Dann ist $D(A, B; U, V) \geqq D(A, B_n; U, V) = D(A_1, B_1; U, V) \cdot \ldots \cdot D(A_n, B_n; U, V)$, also $D(A, B; U, V) \geqq (D(A', B'; U', V'))^n$ nach Hilfssatz 2. Nun ist $D(A', B'; U', V') > 1$. Folglich kann n nicht beliebig groß sein.
V. 1 – 4. Nach Hilfssatz 1 existieren ψ und ψ' derart, daß $\psi(P) = \psi(P') = M$ ($:=$ Mittelpunkt von k) ist. Für Winkel mit der Spitze M ist die Kongruenz im Sinne von Kap. I, (3.3) identisch mit der euklidischen Kongruenz, da jedes ψ mit $\psi(M) = M$ eine euklidische Bewegung ist. Für die euklidische Winkelkongruenz gelten die Axiome V. 1 – 4.
VI. Es sei g bzw. g' die Verbindungsgerade von A und B bzw. A' und B'. Weiter sei $\mathfrak{E}_g$ bzw. $\mathfrak{E}_{g'}$ die den Punkt C bzw. C' enthaltende Zusammenhangskomponente von $\mathfrak{E} \setminus g$ bzw. $\mathfrak{E} \setminus g'$. Nach Hilfssatz 1 existiert ein ψ mit $\psi(A) = A'$, $\psi(U) = U'$ und $\psi(\mathfrak{E}_g) = \mathfrak{E}_{g'}$. Wegen $|AB| \equiv |A'B'|$ ist dann auch $\psi(B) = B'$ (vgl. den vorstehenden Beweis von IV. 1) Da $\psi(\alpha) = \alpha'$ ist nach V. 3, folgt $\psi(C) = C'$ nach IV. 3.

Aufgaben.
Man beweise:
1. Zwei Gerade g und l in $\mathfrak{E}$ sind orthogonal, wenn die Verlängerung von g durch den Schnittpunkt $\hat{P}$ der Tangenten an k in den Endpunkten (auf k) von l geht.

2. Zwei Gerade g und g' sind grenzparallel, wenn sie einen gemeinsamen Endpunkt $\hat{P}$ (auf k) haben.
3. Es sei $\hat{P}$ ein Punkt von $\mathbb{R}^2$. Wir schneiden $\mathfrak{E}$ mit jeder Geraden der Ebene $\mathbb{R}^2$ durch P. Das System der nichtleeren unter diesen Durchschnitten ist ein Geradenbüschel in $\mathfrak{E}$ von erster, zweiter oder dritter Art, wenn $\hat{P}$ ein Punkt P von $\mathfrak{E}$ ist bzw. $\hat{P}$ außerhalb von k liegt bzw. $\hat{P}$ auf k liegt.

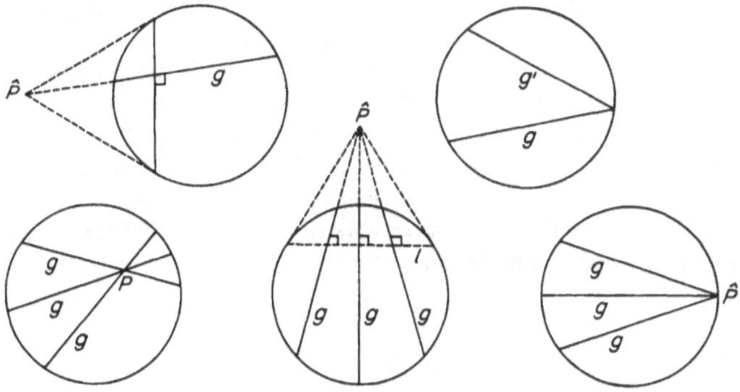

Wir wissen nun, daß die Einheitskreisscheibe $\mathfrak{E}$ mit den in Kap. I. (3.3) angegebenen Definitionen, insbesondere für die Kongruenz, eine hyperbolische Ebene ist. Man nennt sie das *Modell von F. Klein* für die hyperbolischen Ebenen.
Für einen Punkt $P=(x_0, x_1, x_2)\in\mathbb{R}^2$ ist die Bedingung $x_0^2-x_1^2-x_2^2>0$ notwendig und hinreichend dafür, daß P in $\mathfrak{E}$ liegt. Für die Punkte $P\in\mathfrak{E}$ und nur für sie können wir daher die Koordinaten x_0, x_1, x_2 so normieren, daß $x_0^2-x_1^2-x_2^2=1$ ist. Ist $\xi_0 x_0-\xi_1 x_1-\xi_2 x_2=0$ die Gleichung einer Geraden $\hat{g}$ in $\hat{\mathbb{R}}^2$, so ist die Ungleichung $\xi_0^2-\xi_1^2-\xi_2^2<0$ die notwendige und hinreichende Bedingung dafür, daß $\hat{g}$ mit $\mathfrak{E}$ einen nichtleeren Durchschnitt g hat. Genau für solche Gerade können wir daher ξ_0, ξ_1, ξ_2 so normieren, daß $\xi_0^2-\xi_1^2-\xi_2^2=-1$ ist. Die normierten Tripel x_0, x_1, x_2 und ξ_0, ξ_1, ξ_2 sind also Weierstraßsche Punkt- bzw. Linienkoordinaten in $\mathfrak{E}$. (Hingegen sind die cartesischen Koordinaten $x\,y$ keine hyperbolischen Abstandskoordinaten in $\mathfrak{E}$!)
Es ist eine reizvolle Aufgabe, auch die übrigen hyperbolischen Begriffe auf ihre euklidische Bedeutung zu untersuchen. Wir geben hierfür einige Beispiele ohne Beweise an.[12] Ein Büschel erster Art in $\mathfrak{E}$ besteht nach seiner Definition aus allen Geraden g in $\mathfrak{E}$ durch einen Punkt P von $\mathfrak{E}$. Die zugehörigen hyperbolischen Kreise sind euklidische Ellipsen, deren kleine Achsen in der Verbindungsgeraden von P und M liegen. (Ist speziell $P=M$, so sind sie die euklidischen Kreise um M.) – Ein Büschel zweiter Art in $\mathfrak{E}$ besteht aus den Durchschnitten $g\neq\emptyset$ der Geraden $\hat{g}$ durch einen Punkt $\hat{P}$ außerhalb von k. Das gemeinsame hyperbolische Lot l der Geraden g des Büschels ist der Durchschnitt der Polaren $\hat{l}$ von P bzgl. k mit $\mathfrak{E}$. Sind L_1 und L_2 die Endpunkte von l auf k, so wird jede euklidische Ellipse, welche den Kreis k in den Punkten L_1 und L_2 von innen berührt, durch L_1 und L_2 in zwei Teilbogen zerlegt. Diese Ellipsenbogen (ohne ihre Endpunkte) sind die Abstandslinien des Büschels. – Ein Büschel dritter Art in $\mathfrak{E}$ besteht aus den Durchschnitten $g\neq\emptyset$ der Geraden $\hat{g}$ durch einen Punkt $\hat{P}$ auf k. Die zugehörigen Grenzkreise sind diejenigen euklidischen Ellipsen, vermindert um $\hat{P}$, welche k in $\hat{P}$ von innen berühren, $\hat{P}$ als Scheitel und k als Scheitelkrümmungskreis haben.

[12] Vgl. z.B. l.c. Kap. I, § 4, Fußnote 14.

(12.2) Ein weiteres Modell für die ebene hyperbolische Geometrie stammt von *H. Poincaré*. In der xy-Ebene $\mathbb{R}^2$ sei $\mathfrak{E}$ die obere Halbebene $\{(x, y): y > 0\}$. Für beliebige reelle α, β mit $\alpha > \beta$ sei $K_{\alpha,\beta}$ der Durchschnitt von $\mathfrak{E}$ mit dem Kreis um $((\alpha+\beta)/2, 0)$ durch $(\alpha, 0)$ und $(\beta, 0)$. Für jedes reelle α sei L_α der Durchschnitt von $\mathfrak{E}$ mit dem Lot auf der x-Achse in $(\alpha, 0)$. Wir führen in $\mathfrak{E}$ Weierstraßsche Koordinaten x_0, x_1, x_2 ein durch die folgende Forderung: $x_0 : x_1 : x_2 = (1+x^2+y^2):(1-x^2-y^2):(-2x)$; $x_0^2 - x_1^2 - x_2^2 = 1$. Für $\alpha > \beta$ definieren wir $\xi_0 : \xi_1 : \xi_2 = (1+\alpha\beta):(1-\alpha\beta):(-(\alpha+\beta))$; $\xi_0^2 - \xi_1^2 - \xi_2^2 = -1$; dann hat $K_{\alpha,\beta}$ die Gleichung $\xi_0 x_0 - \xi_1 x_1 - \xi_2 x_2 = 0$. Für $\alpha > 0$ definieren wir $\xi_0 : \xi_1 : \xi_2 = \alpha : (-\alpha) : (-1)$; $\xi_0^2 - \xi_1^2 - \xi_2^2 = -1$; dann hat L_α die Gleichung $\xi_0 x_0 - \xi_1 x_1 - \xi_2 x_2 = 0$. Zu jedem Tripel x_0, x_1, x_2 mit $x_0^2 - x_1^2 - x_2^2 = 1$ existiert genau ein Punkt $P \in \mathfrak{E}$ mit $P = \langle x_0, x_1, x_2 \rangle$. Zu jedem Tripel ξ_0, ξ_1, ξ_2 mit $\xi_0^2 - \xi_1^2 - \xi_2^2 = -1$ und $\xi_0 \neq -\xi_1$ bzw. $\xi_0 = -\xi_1$ existiert genau ein $K_{\alpha,\beta}$ bzw. L_α mit der Gleichung $\xi_0 x_0 - \xi_1 x_1 - \xi_2 x_2 = 0$. Bilden wir $\mathfrak{E}$ durch $\langle x_0, x_1, x_2 \rangle \mapsto \langle x_0, x_1, x_2 \rangle$ bijektiv ab auf die Kreisscheibe des Kleinschen Modells, so werden die $K_{\alpha,\beta}$ und L_α auf die Sehnen der Kreisscheibe abgebildet; daraus folgt, daß $\mathfrak{E}$ eine hyperbolische Ebene mit den $K_{\alpha,\beta}$ und L_α als Geraden ist.

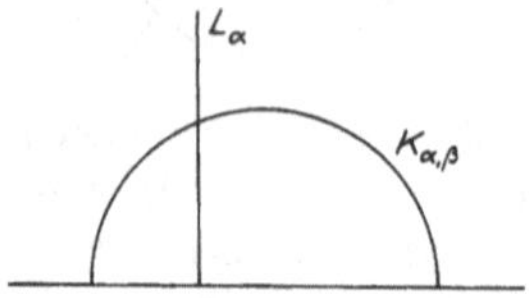

(12.3) Es sei $\mathfrak{E}$ die Hyperboloidschale $\{(x_0, x_1, x_2): x_0^2 - x_1^2 - x_2^2 = 1, x_0 \geqq 1\}$ des $x_0 x_1 x_2$-Raumes $\mathbb{R}^3$. Wir bilden $\mathfrak{E}$ durch die Zuordnung $(x_0, x_1, x_2) \mapsto \langle x_0, x_1, x_2 \rangle$ bijektiv ab auf die Kreisscheibe des Kleinschen Modells. Auf die Geraden des Modells (die Sehnen der Kreisscheibe) werden dabei die nichtleeren Durchschnitte (Hyperbeläste) von $\mathfrak{E}$ mit den Ebenen $\{(x_0, x_1, x_2): \xi_0 x_0 - \xi_1 x_1 - \xi_2 x_2 = 0\}$ durch $(0, 0, 0)$ abgebildet (der Durchschnitt von $\mathfrak{E}$ mit einer solchen Ebene ist genau dann nichtleer, wenn $\xi_0^2 - \xi_1^2 - \xi_2^2 = -1$ ist). Folglich ist $\mathfrak{E}$ eine hyperbolische Ebene; die Geraden in $\mathfrak{E}$ sind die Hyperbeläste in $\mathfrak{E}$, deren Ebene durch $(0, 0, 0)$ geht. – Eine affine Abbildung des $\mathbb{R}^3$ auf sich bildet $\mathfrak{E}$ genau dann auf sich ab, wenn ihre Matrix eine Lorentz-Matrix ist. Die Restriktionen dieser Abbildungen auf $\mathfrak{E}$ sind also die hyperbolischen Bewegungen von $\mathfrak{E}$.

Aufgaben.

1. Man zeige mittels des soeben Bewiesenen, daß das in Kap. I, (3.2) angegebene zweite Beispiel eine hyperbolische Ebene ist.
2. Im $\xi_0 \xi_1 \xi_2$-Raum stellt die Gleichung $\xi_0^2 - \xi_1^2 - \xi_2^2 = -1$ ein einschaliges Hyperboloid $\mathfrak{H}$ dar. Jeder Geraden (Hyperbelast) in $\mathfrak{E}$ entspricht in $\mathfrak{H}$ ein Punktepaar $\langle \xi_0, \xi_1, \xi_2 \rangle := \{(\xi_0, \xi_1, \xi_2), (-\xi_0, -\xi_1, -\xi_2)\}$. Man zeige, daß dabei jedem Geradenbüschel in $\mathfrak{E}$ eine Ellipse, eine Hyperbel, ein Parallelenpaar in $\mathfrak{H}$ entspricht, je nachdem das Büschel von erster, zweiter oder dritter Art ist.
3. Man zeige, daß die aus $\mathfrak{H}$ durch Identifikation der Punkte (ξ_0, ξ_1, ξ_2) und $(-\xi_0, -\xi_1, -\xi_2)$ entstehende Fläche (also auch der „Raum aller Geraden von $\mathfrak{E}$") homöomorph ist zum Möbiusschen Band ohne die Randkurve.

(12.4). In der xz-Ebene des cartesischen x, y, z-Raumes $\mathbb{R}^3$ liege eine „Schleppkurve“ vor: $\{(x, z): z = -(1-x^2)^{1/2} + \ln x^{-1}(1+(1-x^2))^{1/2};\ 0 < x \leqq 1\}$. Eine Parameterdarstellung lautet:

$$x = \exp(-\xi), \qquad z = \int_0^{\xi} (1-\exp(-2\zeta))^{1/2}\, d\zeta \qquad (0 \leqq \xi < \infty).$$

Die Rotation um die z-Achse liefert die obere Hälfte P der Pseudosphäre, bestehend aus den Punkten

$$(*) \qquad x = \exp(-\xi)\ \cos\eta, \qquad y = \exp(-\xi)\ \sin\eta, \qquad z = \int_0^{\xi} (1-\exp(-2\zeta))^{1/2}\, d\zeta.$$

P hat das „Linienelement“ $ds^2 = d\xi^2 + \exp(-2\xi)\, d\eta^2$. Nun seien in der hyperbolischen Ebene $\mathfrak{E}$ Grenzkreiskoordinaten ξ, η eingeführt. Wir bilden die Grenzkreisscheibe $\{(\xi, \eta): \xi \geqq 0,\ -\infty < \eta < +\infty\}$ auf P ab, indem wir jedem Punkt (ξ, η) den Punkt $(*)$ zuordnen. Diese surjektive Abbildung ist eine Isometrie. Sie bildet jeden Grenzkreis $\xi = $ $=$ konst. $\geqq 0$ auf einen Breitenkreis von P (unendlichfach) ab und jede Halbachse $\eta =$ konst. auf einen Meridian von P (eineindeutig). Man führe die Beweise für diese Behauptungen durch. – In P gilt lokal die hyperbolische Geometrie. Insofern ist auch P ein Modell dieser Geometrie.

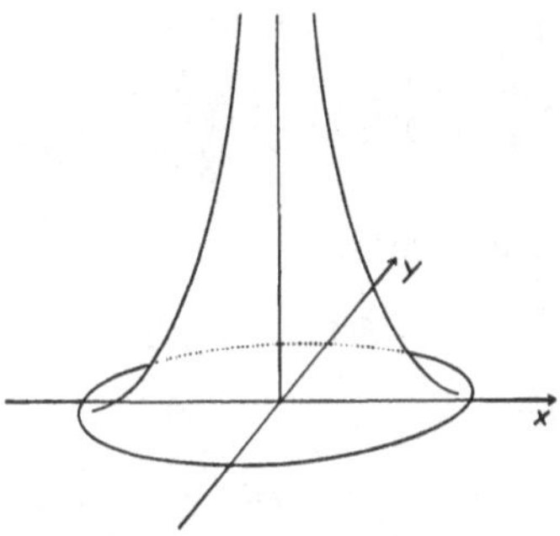

Anhang. Zusammenhang zwischen der elliptischen und der hyperbolischen Metrik im Komplexen.[1]

(A.1) Es liege eine quadratische Matrix $(a_{rs})_{r,s=0,1,2}$ vor mit $a_{rs}=a_{sr}\in\mathbb{C}$ und $\det(a_{rs})=1$. Für beliebige komplexe Zahlentripel $z'=(z'_0, z'_1, z'_2)$ und $z''=(z''_0, z''_1, z''_2)$ definieren wir

(1) $$\Omega(z', z''):=\Sigma\, a_{rs} z'_r z''_s.$$

Weiter sei (α_{rs}) die Inverse zur gegebenen Matrix. Dann definieren wir für beliebige komplexe Zahlentripel $\zeta'=(\zeta'_0, \zeta'_1, \zeta'_2)$ und $\zeta''=(\zeta''_0, \zeta''_1, \zeta''_2)$

(2) $$\Phi(\zeta', \zeta''):=\Sigma\, \alpha_{rs}\zeta'_r\zeta''_s.$$

Für drei beliebige Tripel z', z'', z''' definieren wir schließlich

$$D'_0:=\begin{vmatrix} z''_1 & z''_2 \\ z'''_1 & z'''_2 \end{vmatrix},\quad D'_1:=\begin{vmatrix} z''_2 & z''_0 \\ z'''_2 & z'''_0 \end{vmatrix},\quad D'_2:=\begin{vmatrix} z''_0 & z''_1 \\ z'''_0 & z'''_1 \end{vmatrix},$$

$$D''_0:=\begin{vmatrix} z'''_1 & z'''_2 \\ z'_1 & z'_2 \end{vmatrix},\quad D''_1:=\begin{vmatrix} z'''_2 & z'''_0 \\ z'_2 & z'_0 \end{vmatrix},\quad D''_2:=\begin{vmatrix} z'''_0 & z'''_1 \\ z'_0 & z'_1 \end{vmatrix},$$

$$D'''_0:=\begin{vmatrix} z'_1 & z'_2 \\ z''_1 & z''_2 \end{vmatrix},\quad D'''_1:=\begin{vmatrix} z'_2 & z'_0 \\ z''_2 & z''_0 \end{vmatrix},\quad D'''_2:=\begin{vmatrix} z'_0 & z'_1 \\ z''_0 & z''_1 \end{vmatrix}.$$

Durch bloßes Nachrechnen ergibt sich:

(3) $$\Omega(z', z'')\,\Omega(z''', z''')-\Omega(z', z''')\,\Omega(z''', z'')=-\Phi(D', D'').$$

Speziell für $z'=z''$ erhalten wir

(4) $$\Omega(z'', z'')\,\Omega(z''', z''')-\Omega^2(z'', z''')=\Phi(D', D').$$

(A.2) In der komplexen projektiven Ebene $\mathbb{P}^2$ aller komplexen Zahlentripel $(z_0, z_1, z_2)\neq(0,0,0)$ mit $(z_0, z_1, z_2):=(z^*_0, z^*_1, z^*_2)$ für $z_0:z_1:z_2=z^*_0:z^*_1:z^*_2$ bezeichnen wir als *Fundamentalkurve* die reguläre Kurve

(1) $$K:=\{(z_0, z_1, z_2):\Omega(z, z)=0\}.$$

Für jeden Punkt P von $\mathbb{P}^2$, der nicht auf der Fundamentalkurve liegt, normieren wir die Koordinaten z_0, z_1, z_2 durch:

(2) $$\Omega(z, z)=1.$$

[1] Wir stellen diesen Zusammenhang nur soweit dar, daß die formale Beziehung zwischen den trigonometrischen Formeln der elliptischen und der hyperbolischen Geometrie, auf die wir in der Bemerkung in Kap. V, (8.1) hingewiesen haben, verständlich wird. Vgl. hierzu F. KLEIN: Vorlesungen über nicht-euklidische Geometrie. Berlin 1928.

Wir schreiben dann $P = \rangle z_0, z_1, z_2\langle$ oder kurz $P = \rangle z\langle$.[2] Eine Gerade g mit der Gleichung

(3) $$\zeta_0 z_0 + \zeta_1 z_1 + \zeta_2 z_2 = 0$$

ist eine Tangente an die Kurve K, wenn ihre Linienkoordinaten ζ_j der Gleichung $\Phi(\zeta, \zeta) = 0$ genügen. Für jede Gerade g, die nicht Tangente an die Fundamentalkurve K ist, normieren wir die Linienkoordinaten ζ_j durch

(4) $$\Phi(\zeta, \zeta) = 1;$$

wir schreiben dann $g = \rangle \zeta_0, \zeta_1, \zeta_2\langle$ oder kurz $g = \rangle\zeta\langle$.[2]

Sind die Punkte $P' = \rangle z'_0, z'_1, z'_2\langle$ und $P'' = \rangle z''_0, z''_1, z''_2\langle$ verschieden (und nicht auf K gelegen), so hat $\Omega(z', z'')$ eine geometrische Bedeutung. Sind nämlich U und V die (eventuell zusammenfallenden) Schnittpunkte der Geraden $P'\,P''$ mit k, so behaupten wir:

(5) $$\Omega^2(z', z'') = \cosh^2\left(\tfrac{1}{2}\ln D(P', P''; U, V)\right).$$

Beweis. Mittels einer Parameterdarstellung können die Koordinaten jedes Punktes der Geraden $P'\,P''$ in der Form $\lambda z'_j + \mu z''_j$ $(j = 0, 1, 2)$ geschrieben werden. Die Parameterwerte λ_U, μ_U und λ_V, μ_V der Schnittpunkte U und V von $P'\,P''$ mit K ergeben sich aus der Gleichung $\lambda^2 + 2\lambda\mu\Omega(z', z'') + \mu^2 = 0$. Wir setzen $\lambda_U/\mu_U =: \rho_U$, $\lambda_V/\mu_V =: \rho_V$. Dann ist $\rho_U + \rho_V = -2\Omega(z', z'')$, $\rho_U \rho_V = 1$. Es folgt

$$4\Omega^2(z', z'') = \frac{(\rho_U + \rho_V)^2}{\rho_U \rho_V} = \frac{\rho_U}{\rho_V} + 2 + \frac{\rho_V}{\rho_U} = \left(\exp\left(\frac{1}{2}\ln\frac{\rho_U}{\rho_V}\right) + \exp\left(\frac{1}{2}\ln\frac{\rho_V}{\rho_U}\right)\right)^2$$

also $4\Omega^2(z', z'') = 4\cosh^2\left(\frac{1}{2}\ln\frac{\rho_V}{\rho_U}\right)$. Wegen $D(P', P''; U, V) = \frac{\rho_V}{\rho_U}$ folgt die Behauptung.

(A.3) Es seien $P' = \rangle z'_0, z'_1, z'_2\langle$ und $P'' = \rangle z''_0, z''_1, z''_2\langle$ zwei verschiedene, nicht auf der Fundamentalkurve liegende Punkte. Wir bezeichnen die Menge aller Punkte $P = (z_0, z_1, z_2)$, deren Koordinaten sich in der Form $z_j = \lambda z'_j + \mu z''_j$ mit reellen λ, μ und mit $\lambda\mu > 0$ darstellen lassen, mit $|\,z'\,z''\,|$ und nennen sie eine *Strecke* mit den Endpunkten P' und P''. Es ist $|\,z'\,z''\,| = |\,z''\,z'\,| = |(-z')\,(-z'')|$, wobei mit $-z$ das Tripel $(-z_0, -z_1, -z_2)$ bezeichnet ist. Außer $|\,z'\,z''\,|$ gibt es noch eine zweite (zu $|\,z'\,z''\,|$ fremde) Strecke mit den Endpunkten P' und P'', nämlich $|(-z')\,z''\,| = |\,z'\,(-z'')|$; wir nennen sie die zu $|\,z'\,z''\,|$ komplementäre Strecke und bezeichnen sie mit $|\,z'\,z''\,|^{\times}$.

Als *Länge* der Strecke $|\,z'\,z''\,|$ definieren wir nun die folgendermaßen eindeutig festgelegte (i.a. komplexe) Zahl $l_e(|\,z'\,z''\,|)$:

[2] Ein Tripel $\rangle z_0, z_1, z_2\langle$ ist also immer normiert, ein Tripel (z_0, z_1, z_2) hingegen braucht es nicht zu sein. Analog für $\rangle\zeta_0, \zeta_1, \zeta_2\langle$ und $(\zeta_0, \zeta_1, \zeta_2)$.

$$\cos l_e(|z'z''|) = \Omega(z', z''), \quad \sin l_e(|z'z''|) = -i\sqrt{\Omega^2(z', z'') - 1},^{3}$$
$$-\pi < \Re l_e(|z'z''|) \leqq \pi \ ^{4}.$$

Es gilt dann schärfer

$$0 \leqq \Re l_e(|z'z''|) \leqq \pi.$$

Denn wegen $\Re(-i\sqrt{\Omega^2-1}) \geqq 0$ ist $\Re \sin l_e(|z'z''|) \geqq 0$: setzen wir nun $l_e(|z'z''|) = \alpha + i\beta$, so ist $\sin l_e(|z'z''|) = \sin\alpha \cosh\beta + i\cos\alpha \sinh\beta$: aus $\sin\alpha\cosh\beta \geqq 0$ folgt nun $0 \leqq \alpha \leqq \pi$.
Wegen $|z'z''|^{\times} = |(-z')z''|$ und $\Omega(-z', z'') = -\Omega(z', z'')$ ist

$$l_e(|z'z''|) + l_e(|z'z''|^{\times}) = \pi.$$

Aufgabe.
Man beweise:
Bei beliebigen $P' = \langle z'_0, z'_1, z'_2 \rangle$ und $P'' = \langle z''_0, z''_1, z''_2 \rangle$, nicht auf K, liegt einer der folgenden drei Fälle vor: I. $|z'z''|$ oder $|z'z''|^{\times}$ hat mit K einen Doppelpunkt gemein; liegt dieser etwa auf $|z'z''|^{\times}$, so ist $l_e(|z'z''|) = 0$; dieser Fall liegt genau dann vor, wenn die Gerade $P'P''$ Tangente an K ist. II. $|z'z''|$ oder $|z'z''|^{\times}$ hat mit K zwei verschiedene Punkte gemein; liegen diese etwa auf $|z'z''|^{\times}$, so ist $\Re l_e(|z'z''|) = 0$, $l_e(|z'z''|)$ nicht reell. III. $|z'z''|$ und $|z'z''|^{\times}$ sind zu K fremd; dann ist $0 \neq \Re l_e(|z'z''|) \neq \pi$.
Aus (A.2), (5) und der vorstehenden Definition von $l_e(|z'z''|)$ ergibt sich die Formel von *Cayley-Klein:*

$$l_e(|z'z''|) = \pm\frac{i}{2} \ln D(P', P''; U, V).$$

Sind weiter $g' = \rangle\zeta'_0, \zeta'_1, \zeta'_2\langle$ und $g'' = \rangle\zeta''_0, \zeta''_1, \zeta''_2\langle$ zwei verschiedene, die Kurve K nicht berührende Gerade, so bezeichnen wir die Menge aller Geraden $g = (\zeta_0, \zeta_1, \zeta_2)$, deren Linienkoordinaten ζ_j sich in der Form $\zeta_j = \lambda\zeta'_j + \mu\zeta''_j$ mit reellen λ, μ und $\lambda\mu > 0$ schreiben lassen, mit $|\zeta'\zeta''|$, und nennen sie einen *Winkel* mit den Schenkeln g' und g''. Es ist $|\zeta'\zeta''| = |\zeta''\zeta'| = |(-\zeta')(-\zeta'')|$. Außer $|\zeta'\zeta''|$ gibt es noch einen zweiten (zu $|\zeta'\zeta''|$ fremden) Winkel mit den Schenkeln g' und g'', nämlich $|(\zeta')\zeta''| = |\zeta'(-\zeta'')|$; wir nennen ihn den zu $|\zeta'\zeta''|$ komplementären Winkel und bezeichnen ihn mit $|\zeta'\zeta''|^{\times}$.
Als *Winkelmaß* von $|\zeta'\zeta''|$ definieren wir nun die folgendermaßen festgelegte Zahl $w_e(|\zeta'\zeta''|)$:

$$\cos w_e(|\zeta'\zeta''|) = \Phi(\zeta', \zeta''), \quad \sin w_e(|\zeta'\zeta''|) = -i\sqrt{\Phi^2(\zeta', \zeta'') - 1},$$
$$-\pi < \Re w_e(|\zeta'\zeta''|) \leqq \pi.$$

[3] Über den Gebrauch des Quadratwurzelzeichens $\sqrt{\ }$ verabreden wir Folgendes. Für reelles $r \geqq 0$ sei $\sqrt{r} \geqq 0$; für komplexes $z = r(\cos\alpha + i\sin\alpha)$ mit $r > 0$ und $0 \leqq \alpha < 2\pi$ sei $z := \sqrt{r}(\cos\alpha/2 + i\sin\alpha/2)$.

[4] $\Re c :=$ Realteil von $c \in \mathbb{C}$.

Auch hier gilt schärfer

$$0 \leqq \Re w_e(|\zeta'\zeta''|) \leqq \pi,$$

sowie

$$w_e(|\zeta'\zeta''|) + w_e(|\zeta'\zeta''|^{\times}) = \pi.$$

Aufgabe.
Man übertrage die Aussagen der vorstehenden Aufgabe und Formel auf die Winkelmaße.

(A.4) Es seien $z' = (z'_0, z'_1, z'_2)$, $z'' = (z''_0, z''_1, z''_2)$ und $z''' = (z'''_0, z'''_1, z'''_2)$ drei linear unabhängige komplexe Tripel mit $\Omega(z', z') = \Omega(z'', z'') = \Omega(z''', z''') = 1$; die Punkte $\rangle z'_0, z'_1, z'_2 \langle = : A$, $\rangle z''_0, z''_1, z''_2 \langle = : B$ und $\rangle z'''_0, z'''_1, z'''_2 \langle = : C$ liegen also nicht auf der Fundamentalkurve K. Außerdem seien die Geraden BC, CA und AB keine Tangenten an K. Wir bezeichnen das Tripel der Strecken $a := |z''z'''|$, $b := |z'''z'|$ und $c := |z'z''|$ als ein *Dreieck* $\triangle$ mit den Ecken A, B, C und den Seiten a, b, c. Um auch die Winkel von $\triangle$ anzugeben, verfahren wir folgendermaßen: Sei

$$\zeta'_j := \frac{D'_j}{-i\sqrt{-\Phi(D', D')}}, \quad \zeta''_j := \frac{D''_j}{-i\sqrt{-\Phi(D'', D'')}}, \quad \zeta'''_j := \frac{D'''_j}{-i\sqrt{-\Phi(D''', D''')}}.$$

Dann sind $g = \rangle \zeta'_0, \zeta'_1, \zeta'_2 \langle$, $h = \rangle \zeta''_0, \zeta''_1, \zeta''_2 \langle$ und $k = \rangle \zeta'''_0, \zeta'''_1, \zeta'''_2 \langle$ die Geraden BC, CA und AB. Als die Winkel von $\triangle$ bei A, B und C definieren wir nun

$$\alpha := |(-\zeta'')\zeta'''|, \quad \beta := |(-\zeta''')\zeta'|, \quad \gamma := |(-\zeta')\zeta''|.$$

Der Winkel α ist die Menge aller Geraden durch A, welche die Seite a treffen; analog β und γ.
Ersetzen wir z' durch $-z'$ bzw. z'' durch $-z''$ bzw. z''' durch $-z'''$, so erhalten wir drei weitere Dreiecke mit den Ecken A, B und C.

(A.5) Wir behaupten folgenden
Cosinussatz.

(1) $$\cos l_e(c) = \cos l_e(a) \cos l_e(b) + \sin l_e(a) \sin l_e(b) \cos w_e(\gamma).$$

Beweis. Nach (A.1), (3) und (A.3) ist

$$\cos l_e(c) - \cos l_e(a) \cos l_e(b) = -\Phi(D', D'').$$

Nach (2.3) und (2.1), (4) ist

$$\sin l_e(a) = -i\sqrt{\Omega^2(z'', z''') - 1} = -i\sqrt{-\Phi(D', D')},$$

$$\sin l_e(b) = -i\sqrt{\Omega^2(z''', z') - 1} = -i\sqrt{-\Phi(D'', D'')}.$$

Nach (A.1), (4) und (2.4) ist schließlich

$$\frac{\Phi(D', D'')}{(-i\sqrt{-\Phi(D', D')})\cdot(-i\sqrt{-\Phi(D'', D'')})}=\Phi(\zeta', \zeta'')=-\cos w_e(\gamma).$$

Damit ist (1) bewiesen.

Verwenden wir anstelle der Metrik (l_e, w_e) die Metrik (l_h, w_h), definiert durch

$$i\,l_h=l_e, \quad w_h=w_e,$$

so nimmt (1) die folgende Gestalt an:

(2) $\cosh l_h(c)=\cosh l_h(a)\cosh l_h(b)-\sinh l_h(a)\sinh l_h(b)\cos w_h(\gamma).$

(A.6) Nun sei speziell $(a_{rs})_{r,s=0,1,2}$ die Einheitsmatrix, also

$$\Omega(z, z')=z_0 z_0'+z_1 z_1'+z_2 z_2'.$$

Dann ist $\Phi=\Omega$.

Weiter sei $\mathfrak{E}_e$ die Teilmenge von $\mathbb{P}^2$, bestehend aus allen Punkten $P=\rangle z\langle$ mit reellen z_j: $z_0=x_0$, $z_1=x_1$, $z_2=x_2$. Dann ist $\mathfrak{E}_e$ eine elliptische Ebene im Sinne von Kap. III mit den kanonischen Koordinaten x_0, x_1, x_2. Die Geraden g_e in $\mathfrak{E}_e$ sind die mehrpunktigen Durchschnitte von $\mathfrak{E}_e$ mit Geraden $g=\rangle\zeta\langle$ in $\mathbb{P}^2$; dabei sind die ζ_j reell: $\zeta_0=\xi_0$, $\zeta_1=\xi_1$, $\zeta_2=\xi_2$; die ξ_j; sind die kanonischen Linienkoordinaten von g_e in $\mathfrak{E}_e$. Für zwei verschiedene Punkte $P'=[x']$ und $P''=[x'']$ in $\mathfrak{E}_e$ ist $|x'x''|$ eine der beiden Strecken $|P'P''|$, $|P'P''|^\times$ und $|(-x')x''|$ dann die andere. Entsprechend sind $l_e(|x'x''|)$ und $l_e(|(-x')x''|)$ die Längen $l(|P'P''|)$ und $l(|P'P''|^\times)$ nach Kap. III, (10.2), (3). Das Analoge gilt für die Winkel. Für drei nicht kollineare Punkte A, B, C in $\mathfrak{E}_e$ stimmt die Definition der Dreiecke $\triangle ABC$ mit der in Kap. I, (1.6) nach Kap. III, (10.4) überein und der obige Cosinussatz (A.5), (1) mit dem in Kap. III, (12.1).

Weiter sei nun $\mathfrak{E}_h$ die Teilmenge von $\mathbb{P}^2$ bestehend aus allen Punkten $P=\langle z\rangle$ mit reellem z_0 und rein imaginären z_1 und z_2, also $z_0=x_0$, $z_1=i x_1$, $z_2=i x_2$. Dann ist $\mathfrak{E}_h$ eine hyperbolische Ebene im Sinne von Kap. V mit den Weierstraßschen Koordinaten x_0, x_1, x_2. Die Geraden g_h in $\mathfrak{E}_h$ sind die mehrpunktigen Durchschnitte von $\mathfrak{E}_h$ mit Geraden $g=\rangle\zeta\langle$ in $\mathbb{P}^2$; dabei ist ζ_0 rein imaginär, ζ_1 und ζ_2 sind reell: $\zeta_0=i\xi_0$, $\zeta_1=\xi_1$, $\zeta_2=\xi_2$; die ξ_j sind die Weierstraßschen Linienkoordinaten von g_h in $\mathfrak{E}_h$. Für zwei verschiedene Punkte $P'=\langle x'\rangle$ und $P''=\langle x''\rangle$ in $\mathfrak{E}_h$ mit $x_0'\geqq 1$, $x_0''\geqq 1$ ist $|x'x''|$ die Strecke $|P'P''|$ und $l_h(|x'x''|)=$ $=l(|P'P''|)$ nach Kap. V, (7.2), (3). Das Analoge gilt für die Winkel. Für drei nicht kollineare Punkte A, B, C in $\mathfrak{E}_h$ stimmt die Definition des Dreiecks $\triangle ABC$ mit der in Kap. I, (1.6) nach Kap. V, (7.5) überein und der obige Cosinussatz (A.5), (2) mit dem in Kap. V, (8.1).

Damit ist für die Bemerkung in Kap. V, (8.1) die Erklärung gefunden: Die Cosinussätze in Kap. III, (12.1) und Kap. V, (8.1) sind Spezialfälle der obigen Cosinussätze (A.5), (1) und (2); die beiden letzteren besagen aber dasselbe.

(A.7) Wir wollen noch kurz die geometrische Struktur der Strecken $|P'P''|$ und $|P'P''|^{\times}$ untersuchen. Sie sind Teilmengen der komplexen Geraden $P'P''$. Nach passender linearer Koordinatentransformation können wir annehmen, daß $P'P''$ die Gleichung $z_2=0$ hat. Führen wir dann in $P'P''$ die inhomogene Koordinate $w=z_1/z_2$ ein, so ist $P'P''$ die Gaußsche Kugel $\mathbb{C}_w$ aller komplexen Zahlen w (einschließlich $w=\infty$). Für $P=(\lambda z_0'+\mu z_0'', \lambda z_1'+\mu z_1'', 0)$, mit zunächst beliebig komplexen λ und μ, ist

$$w=\frac{\lambda z_1'+\mu z_1''}{\lambda z_0'+\mu z_0''}=\frac{\rho z_1'+z_1''}{\rho z_0'+z_0''} \quad \text{mit } \rho=\frac{\lambda}{\mu}.$$

Die durch $\rho\mapsto w$ definierte Abbildung der Zahlenkugel $\mathbb{C}_\rho$ aller komplexen ρ auf die Zahlenkugel $\mathbb{C}_w$ bildet Kreise auf Kreise ab. Insbesondere bildet sie den Kreis aller reellen ρ auf einen Kreis $k(P'P'')\subset P'P''$ ab. Damit haben wir folgendes Ergebnis: Für je zwei verschiedene Punkte P' und P'' in $\mathbb{P}^2$, nicht auf der Fundamentalkurve gelegen, sind die Strecken $|P'P''|$ und $|P'P''|^{\times}$ die Teilbogen mit den Endpunkten P' und P'' eines Kreises $k(P', P'')$ der (als Zahlenkugel aufgefaßten) komplexen Geraden $P'P''$.

So weit, so gut. Leider ist jedoch folgendes festzustellen. Sind Q' und Q'' zwei verschiedene Punkte von $k(P', P'')$, ebenfalls nicht auf der Fundamentalkurve gelegen, so ist i.a. $k(Q', Q'')\neq k(P', P'')$. (Beispiel: $\Omega(z, z)=z_0^2+z_1^2+z_2^2$. Für $P'=\,\rangle 1, 0, 0\langle$ und $P''=\,\rangle\cos i, \sin i, 0\langle$ ist $k(P', P'')$ die imaginäre Achse (zuzüglich $w=\infty$) der w-Ebene. Für $Q'=\,\rangle 1, 0, 0\langle$ und $Q''=\,\rangle i/3^{1/2}, -2/3^{1/3}, 0\langle$ ist $k(Q', Q'')$ der Kreis der w-Ebene um den Einheitspunkt der imaginären Achse mit dem Radius 1.) Ein offener Teilbogen einer Strecke $|P'P''|$ mit Endpunkten Q' und Q'', nicht auf der Fundamentalkurve, ist also i.a. fremd zu beiden Strecken $|Q'Q''|$ und $|Q'Q''|^{\times}$ und daher selbst keine Strecke. Dieses Faktum macht es natürlich unmöglich, auf dem in (A.3) eingeführten Streckenbegriff eine einfache Dreiecksgeometrie in der komplexen projektiven Ebene $\mathbb{P}^2$ aufzubauen, die bei Spezialisierung auf $\mathfrak{E}_e$ bzw. $\mathfrak{E}_h$ (vgl. (A.5)) die elliptische bzw. hyperbolische Dreiecksgeometrie ergäbe.

(A.8) Es sei $k: I\to\mathbb{P}^2$ mit $I=[a, b]$ eine stetig differenzierbare Kurve, also $k(t)=\,\rangle z_0(t), z_1(t), z_2(t)\langle$ für jedes $t\in I$ mit stetig differenzierbaren z_j. Es sei weiter $\Omega(\dot z(t), \dot z(t))\neq 0$ für jedes $t\in I$ (dies bedeutet geometrisch, daß die Tangente an die Kurve k im Punkt $k(t)$ nicht auch Tangente an die Fundamentalkurve K ist). Dann existieren genau zwei stetige Funktionen $w: I\to\mathbb{C}$ mit $w^2(t)=\Omega(\dot z(t), \dot z(t))$ für alle t; die eine geht aus der anderen hervor durch Multiplikation mit -1. Wir definieren nun die (bis auf den Faktor ± 1 bestimmte) Länge $l_e(k)$ der Kurve k folgendermaßen:

(1) $$l_e(k) := \pm\int_a^b w(t)\,dt.$$

Diese Definition ist verträglich mit der Definition der Länge $l_e(|z'z''|)$ einer Strecke $|z'z''|$ in (A.3) (Beweis als Aufgabe). Nun liege die Situation von (A.5) vor. Ist dann erstens $k(t) \in \mathfrak{E}_e$ für alle t, so folgt aus (1):

$$(2) \qquad l_e(k) = \pm \int_a^b (\dot{x}_0^2(t) + \dot{x}_1^2(t) + \dot{x}_2^2(t))^{1/2}\, dt.$$

Ist zweitens $k(t) \in \mathfrak{E}_h$ für alle t, so folgt aus (1):

$$l_e(k) = \pm \int_a^b (\dot{x}_0^2(t) - \dot{x}_1^2(t) - \dot{x}_2^2(t))^{1/2}\, dt.$$

mit $i l_h = l_e$ also

$$(3) \qquad l_h(k) = \pm \int_a^b (-\dot{x}_0^2(t) + \dot{x}_1^2(t) + \dot{x}_2^2(t))^{1/2}\, dt.$$

Verlangen wir noch $l_e(k) \geqq 0$ bzw. $l_h(k) \geqq 0$, so ist in (2) und (3) das Zeichen + zu wählen. Wir erhalten dann also die Formeln für die Bogenlänge in der elliptischen bzw. hyperbolischen Ebene (vgl. Kap. III, (13.1) bzw. Kap. V, (9.1)). Damit ist ein innerer Zusammenhang auch zwischen diesen beiden Formeln aufgedeckt, den ihre formale Ähnlichkeit von vornherein vermuten ließ. Er besteht darin, daß sie beide Spezialfälle der allgemeinen Formel (1) sind.

Sachverzeichnis

FSC
www.fsc.org
MIX
Papier | Fördert gute Waldnutzung
FSC® C083411

Zeitfracht Medien GmbH
Ferdinand-Jühlke-Straße 7
99095 Erfurt, Deutschland
produktsicherheit@kolibri360.de